Jorge Bolívar

Científicas

La apasionante historia de las mujeres detrás de los grandes descubrimientos de la ciencia

LIBROS
EN EL
BOLSILLO

© Jorge Bolívar, 2018
© Talenbook, s.l., 2018
Edición en Libros en el Bolsillo, mayo de 2025
www.editorialguadalmazan.com
info@almuzaralibros.com
Síguenos en redes sociales: @AlmuzaraLibros

Libros en el bolsillo: Óscar Córdoba
Edición: Ana Cabello
Impreso por LIBERDÚPLEX

I.S.B.N: 978-84-19414-78-6
Depósito Legal: M-7691-2025

Código IBIC: PDX; PDZ; BGT
Código THEMA: PDX; PDZ; DNBT
Código BISAC: SCI034000

Talenbook, s.l.
C/ Cervantes, 26 • 28014 • Madrid

Impreso en España - *Printed in Spain*

*A Lola Álvarez, maestra de mi oficio,
luchadora por los derechos de las mujeres,
amiga siempre.*

ÍNDICE

INTRODUCCIÓN. UN HARÉN EN LA UNIVERSIDAD

Imagínense la escena. Estamos en un salón pequeño, con muebles de caoba tallada en añejo estilo victoriano. No faltan ni espejos de marcos dorados ni fotografías en blanco y negro, ni siquiera viejos tapetes de macramé sobre las mesas. Las paredes se encuentran cubiertas por papel pintado de flores azules, y en medio de esa decoración rococó hay un grupo de mujeres vestidas con trajes polisón y manguitos de escribano. Todas ellas se afanan examinando con lupas extraños cristales cuadrados. Son placas fotográficas donde multitud de puntitos negros resaltan sobre un fondo blanco. A esas mujeres se las conoce como «el harén de Pickering» o «el harén de Harvard», por el astrónomo y la universidad que las contrató. Y entre todas ellas, entre las trece que trabajaron allí, descubrieron que el universo era enorme. Porque fueron las primeras personas en saber medir las distancias entre estrella y estrella, y abrieron el camino para entender que nuestra galaxia, la Vía Láctea, es solo una más entre miles de millones de galaxias dispersas que ocupan un espacio inimaginablemente grande. Antes se pensaba que todas las estrellas estaban cerca de nosotros. Pero ninguna de estas mujeres obtuvo premio alguno, ni siquiera el menor reconocimiento científico en su época. Se las consideró poco más que máquinas, una especie de computadoras humanas. Se las llamaba así, *computers*, en inglés.

Fotografía tomada en 1913 de varias mujeres del llamado
«harén de Pickering» trabajando en la Universidad de Harvard.
Edward Charles Pickering aparece a la izquierda.

La historia de este insólito harén, que narraremos
unos capítulos más adelante, nació por el convencimiento
de que hombres y mujeres tenían distintas cualidades e
inteligencia. No es que el señor Edward Charles Pickering
fuese un feminista convencido. Simplemente creía que
las mujeres, aunque de menor ingenio, estaban dotadas
de mayor paciencia, y tuvo la ocurrencia de ofrecerles
un trabajo muy tedioso que sus compañeros masculinos
rechazaban: observar, hasta dejarse la vista, día tras día,
cientos de miles de placas fotográficas del cielo nocturno y
comparar la situación de cada uno de los puntitos que eran
las estrellas. Cuando empezaron su trabajo las jóvenes del
harén de Pickering encontraron frente a ellas medio millón
de placas de cristal, unas trescientas toneladas de vidrio
que contenían imágenes de unos diez millones de estrellas.
Ahí tenéis, podemos suponer que les dijo el astrónomo,
ahora las vais colocando en una tabla según su brillo y su
posición. Después seremos nosotros, los hombres científicos, los que aplicaremos nuestro superior intelecto sobre el
trabajo bruto realizado por vosotras, simples sumadoras.

¡Ah, se me olvidaba! Otra cosa que también tuvo en cuenta la Universidad de Harvard para crear su harén fue que el sueldo de cada mujer contratada, de cada contadora de estrellas, era un tercio de lo que cobraba un asistente varón.

Y aun así estas astrónomas de Harvard pudieron considerarse casi privilegiadas en su tiempo, puesto que eran tratadas con cierta deferencia, y los nombres de algunas de ellas, como Williamina Fleming o Henrietta Swan Leavitt, han terminado pasando a la historia de la astronomía. Digo privilegiadas porque, en general, antes del siglo XX no se permitía, simplemente, que una mujer se dedicase a la ciencia. Cuando a alguna joven, por supuesto de clase social alta, le daba por estudiar, se la intentaba dirigir hacia la enfermería o el magisterio infantil. Si la joven en cuestión resultaba rebelde y se empeñaba en adentrarse en el conocimiento de la naturaleza, en escasísimas ocasiones un padre de mentalidad abierta podía dejarla matricularse en la universidad. Pero, ojo, no en una universidad cualquiera: la inmensa mayoría de los centros académicos superiores estaban vetados a las mujeres. Nuestra jovencita en cuestión, por mucho talento que demostrara, solo podía aspirar a inscribirse en universidades o liceos femeninos, exclusivamente para ellas, cuyos programas de estudios estaban adaptados a la pretendida inteligencia inferior de las mujeres. Después, si la muchacha se licenciaba, se esperaba de ella que retornase al hogar para buscar marido y que, a continuación, usando sus conocimientos para entretener las veladas sociales, se dedicase a criar hijos y llevar la casa familiar. En fin, que de trabajar como científicas nada de nada.

Quizá haya que recordar a las estudiantes de hoy que hasta 1910 no se admitía la matriculación de mujeres en las universidades españolas, y la medida de permitirles el acceso generó fuertes controversias y peleas entre los catedráticos. En consecuencia, una mente espléndida como Concepción Arenal se vio obligada a disfrazarse de hombre durante cinco años, entre 1841 y 1846, para poder estudiar Derecho en Madrid, y María Elena Maseras, la primera mujer que consiguió en 1872 matricularse en una universidad española, necesitó un permiso expreso del rey Amadeo de Saboya que le otorgase el privilegio de estudiar Medicina en Barcelona. Por cierto que, pese a acabar su carrera, el claustro de profesores se negó a entregarle el título a María Elena. ¡Una mujer médico! ¡Habrase visto! El resto del mundo occidental tampoco anduvo muy avanzado. París y Zúrich fueron las primeras universidades en aceptar mujeres entre su alumnado, y eso ocurrió en 1850. Hacia 1890 solo una veintena de centros en toda Europa concedían a las féminas la igualdad de derechos lectivos con los varones.

En nuestro siglo XXI, y para las generaciones jóvenes, resulta difícil hacerse una idea de la tremenda misoginia que ha impregnado la historia de la ciencia. Para reflejarlo, vamos a hacer una pequeña investigación ahora mismo. Buceemos entre libros, declaraciones y cartas de algunos de los grandes sabios de Occidente, hombres tenidos por piedras angulares de la lucidez humana, y veamos qué pensaban de la inteligencia femenina.

Desde Aristóteles («La mujer es hembra en virtud de sus limitaciones», sentenció), el desprecio por la capacidad intelectual de las mujeres ha sido constante. No me resisto a entregarles uno de los aforismos de Erasmo de Rotterdam, padre del humanismo moderno. Decía: «Llevar una mujer a la escuela es como llevar un buey al gimnasio». Vaya.

La plantilla al completo de las contadoras
de estrellas de Harvard, en 1913.

Si les parece, mejor saltémonos todo lo anterior al siglo
XVIII. Al fin y al cabo, hasta la Ilustración francesa las
mujeres eran consideradas poco más que un objeto carnoso
perteneciente al padre o al marido. Así que podemos
empezar por el padre de las Luces, Voltaire. ¿Qué decía
este señor, prototipo del librepensador, sobre la inteligencia femenina? Pues dejó escrito: «Una mujer amablemente
estúpida es una bendición del cielo». Ahí queda eso. ¿Y el
gran humanista contemporáneo de Voltaire, Rousseau,
qué opinaba? Pues esto: «A las niñas no les gusta aprender
a leer o escribir por quedar por encima de sus capacidades;
en cambio, siempre están dispuestas a aprender a coser».
Rousseau se preocupó mucho de defender la igualdad de
todos los hombres, pero en su caso *hombres* no parece un
sustantivo genérico, sino absolutamente concreto.

En el siglo XIX, el desprecio contra las mujeres científicas fue, por motivos que veremos más tarde, incluso mayor. Continuamos con nuestra búsqueda de opiniones entre hombres célebres. Nietzsche: «Cuando una mujer tiene inclinaciones doctas, de ordinario hay algo en su sexualidad que no marcha bien». Oscar Wilde: «La mujer es un sexo decorativo: nunca tienen nada que decir, pero lo dicen encantadoramente». Charles Darwin: «Las mujeres están más fuertemente marcadas por facultades de razas inferiores y, por tanto, de un estado anterior e inferior en civilización». Schopenhauer: «La mujer es una especie de término medio entre el niño y el hombre, siendo este el verdadero ser humano». Y ya en el siglo XX, Carl Gustav Jung, padre de la psicología moderna: «Al seguir una vocación masculina como estudiar o trabajar, una mujer hace algo que no corresponde a su naturaleza y le es perjudicial». Sigmund Freud: «Las mujeres que aspiran a actividades masculinas sufren el trauma de la envidia del pene, al descubrir que están anatómicamente incompletas». Incluso, ¡oh, decepción!, encontré esta cita de José Ortega y Gasset, el gran filósofo liberal español: «El fuerte de la mujer no es saber, sino sentir. Saber las cosas precisa conceptos y definiciones, y eso resulta obra propia del varón».

Mejor lo dejamos ya, porque nuestro experimento de búsqueda creo que les estará enfadando bastante, como me ha ocurrido a mí mientras lo redactaba. Esa retahíla de sandeces, nacidas de mentes por el resto brillantes, nos sirve para comprobar la profundidad abisal del machismo en la historia de la ciencia.[1]

_____

1   Solo es posible concebir tales frases en bocas de sabios si las contemplamos desde una perspectiva cultural, es decir, como parte de verdades que todo el mundo, o casi todo el mundo,

Por todo lo anterior, sorprende que las pocas mujeres que lograron, pese a las presiones sociales, hacer carrera de investigadoras, alcanzaran tantos éxitos con tan escasas facilidades. El hecho es que algunos de los principales descubrimientos de todos los tiempos en campos como la física, la biología, la química, las matemáticas o la astronomía son obra de inteligencias femeninas, que trabajaron desde la marginación, sin acceso a material técnico, sin cobrar por sus esfuerzos y bajo el menosprecio, e incluso el chantaje, de sus colegas masculinos en particular y de la sociedad en general. Les confieso que siempre me he preguntado, desde que hace ya muchos años empecé a trabajar en este asunto de la historia de la ciencia, dónde estaríamos hoy si la humanidad no hubiese despreciado, de forma absurda y fanática, la mitad de todo su caudal intelectual. Somos unos primates de civilización confusa que, sin embargo, hemos aclarado enormes misterios del mundo que nos rodea, y lo hemos hecho dejando de lado al cincuenta por ciento de los seres de nuestra especie. ¿Qué hallazgos habríamos logrado de sumarse las capacidades de las mujeres al estudio científico de la naturaleza? Con el doble de cerebros pensando y trabajando, da pie a creer que estaríamos mucho más avanzados que ahora. Y como a alguien se le ocurra argumentar que la inteligencia femenina es inferior o simplemente diferente a la masculina, lo expulso de este libro. Todos los estudios serios realizados demuestran que no hay diferencias entre hombres y mujeres en relación a sus capacidades intelectuales. No cabe discusión alguna en eso. Como mucho tenemos formas ligeramente distintas de afrontar las

---

daba por indiscutibles y evidentes. Un libro reciente nos ayuda a comprender ese absurdo: *Las mentiras científicas sobre las mujeres*, escrito por Eulalia Pérez Sedeño y Silvia García Dauder, y publicado por Catarata en 2017.

emociones o las decisiones, y por tanto la participación igualitaria de mentes femeninas en la ciencia hubiese sido especialmente enriquecedora al abrir nuevas perspectivas y enfoques.

Si pese a todo ha habido muchas y grandes científicas en la historia, ¿cómo es que casi nadie sabe sus nombres? Pues acabamos de dar con la razón que me llevó a escribir este libro. Resulta muy difícil encontrar bibliografía en español sobre mujeres y ciencia. Hay, sí, una buena cantidad de artículos, estudios o textos en Internet sobre las mujeres científicas de hoy. Tratan de los problemas que hacen que, aunque ellas supongan un 58 por ciento de las licenciaturas universitarias, apenas ocupen el trece por ciento de las cátedras, solo logren el ocho por ciento de los galardones de prestigio y se queden en un ridículo tres por ciento de los Premios Nobel. Son cifras que reflejan que el machismo científico sigue ahí, cual fiera agazapada en los fondos de las aulas y los laboratorios. Pero, como digo, de este asunto actual hay bastantes cosas escritas. Sin embargo, no encontré apenas, mientras empezaba a documentarme, un fondo de estudios sobre la importancia de los descubrimientos científicos obra de mujeres. En idiomas como el inglés, el francés o el alemán algo existe, pero en español el número de títulos específicos y rigurosos sobre el tema se reduce ¡a cuatro! Nùria Solsona abordó el asunto por primera vez en 1997 con su estudio *Mujeres científicas de todos los tiempos*. En 2006 María José Casado publicó *Las damas del laboratorio*, y en enero de 2017 apareció *Sabias*, de la catedrática de Química Adela Muñoz. Aparte de estas tres hermosas obras, en español solo contamos con la traducción de *El legado de Hipatia: historia de las mujeres en la ciencia*, de la genetista norteamericana Margaret Alic, editado en 1986 y publicado en nuestro idioma en 2005. Y ya está. Eso es todo lo que los lectores en lengua castellana tienen a su alcance sobre mujeres científicas: cuatro libros, uno de ellos traducido del inglés. Qué rápido hemos acabado con la sección de bibliografía general esta vez.

Así que, por desgracia, la historia de la ciencia ha añadido injusticia al deshonor y solo muy recientemente está empezando a reparar la falta de reconocimiento heredada del pasado. Ayudar a esa tarea es mi pretensión. Además, quién sabe, quizás alguna joven aficionada a las matemáticas, la física o la biología termine ojeando estas líneas y apueste por estudiar los misterios de la naturaleza. Nada me gustaría más que unos padres regalasen este libro a sus hijas adolescentes, ya que quizá su lectura las anime a seguir el camino de la ciencia. Porque la inteligencia femenina nos hace falta. Todas las neuronas cuentan.

Pese a todo, prefiero que afrontemos esta aventura lejos de la rabia. No quiero convertir este libro en un memorial de agravios amargos. Será mejor enfocarlo desde un punto de vista positivo. Aquí conocerán, pues, diez historias personales con enormes implicaciones para el conocimiento humano. En contra de lo que solemos creer, la ciencia no progresa de manera continua, como un río que fluye siempre hacia adelante. Al revés, la investigación sobre la naturaleza ha encallado muchas veces en largos periodos donde apenas se avanzó nada, enfrentada a problemas muy complejos que impedían el desarrollo de nuevas ideas. Hicieron faltan mentes excepcionales para que, de repente, un rayo de lucidez iluminara el camino que había que seguir, para que la sabiduría rompiese diques y volviese a fluir. Este libro les contará ciertas etapas de confusión en la ciencia que solo el trabajo intenso y brillante de diez personas logró desatascar. Y, miren por dónde, en estos diez casos quienes lograron tal hazaña fueron mujeres. Si pasan la página empezarán a descubrirlas.

NOS OLVIDAMOS DEL CIELO: HIPATIA DE ALEJANDRÍA

Estamos en el siglo cuarto después de Cristo y entramos por una de las puertas de la ciudad de Alejandría. Enseguida descubrimos que se trata de un lugar al mismo tiempo fascinante y peligroso para vivir. Fascinante porque acabamos de hollar la urbe más grande del planeta: se dice que en ella habitan unas 600.000 personas, un enorme número para la época. Aquí residen griegos, romanos, hebreos, persas, nubios, galos, fenicios o íberos, y por supuesto egipcios autóctonos. Conforme cruzamos las calles, unas amplias y ajardinadas y otras estrechas, oscuras y malolientes, comprobamos que la ciudad posee dos puertos, uno hacia el Nilo y otro hacia el Mediterráneo. El trasiego es tumultuoso, porque por estos muelles y almacenes pasan a diario volúmenes ingentes de mercancías. Por ejemplo, las crecidas del valle proporcionan un tercio del trigo que se consume en Roma, y los bienes preciosos traídos desde Oriente deben utilizar el cruce de caminos entre este y oeste, entre norte y sur, en cuyo eje se sitúa Alejandría. El legendario faro, una de las siete maravillas de la Antigüedad y que sirve de guía para entrar al puerto marítimo, se ha convertido ya en el símbolo de tal comercio de riquezas y alimentos. Famoso como es en todo el mundo civilizado, no podemos dejar de contemplarlo allí, anclado en la isla de la bahía como un barco vertical y magnífico, con su llama ardiendo constante en lo alto de la estructura. En consecuencia, percibimos rápidamente que se trata de una ciudad opulenta, llena de palacios, templos, mercados y fastuosos edificios públicos. Nosotros, que acabamos de llegar a lomos de camellos tras cruzar miserables aldeas de barro y caminos polvorientos, sentimos que, después de la propia Roma, Alejandría es la gran joya del imperio de los césares, la metrópolis por excelencia de este tiempo. Constantinopla le tomará el relevo, aunque eso solo ocurra un siglo más tarde. Por suerte, como somos viajeros en el tiempo, si lo deseamos podremos estar allí para verlo. Pero no es este el asunto que nos ha traído hoy aquí.

La visión de los paseos pavimentados, de los mármoles y las columnatas, no nos obnubila el juicio. Varios caminantes con los que coincidimos nos han avisado ya: el esplendor de Alejandría se ve empañado por numerosos peligros que recorren sus calles. Junto a una delincuencia importante que incluso resaltan los cronistas, la convivencia entre las distintas razas y religiones está lejos de ser pacífica. Los judíos se enfrentan violentamente con los cristianos, los griegos contra los judíos, los cristianos contra los paganos, los romanos contra los egipcios: podríamos seguir haciendo combinaciones de odios viscerales, porque las refriegas sangrientas forman bucles constantes. En realidad todos se llevan mal con todos. Lo percibimos en la estricta separación entre barrios, segregados por etnias y creencias y cuyos límites vigilan numerosos *cohortes urbanae,* la policía imperial. Además, debido a su importancia, Alejandría sigue siendo blanco de las intrigas políticas de Roma, y en el pasado estos conflictos han terminado en guerras civiles con un cómputo de miles de muertos dentro de la propia ciudad. Para colmo las masas populares alejandrinas poseen una merecida fama de levantistas y alborotadoras. A lo largo de este siglo IV ha habido ya tantas revueltas de esclavos, pescadores, turbas de gente pobre y mercaderes humildes que el saqueo de viviendas o almacenes resulta habitual. Lo sabíamos antes de llegar y nos han prevenido insistentemente sobre las visitas a arrabales miserables. La enorme tensión social entre los sectores empobrecidos de la población y la minoría rica estalla con frecuencia en motines de violencia incontrolable y arrasadora. De hecho, las adscripciones religiosas reflejan en gran medida la categoría social. La rápida expansión del cristianismo en Alejandría, por ejemplo, se debe sin duda a la existencia de un gran número de esclavos y personas humildes, entre quienes la condena de la riqueza contenida en el Testamento ha calado profundamente. De este modo buena parte de los cristianos, procedentes de las clases más desfavorecidas, hacen gala de un respaldo moral para sus posturas radicales en contra de los judíos y paganos, por lo general nacidos en estratos sociales mejor situados. Lo observamos muy pronto. En casi cada esquina concurrida encontramos un predicador cristiano, vestido con pieles ajadas y largas barbas, que subido sobre un cajón clama a voces contra la riqueza, la maldad, la avaricia o la blasfemia. Condena las costumbres de judíos o paganos, sin citarlos por su nombre, pero todos los alejandrinos tienen claro de qué habla. Alguno llega a anunciar el fin del mundo y el apocalipsis, y reclama la conversión forzosa a la fe cristiana como único atisbo de salvación. Hay quien se detiene a oír todas esas retahílas de vituperios, otros pasan de largo. En realidad, y como ha ocurrido siempre, la religión y la política van de la mano también en esta Alejandría que acaba de acogernos.

Pero, sobre todo, Alejandría resulta una ciudad peligrosa para quienes muestran una actitud inteligente y de mentalidad abierta. La plebe parece criticar especialmente a los llamados filósofos naturales. Nosotros, viajeros del tiempo, sabemos que serán conocidos más tarde como científicos. ¡Ay, la ciencia! Cristianos y hebreos identifican el estudio racional de la naturaleza con la idolatría, pues los libros sagrados ya ofrecen, aseguran, una explicación completa del mundo. ¿Qué necesidad hay, pues, de matemáticas o experimentos? Los patriarcas religiosos vociferan desde los púlpitos día sí y día también tremendas condenas de la mentalidad científica heredada del pasado griego. Para las masas cristianas sobre todo, los filósofos, los aritméticos o los astrónomos no son más que enviados de Satán con el propósito de arruinar la fe en Cristo. Las clases populares ven a los estudiosos como enemigos de sus creencias, negadores de la verdad revelada en las Escrituras. El problema resulta muy grave, si te paras a pensarlo, porque Alejandría acoge en esta época el centro cultural del mundo: la Gran Biblioteca. En consecuencia en la ciudad viven muchísimos sabios racionalistas. Solo como profesores residentes se cuentan más de cien eruditos, y miles más pasan cada año por la majestuosa institución que conserva el legado de la humanidad. Si sumamos a los alumnos y estudiosos, la comunidad científica de Alejandría conforma un número enorme de personas. El mismo proceso que ha convertido a la ciudad en el centro económico de la época ha hecho de ella el vórtice cultural de Occidente. La Gran Biblioteca ha sido el primer lugar donde el conocimiento humano se organiza de manera sistemática, estricta y con voluntad de permanencia. Lo deja muy claro una frase del cronista Ateneo, que recuerdo bien y te enuncio mientras paseamos: «En sus anaqueles está la memoria de todos los hombres».

Reconstrucción ficticia de la Gran Biblioteca de Alejandría según un grabado del siglo XIX. Al fondo se puede observar el mítico faro. Lo cierto es que la destrucción de los edificios resultó tan intensa que hoy nadie sabe en realidad qué aspecto tenía la biblioteca o sus alrededores.

Según los inventarios, parece ser que el número de papiros, manuscritos, rollos y pergaminos almacenados en sus salas alcanza la cifra impresionante de 900.000 volúmenes. Ningún lugar ha sumado antes un número semejante. Como viajeros del tiempo sabemos que los muros de la Gran Biblioteca guardan en estos momentos gran cantidad de obras de las que en el futuro solo se conocerá su nombre, y muchas cuya existencia directamente se ignorará. De los 900.000 volúmenes solo 43.000 pueden ser consultados por cualquiera. Para leer el resto, y con el fin de asegurar su conservación, hay que pedir un permiso expreso, que se concede o no en función de perfil del solicitante. El interés por sumar todo el conocimiento posible llega al extremo de que la Gran Biblioteca tiene un cuerpo de policía especial dedicado a inspeccionar cada barco y cada caravana que llega a Alejandría: si los agentes encuentran un rollo o un manuscrito, lo requisan y no es devuelto a su propietario hasta que los amanuenses realizan una copia, que clasifican y registran en los estantes. Y, en consonancia con los amplios intereses de estos filósofos naturalistas, la Gran Biblioteca no solo contiene escritos. Sus varios edificios cuentan con un zoológico, salas de disecciones, animales disecados de todo el mundo conocido, un observatorio astronómico, talleres para fabricar instrumentos científicos, un laboratorio, un estudio de música, un jardín botánico y por supuesto las aulas donde se enseña. Porque, además de conservar la mayor colección de libros de la antigüedad, la biblioteca es la principal universidad de la época. Se da clase allí mismo, en edificios conocidos como el Museo y el Serapeo, los centros principales del extenso complejo.

Si la ciudad acoge por un lado al núcleo del conocimiento científico y por otro al auge del cristianismo que considera a la ciencia un peligro satánico, te puedes imaginar la tremenda tensión social que provoca tal cohabitación. Para colmo, los pobres no suelen ser admitidos como estudiantes en la biblioteca. Las eruditos consideran que solo una minoría culta y acomodada, procedente de familias nobles, será capaz de entender los conocimientos que allí se atesoran. En consecuencia, los ciudadanos humildes de Alejandría miran con desconfianza e incluso odio las actividades que ocurren entre sus lujosos muros y jardines, que la plebe ve como un nido de herejes del que nada bueno puede esperarse. En este proceso, nosotros lo sabemos, germina la raíz de la destrucción de la Gran Biblioteca, saqueada y quemada hasta los cimientos en sucesivos tumultos populares o durante guerras civiles. ¿Quieres que te recuerde otra frase que pasará a la historia? Los frecuentes estallidos de violencia en Alejandría llevan a un personaje destacado de la época, Sinesio de Cirene, a escribir: «Estoy rodeado por los sufrimientos por mi ciudad, puesto que cada día veo hombres sacrificados como víctimas en un altar. Respiro un aire infectado por la podredumbre de cuerpos muertos». Ahora entenderás por qué te decía al principio que Alejandría resulta un sitio fascinante pero peligroso para vivir.

En realidad, lo que está ocurriendo es ni más ni menos que el choque de dos mundos: el de la vieja antigüedad grecolatina, heredera de la Grecia clásica, de sus filósofos y su búsqueda científica de explicaciones de la naturaleza, y una mentalidad nueva de intransigencia y oscurantismo religioso encarnada por el cristianismo en expansión, que muy pronto llevará a Occidente hasta las tristes profundidades de la Edad Media. La Gran Biblioteca y quienes allí trabajan conforman el último rescoldo, el muro de contención final, de una tradición de siglos de sabiduría que se desmorona ante el empuje de las verdades supuestamente reveladas. Y ahora, mientras recorremos la Vía Canópica en dirección a los edificios del Separeo, me preguntas por fin por el nombre que nos ha traído hasta aquí. Se llama Hipatia de Alejandría. Sin duda ya es hora de hablar de ella.

Una mujer. En estos días revueltos, cuando los cristianos en alza vuelven a condenarlas al papel de madres resignadas, de silentes esposas, ha de ser una mujer la persona que encarne ese último dique de la sabiduría antigua, de la búsqueda científica. Hasta tal punto su figura asume el protagonismo que ya en vida se la considera símbolo de la resistencia de la razón ante el universo de fanatismo religioso que, como ves, se va imponiendo a marchas forzadas. Te adelanto que pagará ese protagonismo con su vida. Saberlo es uno de los privilegios de viajar desde el futuro, y el espeluznante asesinato de Hipatia supondrá, quizás aún más que la caída de Constantinopla, el verdadero inicio de lo que conoceremos como Edad Media. Porque después de Hipatia la sabiduría racionalista se precipitará rápidamente hacia un foso de densa oscuridad que durará nada menos que mil años. Cuando el Renacimiento vuelva lentamente a reclamar la herencia griega, Hipatia será una de las figuras más recordadas. Y poco a poco se descubrirá que su obra está adelantando hallazgos científicos claves que tardarán siglos en volver a comprenderse. Por cierto, en griego Hipatia significa literalmente «la más grande». Creo que no te lo había dicho.

Retrato de Hipatia de Alejandría, según el pintor Rafael Sanzio. Rafael recibió en 1509 el encargo de decorar una sala del Vaticano y decidió representar a los grandes filófosos de la historia, desde Platón, Aristóteles o Sócrates hasta Pitágoras y Averroes. Hipatia es la única mujer que aparece.

En consonancia con lo que te he contado antes sobre el acceso a los estudios, puedes suponer que Hipatia procede de una familia acomodada. Algunos autores dicen que nació en el año 370, aunque parece más probable la fecha del 355. Su padre se llama Theón, un astrónomo y aritmético, profesor en el Serapeo de la Gran Biblioteca[2]. De su madre no sabemos nada, y seguramente cumpliría el papel asignado a las mujeres: amas de casa entregadas a la crianza de los hijos. Tampoco sabemos si tuvo hermanas o hermanos. En cualquier caso, desde muy joven Hipatia da muestras de no conformarse con seguir el rol femenino de la época. Insiste en acompañar a su padre a las clases y pronto Theón comprende que su hija está excepcionalmente dotada para las matemáticas. Y el hombre, desafiando las prejuicios de género de entonces, se empeña en potenciar las habilidades de su pequeña. Le enseña lo que en este siglo llaman ciencias filosóficas, que incluyen matemáticas, geometría, astronomía, óptica, física, química, música y oratoria, además de por supuesto la propia filosofía. Pero no solo eso. Theón, queriendo para Hipatia una educación integral, diseña una serie de ejercicios que incluyen gimnasia, montar a caballo, remar y escalar montañas. La joven dedica las dos o tres primeras horas de cada día a practicar esas actividades físicas, costumbre que conservará toda la vida, porque según ella le permite concentrarse en el estudio el resto de la jornada. Theón llegó a afirmar públicamente que esperaba hacer de su hija «el ser humano

---

2   En la fecha en que nació Hipatia la Gran Biblioteca ya estaba parcialmente destruida a causa de sucesivos ataques. Sin embargo, el Museo y el Serapeo, los edificios más destacados, se mantenían en pie y seguían acogiendo una enorme cantidad de manuscritos, así como las aulas de enseñanza.

perfecto», lo que incluía la instrucción integral de cuerpo y mente. Parece que tal actividad deportiva hizo a Hipatia una muchacha muy hermosa cuando era joven, pero eso a nosotros no nos importa. Pese a que los historiadores, cuando hablan de las mujeres, siempre suelen resaltar sus aspectos físicos, que yo sepa nunca se trata igual a los hombres. En el futuro, al estudiar a Copérnico o Einstein nadie comentará si eran guapos o feos. Así que a partir de ahora no diré ni una palabra sobre el grado de supuesta belleza de las protagonistas que visitaremos en este libro. Me parece un resquicio machista irrelevante, antiguo e injusto. Confío en que estés de acuerdo.

Además de los propios conocimientos, lo mejor que ha aprendido Hipatia en las clases de su padre es la pasión por descubrir lo desconocido. Cuentan que, al cumplir los veinte años, pidió a Theón que la dejase estudiar en Atenas y en Roma, y él aceptó diciéndole: «Sea, porque quiero hacer de ti una mujer libre». A lo que la joven contestó: «Ya soy una mujer libre». Te confieso que nadie sabe si esta anécdota, contada por Sócrates Escolástico, es verdadera, pero te la menciono porque me parece que revela en cualquier caso la firmeza de carácter que Hipatia muestra a los ojos de sus contemporáneos. Veamos el resto de la historia. Con el beneplácito paterno la muchacha embarca para un largo viaje que la mantiene ocupada varios años. En Atenas logra ser admitida en la escuela filosófica dirigida por tres grandes figuras, Temistius, Plutarco el Joven y su hija Asclepigenia. Aprovecha tanto sus estudios que, al acabar, la Academia de Atenas le concede la corona de laureles, una distinción reservada tan solo a alumnos excepcionales. En Roma permanece menos tiempo y no se sabe mucho de su estancia, aunque nos han llegado referencias de que la joven impactó a la aristocracia romana con sus conocimientos y su sabiduría. Finalmente, en torno al año 380, regresa a Alejandría y comienza a trabajar con su padre como profesora de Aritmética, Astronomía y Mecánica en el Serapeo. No pasará mucho tiempo hasta que la nombren titular de una cátedra pública de Filosofía. Es el puesto que ocupa ahora, ahí, mira, tras los muros de ese edificio blanco conocido como el Serapeo, un antiguo templo dedicado al dios egipcio Serapis. Y a investigar y enseñar dedica el resto de sus días, según dicen quienes la conocen o saben de ella. Pero no acepta a cualquiera en sus clases. En consonancia con las discriminaciones sociales de esta época, Hipatia solo admite a alumnos o alumnas muy dotados desde el punto de vista intelectual, procedentes además en exclusiva de familias aristocráticas. Eso, y que su imagen independiente y carismática sea justo la contraria al ideal de mujer imperante, le ha hecho ganarse tantos enemigos entre el pueblo llano como admiradores entre las minorías cultas.

Los historiadores suelen incluir a Hipatia en las filas del llamado neoplatonismo, una corriente filosófica desarrollada precisamente en Alejandría entre los siglos III y VI. El neoplatonismo intenta conciliar las ideas de Platón con aportaciones de otros grandes filósofos como Pitágoras, Aristóteles o Parménides, e incluso incluye influencias místicas de origen oriental, sobre todo del hinduismo. Si leemos por encima los escritos neoplatónicos, suenan un poco raros. Defienden, con tanta carga espiritual como filosófica, que todo lo que existe forma parte de una unidad absoluta de la que emanan la inteligencia y el alma. La unidad primera no es alcanzable por el conocimiento, pero el uso adecuado de la inteligencia sí puede encontrar el motor (las leyes que diríamos hoy) que rige el comportamiento de la naturaleza. Los neoplatónicos, por ejemplo, creen que el mundo tiene claves ocultas que unen los diferentes niveles de la realidad, como reflejos en un espejo. Para la búsqueda de estas claves se proponían las matemáticas, así como la meditación íntima, la contemplación de los fenómenos y hasta el correcto comportamiento ético durante la vida, que al tender al bien alcanzaría una iluminación, una especie de éxtasis producido por la visión individual de la unidad primera.

¿Ves como suena raro? En realidad el neoplatonismo supone una amalgama de toda la antigua filosofía helénica, una especie de intento de unir los grandes avances adquiridos desde Tales de Mileto hasta Sócrates. Meter en un mismo saco concepciones del mundo tan distintas, y elaboradas a lo largo de casi ocho siglos, condujo a que el neoplatonismo tuviese en realidad muchísimas corrientes internas, por lo que resulta complicado calificarlo como una única escuela de pensamiento. A cualquier idea se le puede poner la etiqueta de neoplatónica, así que desde mi punto personal de vista decir que Hipatia pertenece a esa corriente tan voluble es como no decir nada. Por ejemplo, ella insiste en que las matemáticas constituyen el único camino adecuado para desvelar las leyes del mundo. El universo se rige, afirma, por normas comprensibles gracias a las relaciones internas de los números, y esta idea refleja mucho más la imagen de Pitágoras que la de Platón. Es una pena que no podamos entrar en el Serapeo para preguntárselo. Los guardias no nos dejarían. Quizá esté hablando de eso en este mismo instante delante de sus alumnos. En definitiva, y aunque en casi todos los libros del futuro encuentres que Hipatia era neoplatónica, recela un poco y valora, según mi opinión, que puede ser más bien la última representante de la venerable escuela pitagórica.

Dicho lo cual, no debemos extrañarnos de que la actividad principal de Hipatia sean las matemáticas. Para ella los números revelan el cosmos (la palabra griega *cosmos* significa «orden», como bien sabrás) de la naturaleza y permiten discernir las leyes universales que se sobreponen al caos. Y la aplicación lógica de su forma de pensar se plasma en un gran interés por la astronomía, ya que Hipatia considera que la aritmética y la geometría deben regir el movimiento de los astros en el cielo. De hecho, ella no separa estrictamente el estudio de las matemáticas y el estudio de la astronomía, y concibe ambas disciplinas como derivaciones lógicas de una misma actividad. Resultará conveniente que comprendas una cosa: en este tiempo del siglo IV después de Cristo, la naturaleza continúa siendo un gran interrogante. Los mitos antiguos que intentaban explicar lo que ocurre como consecuencia de la conducta de dioses caprichosos se han desmoronado ya, pero nadie sabe de qué manera sustituirlos. Pitágoras marcó el primer hito al dibujar un triángulo rectángulo en el suelo y observar que conserva proporciones obligadas, lo que le llevó a pensar en algo parecido a leyes naturales. La naturaleza no es capricho, es orden por desvelar. La senda la siguió Arquímedes gritando desnudo «¡Eureka!» por las calles tras descubrir en su bañera las leyes de la flotabilidad, o más tarde cuando sus espejos quemaban los navíos persas frente a Siracusa. Y fue Aristóteles quien definió las reglas, al enunciar que la ciencia es observación, experimentación y deducción lógica. Pero en estos tiempos de Hipatia, el universo continúa con apariencia de enigma. Quizá por eso las grandes religiones negarán pronto la ciencia. Su avance ha sido muy lento frente a la impaciencia de los seres humanos.

Pero la mujer que ahora mismo da clases en ese edificio blanco, intentando abstraerse de los ruidos de la calle, de los carros que pasan y los vendedores que gritan la mercancía, considera que el camino antiguo es el correcto. Su concepción del universo insiste sobre todo en que el giro de las estrellas y los planetas, los ciclos del cielo y de la Tierra, se explican por relaciones geométricas que pueden ser expresadas en ecuaciones, con soluciones concretas y demostrables. Como habrás visto enseguida tú que vienes del futuro, se trata de una idea de una modernidad rotunda, tanto que la astronomía actual se basa absolutamente en ella. El mundo no es ya un ámbito inescrutable regido por la voluntad de los dioses, sino que existe y se desarrolla en función de leyes escritas en lenguaje matemático. Esa es la raíz de la ciencia que hacemos hoy. Y aún más. Hipatia defiende el helicentrismo, es decir, que la Tierra se mueve alrededor del Sol, en contra de las teorías dominantes de Ptolomeo, según el cual resulta evidente que es el Sol el que gira en torno a la Tierra, lo que conoceremos como geocentrismo. Para defender su postura Hipatia desarrolla un alud de cálculos que desdicen a Ptolomeo. Pero no te engañes: sus ecuaciones son tan complejas que en esta Alejandría que recorremos apenas nadie consigue entenderlas. Quedan como rarezas matemáticas. Quizá debamos dar otro salto en el tiempo, mucho más tarde, hasta el siglo XVI, para encontrar a alguien que comprenda esos cálculos. Es posible que Nicolás Copérnico tuviera acceso a unos comentarios de Hipatia sobre la obra de Ptolomeo e influyeran en su revolucionaria teoría heliocéntrica, que dio origen a la ciencia moderna. Muchos autores creen que la «revolucionaria» teoría heliocéntrica había sido calculada matemáticamente por Hipatia más de un milenio antes de que Copérnico le diera toda su consistencia. Pero los cálculos de Hipatia caerán en el olvido, como tantos conocimientos antiguos, tras la destrucción total de la Gran Biblioteca.

Vamos a recorrer un hecho no comprobado pero útil, para que te hagas una idea del fino hilo del que a veces pende la ciencia. Te voy a contar la pequeña historia de cómo las ideas de Hipatia pudieron llegar a Copérnico. Las obras que Hipatia escribe sobre astronomía no sobrevivirán, pero ella suele dejar también amplios comentarios al final de los manuscritos que lee. El libro original donde Ptolomeo plasmó su teoría geocéntrica se conoce como *Almagesto*, e Hipatia, al estudiarlo, deja apuntes en un ejemplar concreto, que recoge el volumen III de la obra original. En las notas escritas de su mano, Hipatia muestra su disconformidad y desarrolla cálculos matemáticos sobre el movimiento de los astros, cálculos que contradicen la hipótesis de Ptolomeo. Ese volumen III con anotaciones de Hipatia rodará por el mundo y por fortuna no resultará destruido, hasta llegar a la biblioteca de la familia Médicis en Florencia, uno de los lugares en que Copérnico, once siglos más tarde, buscará manuscritos griegos sobre astronomía. Ese volumen III no es diferente de otras copias del *Almagesto* que Copérnico ya conoce, por lo que quizá lo deseche sin alcanzar a leerlo. Sin embargo, muchos historiadores creen probable que lo consultara y se tropezase de esa manera con los comentarios de Hipatia y sus conclusiones matemáticas. De ser así podemos imaginar que le provocarían un gran impacto al confirmar sus propias hipótesis heliocéntricas.

Te he dicho que ninguna obra de Hipatia sobre astronomía sobrevivirá, pero la realidad es más cruel todavía: no llegarán al futuro ni uno solo de los libros que escribió. Se considera que ardieron en los ataques a lo que quedaba de la Biblioteca de Alejandría, que a finales de este maldito siglo IV será saqueada y quemada hasta los cimientos, incluidos el Museo y el Serapeo. ¿Cómo sabemos entonces cuáles fueron los avances de Hipatia, cuáles sus aportaciones? Bueno, por suerte nos quedan una gran cantidad de referencias a sus obras originales en libros de otros autores. Hipatia logró un grado de reconocimiento intelectual tan alto que citar sus palabras se convertirá en una costumbre para filófosos y científicos posteriores, de manera que disponemos de un buen número de ecuaciones, reflexiones, experimentos y conclusiones suyas. Además, sí se han conservado algunas obras que escribió junto a Theón, que muchos historiadores consideran más de ella que del padre pese a que fuesen firmadas por él. Por último, y esto es fundamental, algunas copias de obras famosas de la antigüedad incluyen amplísimos comentarios atribuidos a Hipatia, lo que nos da una imagen de sus conocimientos a través de las críticas que realiza. Un caso es el que hemos visto acerca del volumen III del *Almagesto* y otro muy importante sus comentarios a la *Aritmética* de Diofanto.

Ven, paseemos hasta el barrio de Rhakotis mientras charlamos. Y ten cuidado con esa anciana que arroja agua sucia a la calle, no te vaya a empapar. Los alejandrinos son muy indisciplinados y tiran los cubos de excrementos desde las ventanas sin importarles quién pase por debajo. ¿Por dónde íbamos? Ah, sí, Diofanto de Alejandría. Vivió un siglo antes que Hipatia y escribió una enorme obra en trece volúmenes, la *Aritmética*, donde aplica por primera vez en la historia herramientas complejas como el álgebra, las ecuaciones de múltiples variables o la sustitución de cifras por grafismos que facilitan las operaciones (es decir, el uso de nuestras famosas «x» para manejar las incógnitas, por ejemplo).

La *Aritmética* de Diofanto supone el mayor compendio de las matemáticas heredadas del conocimiento antiguo e Hipatia, por supuesto, ha estudiado a fondo la obra. Tan a fondo que llegará a comentarla ampliamente, y sus anotaciones consiguen elevarla a un mayor nivel de complejidad al incluir sus propias investigaciones y descubrimientos. Según el cronista Sócrates Escolástico, las copias de la *Aritmética* que circulan por Alejandría incorporan los comentarios de Hipatia como si fuesen propios de Diofanto. Seis volúmenes de todo ese material sí llegarán hasta el siglo XXI gracias a copias realizadas en el año 1545, e historiadores como Paul Tannery creen que en realidad todos los ejemplares de la *Aritmética* de Diofanto que conocemos son en realidad la versión revisada por Hipatia. Lo mismo ocurre con el *Canon Astronómico*, una obra de Hesiquio que proporciona tablas para calcular matemáticamente el movimiento de los astros, o con los *Elementos* de Euclides, la gran fuente de la sabiduría geométrica de la antigüedad. En todos estos casos Hipatia ha hecho comentarios y aportaciones que muchas veces se incorporarán a las copias y ediciones posteriores como si fueran parte del original, sin distinguir quién era el autor de una idea y quién de otra. Por otro lado, tenemos bastantes cartas que alumnos de Hipatia escriben a su maestra y que nos proporcionan buena información de su actividad. Por ejemplo, Sinesio de Cirene, que llegará a ser obispo de la provincia romana de Ptolemaica, la considerará por siempre su tutora y no deja de escribirle largas cartas sobre asuntos científicos cuyo contenido conocemos. O sea, y resumiendo: aunque no podríamos poner a Hipatia como autora de un libro en concreto, sí disponemos de suficiente material para valorar las aportaciones que esta mujer hizo a la ciencia, especialmente en astronomía y cálculo.

Su legado más importante se ciñe al ámbito de las matemáticas, sobre todo en el campo de la aritmética. Muy pronto desarrolla las ecuaciones indeterminadas (entonces conocidas como diofánticas) y las aplica a cuestiones complejas. Escribe esas ecuaciones en libros de problemas para sus alumnos, y de hecho el primer tratado original de Hipatia consiste en un cuaderno de 39 cuestiones concretas propuestas como deberes a sus pupilos. La profundización en estas cuestiones matemáticas la lleva al terreno de las ecuaciones cuadráticas, que incluyen múltiples soluciones alternas capaces de resolver asuntos concretos. Esto te debe sonar extraño, así que vendrá bien un ejemplo. ¿En cuántas monedas puede dividirse un billete de cien euros? (Este ejemplo es mío, no de Hipatia, claro, porque como saben el euro es bastante reciente y nosotros, viajeros del tiempo, tenemos prohibido alterar el pasado). Pues me dirás así a bote pronto que un billete de cien euros puede dividirse en cien monedas de un euro. Correcto. Pero ¿y si las monedas no son de euro? ¿Y si son de dos euros, o de cincuenta céntimos, o de un céntimo, o de valores intermedios? Pues las ecuaciones que desarrolla Hipatia permiten calcular de golpe toda la gama de resultados posibles de una forma sencilla y elegante. De esta manera, y pese a no hacer, que sepamos, una aportación propia decisiva y original, Hipatia sí contribuye a la ampliación de campos matemáticos como ninguna otra persona consigue hacer en su época. Incluso historiadores un tanto reacios a considerar a Hipatia una investigadora pura en matemáticas, como Michael Deakin, aceptan que su forma de plantear los problemas hizo progresar las aplicaciones prácticas de los conocimientos aritméticos hasta cotas desconocidas hasta entonces.

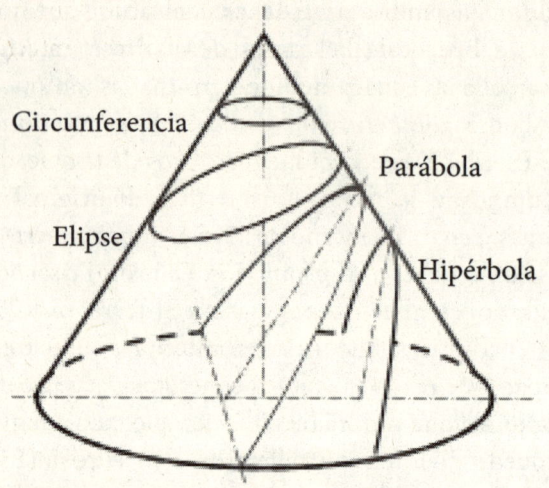

Algunas de las superficies que resultan de los cortes o secciones cónicas. Surgen de forma natural curvas fundamentales del mundo cotidiano, como circunferencias, elipses, parábolas e hipérbolas.

Otro terreno al que Hipatia dedica mucho tiempo es al asunto de las secciones cónicas, y depura el estudio de estas formas geométricas como nadie había hecho antes. Para que lo entiendas, te voy a explicar qué es una sección cónica. Si tienes un embudo de lados continuos, puedes coger un cuchillo y cortarlo en ángulos diferentes. Un corte podría ir desde un punto inferior a otro superior, o bien al revés, o bien con mayor o menor inclinación. Incluso podrías cortarlo de lado a lado a la misma altura. Lo interesante del caso es que cada una de esas secciones dará lugar a planos geométricos con propiedades muy interesantes. Eso ya lo sabían los geómetras antiguos, hasta el punto de que no existen curvas que han llamado más la atención de los matemáticos que las derivadas de las cónicas. Hay una leyenda preciosa sobre el tema. ¿Te la cuento? Vale. El aire de esta tarde en Alejandría parece más puro ahora que nos acercamos a la Puerta de la Luna, cerca del cementerio. Es un buen sitio para contar leyendas.

Verás. Allá por el año 433 antes de Cristo se propagó por Grecia una epidemia de peste que mató a una de cada cuatro personas. Faltos de conocimientos médicos para combatir la plaga, los griegos recurrieron al oráculo de la ciudad de Delfos, el más sagrado de la época. El oráculo se descolgó con una premonición inesperada y extraña: dijo que la epidemia cesaría si se duplicaba el volumen del altar dedicado al dios Apolo, que tenía forma de cubo. Las autoridades encargaron enseguida a sus constructores realizar la obra y los constructores recurrieron a la solución aparente, que era simplemente duplicar la arista del cubo. Pero, como sabe ya cualquier alumno de secundaria, esa operación resulta incorrecta. Ni siquiera los matemáticos más avanzados de aquellos tiempos lograron encontrar la forma de duplicar exactamente el volumen del altar cúbico. La situación dio origen a una de las que hoy conocemos como las tres grandes incógnitas de la geometría helénica, que eran: duplicar un cubo, trisecar un ángulo y cuadrar el círculo, usando para todo ello únicamente un compás y una regla simple. La solución a la duplicación del cubo la insinuó en el año 335 antes de Cristo (no sabemos cuántos griegos más murieron por la peste en ese espacio de tiempo, o si la epidemia cesó por sí sola) un señor llamado Menecmo. Dijo que lo correcto para duplicar el volumen de un cubo es hallar las medias proporcionales de cada lado, es decir, hallar el valor de dos incógnitas, x e y, según la relación siguiente: $2a/x = x/y = y/a$. Con esta sencilla fórmula se solucionó el asunto. Pero lo importante para nosotros es que esa ecuación da lugar a la intersección de una curva, bajo el modelo $xy^2 = 2a^2$. Y ahí lo que aparece es una parábola, cuya superficie se puede duplicar proporcionalmente según el sector de cualquier cono que se seccione.

Pues el caso es que la aparición de una curva de propiedades excepcionales a partir del cono entusiasmó a los matemáticos griegos desde entonces. Las secciones cónicas fueron estudiadas por Apolonio o Arquímedes, que las consideraron formas ideales o divinas. Y cuando Hipatia se dedica a ellas se da cuenta de algo excepcional: las curvas derivadas del cono sirven mejor que cualquier otro tipo de curvas para describir geométricamente los fenómenos naturales. Los reflejos de la luz y el deambular de cualquier tipo de onda, sin ir más lejos en el agua, ocurren en la vida real bajo la influencia de las parábolas. Las parábolas también describen estupendamente la caída al suelo de los objetos en movimiento, y una parábola es igualmente la figura que marca la concentración o dispersión de las fuentes de energía.[3] Pero, sobre todo, Hipatia intuye que parábolas, hipérbolas, elipses y demás curvas cónicas parecen ajustarse como un guante al movimiento de los astros en el cielo. En la Grecia antigua se consideraba al círculo una entidad pura, y por tanto las estrellas y los planetas deberían deambular por el cosmos siguiendo trayectorias circulares, ideales y perfectas. Y eso siguen creyendo los eruditos neoplatónicos que habitan Alejandría. Pero Hipatia, sin prejuicios esotéricos y dando un ejemplo de mentalidad científica, defiende que las órbitas celestes no

---

3   De aquí viene un asunto que hemos citado antes de pasada. Las crónicas dicen que Arquímides salvó a su ciudad, Siracusa, de ser destruida por una flota persa gracias a las matemáticas: creó espejos en forma de parábolas que concentraban la luz del Sol y que, dirigidos contra los barcos enemigos, lograron incendiar su velamen.

son círculos, sino elipses. Tendremos que esperar once siglos, otra vez hasta Copérnico, para que la ciencia descubra de nuevo una realidad tan esplendorosa, sin la cual seguiríamos sin entender nada del movimiento en el universo.

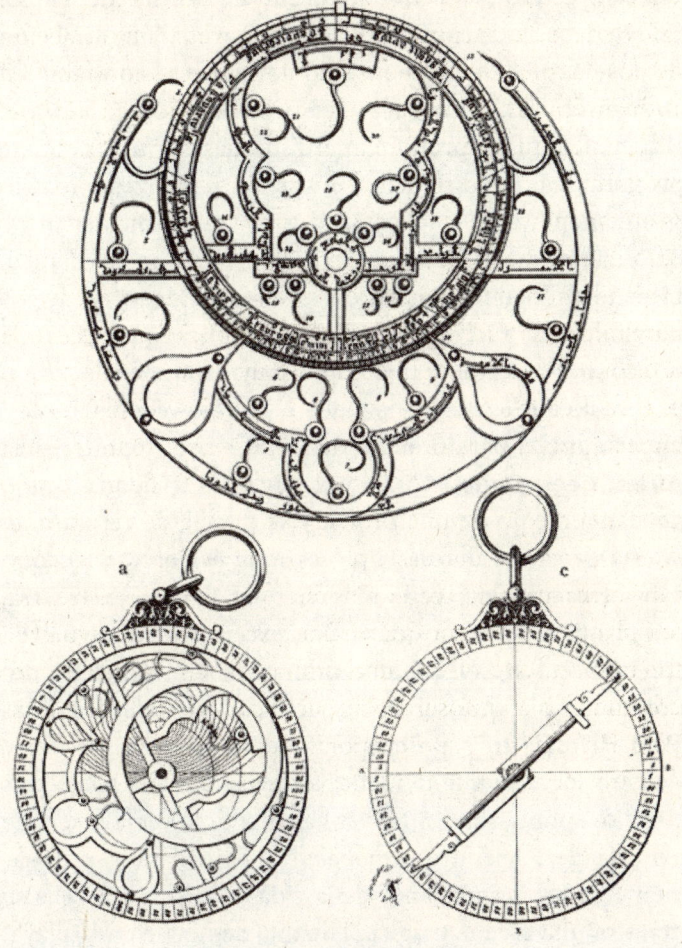

Arabisches Astrolabium, 1208,

nach Sarrus.

Piezas del astrolabio árabe.

Lo lógico es pensar que los planetas se desplazan en órbitas circulares, ¿verdad? Pues no es así. No hay ni un solo astro en el cosmos que siga una órbita redonda, sino que todos los objetos que deambulan en torno a otros dibujan una trayectoria ovalada, es decir, en forma de elipse. Ello se debe al funcionamiento de la gravedad. La atracción de dos cuerpos depende no solo de su masa, sino también de su distancia. Recuerda la ley de la gravitación de Newton: la fuerza mutua es proporcional a sus masas e inversamente proporcional a su distancia. Y los astros se mueven mientras se atraen, por lo que no siempre están a la misma distancia. Solo con mirar al cielo ves que el universo no es estático. Dependiendo de las masas, de las velocidades y de los movimientos relativos de los cuerpos implicados, a veces una órbita se convierte en una elipse muy pronunciada, como un círculo que estiráramos mucho, y otras veces resulta casi imperceptible, dando la apariencia de una circunferencia perfecta. Los astrónomos llaman hoy excentricidad al grado de alargamiento de una órbita, y se calcula de cero a uno. Si está cerca del uno la elipse es muy evidente, y cuando más cerca esté del cero más circular parece. La Tierra, por si quieres saberlo, tiene una excentricidad de 0,0167 con respecto al Sol. ¡Es una órbita casi circular del todo! Por eso había que ser muy perspicaz para desdeñar las órbitas circulares y apostar por las elípticas.

Pero parece que Hipatia lo hace. Desde luego sus estudios apuntan a ello. Tal vez hayas podido ver la excelente película de Alejandro Amenábar *Ágora*, basada precisamente en los últimos años de la vida de Hipatia. En ella se muestra una escena mágica. Hipatia, de noche en la playa, observa las estrellas acompañada por un esclavo y tiene una intuición, fruto de sus estudios sobre las secciones cónicas.

Se da cuenta de que sus cuentas astronómicas cuadrarán si las órbitas celestes no son círculos. Clava una estaca en la arena, ata una cuerda a ella y en el otro extremo sitúa otra estaca. Y entonces, en un momento cinematográfico memorable, dibuja una elipse sobre la playa desierta. Cuando sustituye las estacas por dos piedras que representan al Sol y a la Tierra, le dice entusiasmada a su esclavo que acaba de descubrir que Ptolomeo no tenía razón, que la Tierra gira alrededor del Sol y que es la elipse, y no el círculo, la curva que marca el movimiento del universo. Pero esta escena se trata de una licencia creativa de Amenábar. No está claro que eso ocurriese de esa manera, ni tampoco se sabe si Hipatia llegó a una conclusión tan rotunda. Tal vez nunca lo sepamos, pero hay muchos historiadores que consideran que, aun renunciando a la belleza de la escena nocturna en la playa, nuestra protagonista sí intuyó a lo largo de sus estudios la realidad maravillosa de las órbitas elípticas.

Lo creen por un motivo concreto. Cuando Hipatia profundiza en las secciones cónicas, decide aplicar esas curvas a las posiciones predecibles de las estrellas. Y acierta. Llevada por su convicción de que las matemáticas y la astronomía constituyen un todo, elabora unas tablas astronómicas que predicen los acontecimientos celestes. Resultan tan correctas que los navegantes utilizarán durante más de seis siglos las tablas de Hipatia para orientarse en el mar, siguiendo los movimientos de las estrellas que esta mujer excepcional fue capaz de calcular. Incluso las caravanas que viajan por tierra llevarán durante cientos de años copias de esas tablas para no perderse en travesías inhóspitas por caminos desconocidos. Marco Polo, por ejemplo, dice haberlas usado durante su periplo hasta China. Por tanto, si Hipatia ha sido capaz de elaborar un canon estelar tan exacto, no es descabellado que aplicase sus matemáticas al propio giro de nuestro planeta. De manera que, si te parece, dejemos la comprobación estricta a un lado y disfrutemos con la preciosa escena de *Ágora*. Vale, quizá no ocurriese así, pero desde luego pudo pasar de esa manera o de otra. Y como la tarde va avanzando y el Mediterráneo se tiñe de dorado tras la isla de Faros, es un momento dulce para que nosotros, aquí sentados frente al puerto, imaginemos cosas hermosas.

Claro que unas tablas estelares, por sí solas, no sirven de nada útil si no se tiene un astrolabio. Seguramente te suena la palabra. Viene, cómo no, del griego ἀστρολάβιον, leído «astrolabion», que significa literalmente «buscador de estrellas». Consiste básicamente en una placa redonda con los bordes divididos en grados, sobre la que se inserta un indicador que se apunta a una estrella bien conocida. Sobre esa placa se sostienen dos discos. Un disco es interno y posee coordenadas astronómicas de latitud, líneas de horizonte y altitud, eclípticas, acimut, marca del ecuador y los trópicos de Cáncer y de Capricornio, todo ello tallado en el propio material del disco. El otro disco, el externo, llamado araña, se puede girar y contiene un planisferio transparente a través del cual se observan las posiciones relativas del Sol, de la Luna y de algunas estrellas importantes. Con la ilustración anterior comprenderás mejor los componentes de un astrolabio. El caso es que con tan simple instrumento (bueno, no tan simple, hicieron falta cientos de años de astronomía hasta descubrirlo y perfeccionarlo) se obtienen, al girar los discos sobre la placa, datos tan cruciales como la hora local, la latitud, la dirección exacta en que se avanza y la distancia entre dos puntos tras realizar un sencillo cálculo de triangulación. Un astrolabio es una especie de

GPS primitivo que no precisa de satélites ni de pantallitas digitales. Solo es preciso conocer la situación exacta de los astros y el movimiento predecible de la mecánica celeste. Sin los astrolabios resulta imposible plantearse largos recorridos, ya sea por mar o por tierra. Cada barco y cada caravana del mundo antiguo llevaba un astrolabio, y su uso será frecuente hasta el mismísimo siglo XIX.

El primer astrolabio parece que se construyó en el siglo II después de Cristo. Pues bien, Hipatia no está contenta con esos astrolabios, que se basan en órbitas circulares de los cuerpos celestes. Ella, buscando una mayor exactitud en su funcionamiento, lo perfecciona en base a sus nuevas tablas astronómicas de curvas levemente elípticas y consigue definir de manera práctica una nueva graduación de los astrolabios que perdurará hasta la Edad Moderna. En realidad Hipatia no piensa tanto en los navegantes como en su interés científico personal: quiere una herramienta de mayor exactitud para usarla en sus observaciones astronómicas. Pero este astrolabio resulta tan útil que los exploradores y comerciantes lo adoptan de inmediato. Lo que hay tras el astrolabio de Hipatia es una concepción completa del universo como un ente geométrico, algo que la ciencia de hoy acepta sin dudar. Y no creas que mandó construir el prototipo a un artesano. Según cuenta su discípulo Silesio, lo hizo ella con sus propias manos, no uno, sino varios astrolabios sucesivos cada vez más perfectos. Porque aquí en Alejandría todo el mundo sabe que Hipatia, para más mérito, se interesa por la mecánica práctica y es buena fabricando artefactos revolucionarios. Además de sus astrolabios, nos consta que ha construido un aparato para destilar líquidos, un hidroscopio para medir el nivel de agua dentro de un recipiente, e incluso el primer hidrómetro conocido, un tubo cilíndrico de latón cerrado por un cono en un extremo y que sirve para determinar el peso específico de cualquier sustancia líquida. Existen cartas de alumnos suyos pidiéndole consejo para fabricar instrumentos similares, así que conocemos bien las dificultades técnicas que superó. ¡Ah, por cierto! También se considera a Hipatia la inventora del primer aerómetro, un aparato utilizado para estudiar las propiedades de los gases. Tras leer todo lo anterior tal vez ahora no te extrañes de la fama que disfruta Hipatia en vida, ni de que el gran Rafael la escogiera entre los veintiún grandes sabios de la Antigüedad que retrató en el mural del Vaticano. Sí, está allí, en la Estancia del Sello. Es la única mujer entre todos ellos.

Vemos claramente de esta manera que para Hipatia el estudio científico deriva de lo más teórico, las matemáticas puras, hacia disciplinas observacionales como la astronomía, y esta en asuntos prácticos como instrumentos de medición, ámbitos que para ella se desprenden unos de otros de forma lógica y natural. Y aunque como hemos dicho las aportaciones científicas concretas de esta mujer siguen en un limbo neblinoso producto de los siglos transcurridos y de la destrucción de sus libros originales, no hay manera de negarle su valía y trascendencia. Tal vez sea la forma de organizar de su mente, su capacidad para unificar teoría y práctica como un todo, lo que la lleva a ser reconocida como la mayor maestra de la historia. No exagero. Fíjate cómo está la puerta del Museo de Alejandría, donde esta tarde Hipatia tiene previsto impartir clase. ¿Ves los grupos de estudiantes, todos con sus discretas togas cortas? Los alejandrinos están acostumbrados ya a que vengan personas de cualquier parte del mundo occidental, jóvenes y viejos, que emprenden largos y peligrosos viajes solo para tener la posibilidad de asistir a sus lecciones. Los cronistas dicen que los aspirantes a alumnos hacen cola hasta en la puerta de su casa, inspirados por la fama de enseñante excepcional y de profunda sabiduría que rodea a la figura de Hipatia. Después pasaremos ante el lugar en el que vive, te lo enseñaré. Pero ella escoge solo a quienes considera capaces de entender sus charlas, aunque, como te dije, también selecciona en función de criterios sociales, admitiendo casi en exclusiva a estudiantes de las clases aristocráticas. A nosotros, dos pobres expatriados en el tiempo y en el espacio, seguro que nos rechazaría. Mejor nos quedamos en este cómodo segundo plano de observadores invisibles. Nadie es perfecto, ni siquiera Hipatia. Qué le vamos a hacer.

Encontraremos por tanto entre esos alumnos a la flor y nata de los próximos dirigentes de diversas partes del Imperio romano. Por ejemplo, con ella estudia el futuro prefecto de Alejandría, Orestes, así como otros jóvenes que serán llamados a importantes cargos públicos. Y dada la influencia que ejerce en sus discípulos no es de extrañar que Hipatia termine por verse envuelta en los enfrentamientos e intrigas que se viven en esta convulsa Alejandría en la que habita. Tanto Orestes como otros políticos solicitan su opinión para los asuntos públicos, e Hipatia, cuyo interés siempre ha sido crear un grupo de notables que pongan freno a las revueltas y a las luchas religiosas en pro de la convivencia, termina siendo identificada con el paganismo romano. Igual que los racionalistas la toman como un modelo a seguir, los cristianos la consideran un símbolo de todo lo que odian: el poder imperial, el papel igualitario de la mujer en la sociedad, la búsqueda científica, el ateísmo y la filosofía. A lo largo de los años, conforme crece su fama como estudiosa, también se dispara la animadversión contra ella por parte de cristianos, esclavos y plebe en general. Para hacernos una idea de ese furor disponemos de una carta del obispo Juan, de la ciudad de Nikiu y contemporáneo de Hipatia, que describe lo que los cristianos piensan de ella. Mira este fragmento:

«Apareció una pagana, de nombre Hipatia, consagrada a las magias, músicas y astrologías, que engañó a muchas personas a través de su superchería satánica. Embrujó a los notables de la ciudad, que dejaron de asistir a la iglesia, y arrastró a la idolatría a muchos creyentes. Incluso cristianos versados en la fe fueron trastornados por sus malos propósitos y sus artes maléficas para que rindieran culto a Serapis.»

Con tal caudal de odios Hipatia debe resistir fuertes presiones sociales e incluso amenazas directas. Cuentan que unos dos años antes de su asesinato se presentaron en su casa un grupo de dirigentes eclesiásticos para forzarla a que se convirtiera al cristianismo y renunciara a sus «artes maléficas», es decir, a sus estudios en matemáticas y astronomía, así como a su puesto de catedrática. Ella los rechazó y a partir de entonces tiene que desplazarse por la ciudad con una escolta de legionarios romanos. El colmo se alcanza cuando Hipatia afirma, en contradicción abierta con la Biblia, que la Tierra gira alrededor del Sol. Diversos clanes de cristianos fanáticos piden su muerte a gritos en las calles de Alejandría. En estos tiempos apenas sale ya de su domicilio para ir al Museo o al palacio de Orestes, un buen amigo. La protección del prefecto romano la mantiene a salvo a duras penas. A finales del año 391 el emperador Teodosio el Grande, entregado al cristianismo, ordena la destrucción de los templos paganos y una turba saquea e incendia lo que queda de la Gran Biblioteca. Lo hicieron porque era el antiguo sitio de culto a Serapis, porque odian a los eruditos blasfemos que indagan en la filosofía y la ciencia. ¿Puedes imaginarte las lágrimas de Hipatia ese día? Solo logra salvar unos pocos manuscritos del saqueo. Pero todo puede empeorar. En el año 412 llega al patriarcado católico alejandrino un individuo radical llamado Cirilo. Pertenece a los sectores más duros del clero y preconiza un seguimiento literal y obligatorio de los preceptos bíblicos. Entre el prefecto romano Orestes, encargado de proteger la diversidad social de Alejandría, y Cirilo, empeñado en transformarla en un fundamentalismo cristiano, se desata una dura lucha por el poder que incluye asesinatos, asaltos a sinagogas y templos, ejecuciones, torturas y hasta la expulsión forzosa de todos los judíos alejandrinos. Y una de las víctimas de esta escalada de enfrentamientos, es cuestión de tiempo, será la propia Hipatia.

El asesinato de Hipatia ha dado para mucho. Sobre el suceso se han hecho películas —no solo la de Amenábar—, se han escrito obras de teatro, se han compuesto multitud de poesías e incluso ha servido de inspiración para partituras musicales. Son cientos los cuadros y pinturas dedicados a este cruel y lamentable episodio histórico, sobre todo en el Romanticismo, periodo en el que la figura de Hipatia fue especialmente querida. Y en realidad la forma en que murió nuestra protagonista, que está muy bien documentada en crónicas de la época, resultó terrorífica. Todo ocurre una mañana de marzo del año 415. Si damos por bueno que nació en el 355, debe andar por los sesenta años. Un grupo de monjes fanáticos llamados parabolanos, encabezados por un tal Pedro, leen un violento edicto de Cirilo en contra de Hipatia. Entonces empiezan a marchar por las calles buscándola. Ella se encuentra en el palacio de Orestes y alguien le avisa de que tenga cuidado. Esos monjes locos van gritando tu nombre con los ojos inyectados en sangre, le dicen. Sin embargo, acostumbrada a las amenazas y confiando en los soldados de su escolta, no parece preocuparse en exceso. Poco después toma una litera en dirección a su casa. A media mañana los parabolanos la localizan en una avenida cerca del mercado de Alejandría, muy cerca de donde estamos ahora, ahí, al lado del Salón Capitolino. Se lanzan sobre su litera, desarman a los legionarios y arrastran a Hipatia por las calles, mientras le arrancan el cabello, la despojan de sus ropas y le propinan patadas, puñetazos y pedradas. La turba exaltada va aumentando en número y se une al linchamiento otra secta de monjes, los nitrianos. Al pasar ante el Cesáreo, un antiguo templo dedicado al emperador Augusto convertido ya en catedral, deciden sacrificarla allí. Decenas de hombres la llevan al altar y la desnudan completamente. Algunos cronistas afirman que fue violada repetidas veces, y otros creen que se respetará su virginidad, porque afirman que se mantuvo virgen toda la vida. En cualquier caso, la mayoría de las fuentes coinciden en los detalles escabrosos de su asesinato. Una vez desnuda ante el altar la turba rompe ánforas de cerámica y usa los trozos para despellejarla. Sócrates Escolástico, en la conmovedora crónica de estos hechos, dice que no se utilizarán fragmentos de cerámica, sino caracolas marinas cortantes que estaban en el templo como ofrendas. Sea como sea los asesinos se emplean a fondo. Arrancan toda la piel del cuerpo de Hipatia mientras está viva. El propio Sócrates, que se encontraba en Alejandría esa mañana, afirma que los alaridos de dolor de la mujer se escuchan fuera del templo, desde la calle. Los monjes embebidos en sangre no paran tras dejarla sin piel. Ocho de ellos utilizan las esquirlas más afiladas para separar la carne de los huesos, hasta que por fin Hipatia fallece desangrada durante la espantosa tortura. Ya muerta terminan por cercenarle piernas y brazos. Una vez desmembrada y troceada recogen sus restos y hacen una hoguera con la madera de las vigas. «Cuando se alzaron las llamas —dice Sócrates Escolástico— arrojaron al fuego los trozos del cadáver de Hipatia». El crimen, ocurrido en pleno enfrentamiento civil en Alejandría, quedará sin castigo; es más, en 1882 Cirilo resultará elevado a la categoría de doctor de la Iglesia por el papa León XIII.

De esta manera terrible se irá de la faz de la Tierra la primera científica de la historia. Solo por eso Hipatia merecería pasar a los libros de ciencia, porque es la primera mujer documentada que dedicó su vida a la investigación y al estudio, actividades hasta entonces masculinas en exclusiva. Pero, aunque no hubiese sido el primer nombre científico femenino, la figura de Hipatia pide a gritos el reconocimiento de haber simbolizado la cima del conocimiento antiguo. Se convirtió en la última protectora del pensamiento racional nacido en la Grecia clásica. Si antes del helenismo el universo era un lugar regido por los designios de unos dioses caprichosos y temibles, donde el *mitos* explicaba el mundo, fue el maravilloso alumbramiento de la mentalidad científica lo que situó al *logos*, a la razón humana, en la búsqueda de las leyes que rigen la naturaleza. Ese paso del *mitos* al *logos* constituye quizá del mayor éxito de la historia de nuestra especie, e Hipatia fue su defensora, su símbolo. Tras su muerte, el *mitos*, la verdad religiosa revelada, sustituyó de nuevo al *logos* hasta la Edad Moderna. Un paréntesis de mil cien años. Quién sabe dónde estaríamos ahora si aquella lucha que encarnó la Alejandría del siglo IV hubiese sido ganada por el racionalismo de Hipatia en vez de por el integrismo cristiano. En cualquier caso, y pese al debate abierto sobre sus aportaciones concretas a la ciencia, estarás de acuerdo conmigo en que ha sido un verdadero placer comenzar este libro hablando de una mujer tan excepcional como ella. Pero se está haciendo tarde. Ven, el Sol cae, Alejandría resulta peligrosa en la oscuridad y es hora de volver a nuestra máquina del tiempo.

La muerte de Hipatia, según un cuadro del pintor
Charles William Mitchell realizado en 1885.

UN TAL MOUNSIEUR LE BLANC: SOPHIE GERMAIN

Usando nuestra capacidad de volar por encima de los siglos, damos ahora un deslumbrante salto de mil trescientos años para aterrizar en el París de finales del XVIII. Estamos en concreto en 1776. Quizás te extrañes de que en nuestra búsqueda de brillantes mentes femeninas nos permitamos obviar un lapso de tiempo tan elevado. ¿No ha habido en todos esos siglos, te preguntarás, ninguna mujer científica digna de ser reseñada? Pues no, al menos según los criterios que marcamos al principio. El cristianismo sumió a Occidente en una larga Edad Media, que algunos historiadores han calificado de Edad Oscura. El progreso científico se detuvo en seco, más aún, incluso retrocedió al olvidar los grandes descubrimientos del pasado, que quedaron enterrados en lo más profundo de las bibliotecas de los monasterios. En muchos casos la sabiduría se destruyó directamente. Nunca lamentaremos lo bastante los cientos de miles de manuscritos quemados por las autoridades religiosas, dentro de su fanatismo dogmático. Ni siquiera el corazón de la antigua Roma se salvó de estos autos de fe, y aún en el siglo XV monjes como Bernardino de Siena o Girolamo Savonarola organizaban las famosas «hogueras de las vanidades», donde terminaban en las llamas miles de ejemplares de libros considerados blasfemos, junto a objetos supuestamente cargados de pecado como espejos, útiles de maquillaje, vestidos lujosos, obras de arte o instrumentos musicales.

Eso ocurría en las plazas públicas de toda Europa, y conservar un libro prohibido que contradijese a la Biblia suponía motivo de ejecución o encarcelamiento. Entenderás, por tanto, que la actividad científica no estuviese muy bien vista en esos siglos que siguieron al fin del Imperio romano. Apenas subsistió el recuerdo de Aristóteles y Platón, ambos deformados por los tratados de escolástica, y quizá podamos encontrar a algunos practicantes de la alquimia que hicieron avanzar las ciencias químicas. En todos los demás ámbitos del conocimiento deberemos esperar al Renacimiento, cuyo simple nombre nos da una medida de la época que le precedió: lo que renace debe estar antes muerto o casi muerto. La Edad Media fue un yermo científico que destruyó más que produjo, si exceptuamos al mundo árabe y a las civilizaciones asiáticas o mesoamericanas. Pero en nuestra cultura, en Occidente, la carrera de la humanidad hacia el desciframiento de la naturaleza se paralizó durante muchos siglos a causa de una sociedad que primaba los valores religiosos sobre los humanísticos. Resulta curioso, pero en pleno siglo XXI se alzará un grupo de historiadores que luchará contra el concepto de la Edad Media como una época de oscurantismo. Según ellos, ese milenio y pico no fue tan terrible, y las sociedades europeas lograron avances destacables que perfilaron la posterior evolución de Occidente. Digamos que puede ser cierto en ámbitos como la economía, la técnica, la organización política o la configuración social, pero nunca en lo que a nosotros nos ocupa, la ciencia. De todas formas, estarás de acuerdo que en quienes reivindican los progresos de la Edad Media obvian el muchísimo tiempo de que se dispuso para esos cambios estructurales, que otras civilizaciones realizaron en periodos breves. Sería imposible que en un milenio largo nada hubiese evolucionado al menos un poco.

Convencidos pues de que la Edad Media constituyó un paréntesis y una pérdida de tiempo para la ciencia, podemos poner nuestra vista en el papel de las mujeres en esa época. ¿Qué quieres que te diga que no sepas? El cristianismo triunfante condenó al género femenino a la procreación, la ignorancia y la sumisión. Más del 99 por ciento de las mujeres eran analfabetas, se casaban al tener la primera menstruación, entre los doce y los catorce años, y su vida se resumía en el cuidado de la familia y de la casa. Eso era lo habitual incluso entre las jóvenes de las clases sociales altas. Y las que no, al convento, la cárcel o la hoguera. Son terribles las historias de las acusadas de brujería, muchas de ellas por ejercer algo parecido a la medicina o la astrología, que sobrevivían yendo de pueblo en pueblo por senderos boscosos para ofrecer sus servicios. Entre esas brujas hubo mujeres de valía científica, que aprendieron a sanar enfermedades, a reconocer las plantas medicinales y preparar remedios y emplastos más eficaces que los elaborados por los propios galenos titulados de la época. Pero nada demasiado significativo. ¿Nombres propios? En todos esos años algunos hubo. La médico Trótula de Salerno, que en el siglo XI llegó a desempeñar una cátedra en la escuela de esa ciudad italiana y enseñó obstetricia y ginecología a mujeres nobles. Dorotea Bucca, que hizo la misma labor en la Universidad de Bolonia desde 1342. También a la medicina se dedicó una monja, la abadesa Hildegarda de Bingen, que en el siglo XII y encerrada en su convento dejó además estudios valiosos sobre botánica y cálculo matemático. No es una lista muy larga para mil años de historia porque, por sistema, las mujeres quedaban excluidas de cualquier escuela o institución académica. Las que lograban aprender algo lo alcanzaban por sus propios medios.[4]

Cuando el avance tecnológico, especialmente en asuntos de óptica instrumental, propició la capacidad de un nuevo estudio de la naturaleza, la Edad Media entró en su fin. Cada vez más mentes se oponían al totalitarismo religioso del pasado y luchaban por los valores de la investigación científica. Llegó el tiempo de Nicolás Copérnico, de Tyco Brahe, de Giordano Bruno, de Galileo Galilei. En definitiva, llegó el Renacimiento, en el que las capacidades del ser humano para descifrar el universo volvieron a ponerse en primer plano, combatiendo duramente contra la represión de los inquisidores. La Revolución Científica de los siglos XVI y XVII era un hecho, pero las mujeres quedaron una vez más excluidas del proceso. Llevaban a sus espaldas mil años de prejuicios y marginación, y comprenderás que sobreponerse a eso resultaba muy difícil. Con todo, el bloqueo empezó a romperse de una forma harto curiosa e inesperada. Los tratados científicos que entonces empezaban a proliferar necesitaban de dibujos e ilustraciones que explicasen el contenido de los textos. La educación informal de las mujeres solía incluir las artes mobiliarias, por ejemplo el bordado y la pintura. Así que muchos científicos

---

4   La razón principal por la que algunas mujeres obtuvieron una formación sanitaria, ya sea como matronas o médicos, fue el rechazo de los hombres a que otros hombres examinara el cuerpo desnudo de sus esposas o hijas. El concepto de honor de la Edad Media obligaba a mantener el cuerpo femenino oculto, y ni siquiera una enfermedad se consideraba motivo suficiente de excusa. Por tanto se permitía que existiesen mujeres con conocimientos sanitarios para que tratasen a las enfermas sin afectar al pudor, sobre todo en el campo de la obstetricia y la ginecología.

tomaron a mujeres como colaboradoras para que ilustrasen sus libros. Ello suponía enseñarles los fundamentos de su ciencia, porque si no ¿cómo iban a realizar los dibujos? Gracias a este rizo irónico aumentó el número de mujeres con conocimientos básicos sobre la naturaleza.

La Revolución Científica, por tanto, contó con algunos nombres valiosos en femenino. Margaret Cavendish, una aristócrata del siglo XVII, escribió varios compendios de historia natural que fueron muy reconocidos, hasta el punto de permitírsele asistir a algunas reuniones de la Royal Society, pese a que las féminas estaban oficialmente excluidas del principal órgano británico de la ciencia de la época. La astronomía también se abrió a las mujeres, y por ejemplo a principios del siglo XVIII un catorce por ciento de los astrónomos alemanes eran señoras y señoritas. Ya entonces se consideraba que las mujeres eran más pacientes y buenas observadoras que los hombres, y ese prejuicio positivo hizo que las admitieran. Un nombre poderoso fue Marie Winkelmann, que entre otros éxitos descubrió un cometa gracias a tener acceso al Observatorio Astronómico de Berlín. Pese a sus hallazgos, cuando solicitó un puesto oficial de ayudante astrónomo la rechazaron con un argumento contundente: aunque estaba mejor preparada que sus oponentes masculinos, la Academia Alemana de Ciencias no podía permitirse el mal precedente de contratar a una mujer más allá de ser simple observadora. Se lo dijeron así, tal cual.

Sería injusto no recordar otros nombres: Emilie du Châtelet, que tradujo a Newton al francés y dedujo por su cuenta el principio de conservación de la energía; Maria Sibylla Meriam, que se recorrió América descubriendo y catalogando cientos de nuevas especies de plantas; Mary

Wortley, que consiguió combatir la viruela basándose en el principio de las vacunas, la inoculación en personas sanas de fluidos tratados de enfermos. Pero siguen siendo pocas, y según el criterio que hemos fijado al principio, ninguna tuvo un aportación fundamental que abriese caminos nuevos en la ciencia. Pero todas ellas y muchas más anónimas prepararon el terreno para las que vinieron después, rompiendo prejuicios centenarios y demostrando la valía de las mentes femeninas.

Hasta que llegó la gran figura de Sophie Germain. Para conocerla estamos ahora aquí, en este París sucio y caótico del año 1776. Sí, huele muy mal, no arrugues tanto la nariz mientras paseamos por sus calles estrechas. La higiene y la eliminación de los residuos siempre ha sido una asignatura pendiente de esta ciudad. Fíjate: el palacio real de Versalles tiene más de trescientas habitaciones, y ningún baño. Lavarse se considera pernicioso porque el agua, dicen, debilita el organismo. Las bocas de los jóvenes nobles, de la glamurosa *madame* Pompadour o del conquistador vizconde de Valmont deberán apestar a halitosis y dientes podridos. Nadie lleva ropa interior, pero todo el mundo se echa perfumes por litros, se empolva el rostro y se coloca aparatosas pelucas. Los nobles hacen sus necesidades en los pasillos y en los salones recubiertos de espejos, en cuclillas bajo los cuadros maravillosos de Veronese. Después vienen los servidores a limpiar, pero el olor nauseabundo no se quita de las estancias. Si eso pasa en la residencia del rey, imagínate en los barrios de la ciudad. Los baños e inodoros serán un invento aún tardío. Y ten cuidado con ese reguero de aguas negras, has estado a punto de meter la bota en él. Por cierto, cuando pases al lado de alguien defecando u orinando las normas de la buena educación dicen que no debes mirarlo. Ignóralo, aunque ocurra en plena calle y a las puertas de un mercado. Ya llegará primero el bidé y después los gabinetes higiénicos, los cuartos de las casas dedicados al aseo. Dentro de treinta años más o menos.

En muchos sentidos París te recordará a Alejandría. Ambas son urbes enormes para sus épocas, auténticas metrópolis de cientos de miles de habitantes, fascinantes y peligrosas. Ambas son el centro de la vida cultural del mundo: igual que Alejandría reunió a las mentes científicas más brillantes de la antigüedad tardía, el París de finales del siglo XVIII es un hervidero de filósofos, estudiantes, científicos, diletantes y académicos. No en vano se le llamará el Siglo de las Luces. Las dos ciudades, separadas por mil trescientos años, viven igualmente momentos convulsos, con una tensión social que se palpa en cada esquina. Recuerda que estamos en vísperas de la gran revuelta, de la Revolución Francesa, que tendrá lugar dentro de solo trece años. Ninguna de las personas que ves, el vendedor de verduras, el arriero, la dama noble que se baja de esa carroza, el soldado que custodia la Bastilla, lo sabe, excepto nosotros, pero en 1789 todo el malestar acumulado por las injusticias sociales se derramará en un giro histórico que acabará con la fastuosa monarquía borbónica y marcará el mundo del futuro. Y, como la Alejandría de Hipatia, este París que visitamos será la puerta a una nueva sociedad, con valores diferentes que empiezan a cristalizar sin que sus contemporáneos sean conscientes de ello.

Entiendo que sientas entusiasmo ante esta visita, pero antes de seguir con nuestro paseo busquemos una pensión para alojarnos, lo que los pedantes parisinos comienzan a llamar «hôtel», y que sea cerca de la calle Saint Denis, en pleno centro. Porque nuestro objetivo está allí, junto a la

Fuente de los Inocentes, en casa del comerciante Ambroise-François Germain. Se trata de un burgués culto y progresista que dentro de unos años, durante la Revolución, será elegido diputado en la Asamblea Constituyente gracias a obtener ¡142 votos! Claro que en esta época solo pueden votar los ricos y los nobles. Germain ha hecho fortuna fabricando paños y sombreros. Parte de su dinero está invertido en su palacete familiar, que alberga una estupenda biblioteca. Hoy es uno de abril y está a punto de nacer la segunda hija de Ambroise-François, fruto de su matrimonio con Marie-Madelaine Gruguelin. Si nos damos prisa conoceremos a una criatura destinada a proporcionar muchos quebraderos de cabeza a sus progenitores, pero que también prestará un enorme servicio a las ciencias matemáticas.

No pueden vernos, somos seres invisibles para ellos, ni tampoco podemos intervenir en el pasado para no defenestrar el futuro. Así que quédate en silencio y observa. La matrona atiende el parto y *madame* Gruguelin gime de dolor. Aún no se ha inventado la anestesia y el coñac es lo único a mano para atenuar el sufrimiento. Tampoco hay desinfectantes, aunque por suerte los paños son blancos y limpios. El padre espera fuera, como mandan los cánones, mientras las sirvientas de la casa ayudan. Ya asoma la cabecita: se trata de un bebé sano, y es niña. *Monsieur* Germain tuerce la expresión. Él esperaba que su segundo vástago fuera un hijo, capaz de heredar el negocio de la familia y perdurar el clan. Las mujeres para eso no sirven, piensa. Pero pronto sonríe y acuna al nuevo ser que llora en sus brazos. Otra niña para casar y dar dote, qué le vamos a hacer, se resigna. Y pronto el cuarto queda en silencio, con los pesados cortinajes corridos, oscuro. Madre e hija duermen por fin tras el duro trance del nacimiento.

No harán falta muchos años para que la pequeña, bautizada como Sophie, dé muestras de un carácter un tanto insólito. La residencia de la familia es un centro de actividad política. El padre, liberal convencido, adora a Voltaire y Rousseau y participará de manera activa en las intrigas de la Revolución. La casa está llena de visitantes que susurran, de hombres que hablan de reformas y de soberanía popular, de asentadores de comercio que van y vienen entre conspiraciones y cuadernos de cuentas. La joven Sophie se cansa de escuchar a escondidas, desde la habitación contigua, conversaciones políticas que no le interesan. Por fortuna la casa está llena de algo más: libros. Y algunos de ellos sí atraen a la muchacha. Sobre todo los que tratan de matemáticas y geometría. Nadie sabe por qué, en una familia sin antecedentes científicos, esa niña respondona y cabezota se apasiona por tales asuntos. A los trece años, mientras el pueblo francés toma la Bastilla y depone a Luis XVI, mientras la calles hierven de furor revolucionario, Sophie lee la *Historia de las matemáticas* de Jean-Baptiste Montucla, abandonada en la biblioteca de su padre. Y, literalmente, alucina. Se conmueve con la leyenda de la muerte de Arquímedes, asesinado por los soldados romanos mientras resolvía un problema geométrico. Se enamora de los problemas y la aritmética, de esos mundos abstractos que le eximen del mundo real de violencia, revueltas y política que le rodea. Y decide entregarse al estudio de las matemáticas. Con trece años. En el siglo XVIII. Siendo mujer. No deja libro de la materia sin leer, sin subrayar, sin estudiar. Todo eso en cuestión de meses y por su cuenta.

Retrato de Sophie Germain a los veinte años, de autor desconocido.

Por muy librepensadores que fuesen, esa actitud alerta a los padres de Sophie. Una cosa es defender la educación general y otra que una niña quiera ser matemática. Todo tiene un límite. No te rías, esto ha sido una constante en la historia. Hasta no hace mucho, quienes luchaban por los derechos humanos se referían a los derechos humanos de los hombres, no de las mujeres. Y tanto el padre como la madre de Sophie piensan que la cosa ha ido ya demasiado lejos. Una chica así nunca se casará ni tendrá hijos, desprestigiará a la familia. Por tanto, preocupados por las ansias aritméticas de la jovencita, le prohíben leer. La batalla familiar resulta feroz, como revelará después Guglielmo Libri. Libri, conde de Bagnano y matemático, será uno de los pocos amigos futuros de Sophie, y años después ella misma le narrará por carta esa época de su adolescencia. Le contará que sus padres ponen bajo llave la biblioteca. Prohíben a Sophie salir de casa para que no consiga más libros. Deciden dejarla encerrada en su cuarto, sin calefacción, sin luz y sin sus ropas. ¿Quieres verlo? Entremos con nuestra capa de invisibilidad. Ahí está la joven Sophie, en camisón y sin libros. ¡Pero espera! Bajo las sábanas se aprecia una pequeña luz. ¡Es una vela! En efecto, la niña sisa velas y fósforos durante el día, y tiene cómplices entre la servidumbre que le traen los libros que pide. Finge ser obediente durante el día para por la noche, como una estratega, seguir leyendo y aprendiendo. Si su padre se entera…

Su padre se enterará. Una mañana amanece y cuando entra en la habitación de Sophie, prisionera en su casa, la descubre dormida sobre el escritorio. La niña tiene ya quince años. Está envuelta en mantas para combatir el frío. Su pelo largo cae sobre un montón de hojas de papel que contienen números y ecuaciones incomprensibles para *monsieur* Germain. La tinta del tintero está congelada por la temperatura invernal. En los ojos cerrados de la joven, vencida por el cansancio de la noche en vela y estudio, se esconde una paz que supera la furia del padre, que le revela de repente la injusticia cometida con ella: dos años de encierro. La escena es hermosa. El diputado Germain, el prohombre revolucionario que escribe una nueva constitución republicana para Francia, abraza a su hija emocionado. Sophie se despierta, alertada. Espera una regañina y no comprende los abrazos del padre. Desde donde estamos nosotros no se escuchan las palabras exactas, pero Ambroise-François pide perdón a su hija. Le dice que en adelante no le impedirá estudiar matemáticas. Que haga lo que quiera. Que tendrá los libros que desee. Enseguida, en medio del abrazo, Sophie le pide un ejemplar de la *Aritmética* de Étienne Bezout y otro del *Tratado de cálculo diferencial* de Antoine-Joseph Cousin. El padre se echa a reír y asiente. Dejémoslos solos ya. Lo importante es que a partir de esa noche de tinta congelada y sueño de escritorio Sophie Germain podrá estudiar sin cortapisas. También sin profesores, solo con sus libros. En menos de un año, antes de cumplir los diecisiete, la muchacha aprenderá latín para poder comprender por su cuenta las obras de Isaac Newton, de Leonhard Euler y de Giordano Vitale, escritas en ese lenguaje antiguo y académico.

Ambroise-François ya no es diputado. Solo ha estado en el puesto dos años, hasta 1791, lo que ha durado la Asamblea Constituyente.[5] Como muchos otros burgueses progresistas, empieza a asustarse por la deriva de la Revolución. Ahora, en 1793, el rey no solo ha caído, sino que va a ser ejecutado. Es un espectáculo terrible, con esa enorme guillotina instalada en la recién bautizada Plaza de

---

5   Muchos textos indican que Ambroise-François Germain fue nombrado más tarde director del Banco de Francia, pero eso no parece cierto. Seguramente se le confunde con Jean-Pierre Germain, un orfebre y financiero que en 1800 fundó el Banque de France como una entidad privada. Ocho años más tarde Napoleón haría de esta sociedad el banco nacional francés. Lo aclaro porque decir que su padre fue director del Banco de Francia es un error habitual en las biografías de Sophie Germain. Tras ejercer como diputado, Ambroise-François se dedicó en exclusiva a los negocios familiares hasta su muerte en 1821.

la Revolución, junto al Sena. Debemos ir a verlo, aunque resulte repugnante. Ten en cuenta que este suceso marcará el futuro de toda Europa. Estamos llegando. ¿Te suena la plaza? Claro, hoy día se llama Plaza de la Concordia, nombrada así para lavar tanta sangre que ha corrido sobre sus adoquines. La multitud es enorme, son miles de personas vociferantes que claman por la muerte de Luis XVI. Si te fijas apenas hay gente bien vestida. Un rico o un noble cuidará mucho de mostrarse por aquí un día como hoy. El pueblo de París, los pobres, los jacobinos, los *sans-culottes*, gritan «¡Muerte al rey!», mientras el monarca depuesto avanza en una carroza cerrada hacia el cadalso. Una compañía de soldados aporrea tambores y produce un sonido fúnebre y ensordecedor. Hace frío, como siempre en enero en París, y el cielo está encapotado. El rey sube las escaleras de la guillotina vacilante, con las muñecas anudadas. Un viento helado surge del Sena mientras dos militares le quitan las ropas y lo dejan en camisa. Miles de almas aguantan la respiración. Es el fin de los Borbones en Francia. El verdugo toma en sus manos la cuerda que aguanta la afilada hoja de la guillotina. Mira al frente, a la multitud expectante que contempla su trabajo, y parece respirar hondo. Entonces, con un gesto rápido, deshace el nudo y deja correr la cuchilla. El siseo del metal al desplazarse por sus guías se escucha en toda la plaza, y un instante después llega el golpe. La cabeza de Luis XVI rueda hasta el cesto con un chasquido estremecedor, y en ese instante, con ella, cae también la Edad Moderna y empieza la Era Contemporánea. Miles de voces se alzan en gritos de horror o expresiones de júbilo, la plaza vibra, vuelan sombreros, suenan improperios e insultos. Todo está hecho. Ahora llegará el tiempo de los desmanes jacobinos, del

Terror y de Robespierre. Mejor marchémonos de aquí. Veamos qué hace Sophie mientras su país empieza a desvariar.[6]

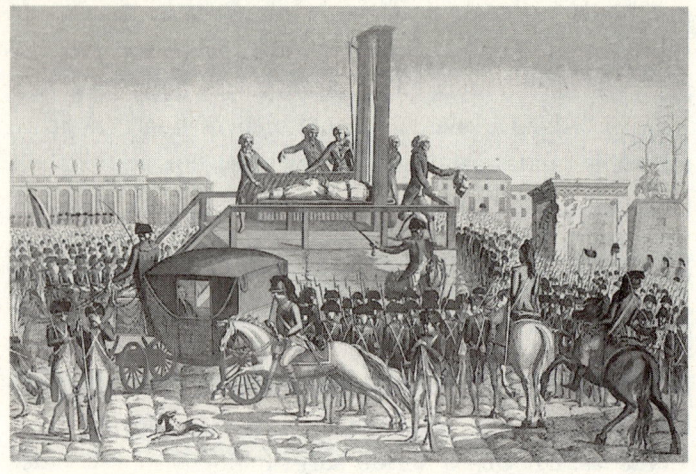

Grabado de época que recoge la ejecución de Luis XVI, en concreto el momento en que el verdugo Charles Henri Sanson muestra a la multitud la cabeza cortada del rey.

Ahí está, sentada en la biblioteca de su padre, leyendo y escribiendo ecuaciones, como siempre. Ella quiere mantenerse al margen de toda aquella agitación revolucionaria, de la locura que se apodera de las calles francesas. Como si algo en su interior le alejase de las pasiones

---

6   La descripción de la muerte de Luis XVI está tomada del propio verdugo, llamado Charles Henri Sanson, que años después escribiría una famosa carta explicando cómo había ocurrido. Sanson, hijo y nieto de verdugos, ajustició durante la Revolución a 2.918 personas, algunas tan famosas como el propio Luis XVI, María Antonieta o Robespierre.

humanas, como si un flujo de sabiduría transparente le revelara que no existe verdad en la política o en los debates sociales: la verdad, cree ella, está en las matemáticas. Solo los números persisten a las alucinaciones de los hombres. Tanto es así que en sus cartas apenas encontraremos referencias a la agitada época que le tocó vivir. Los acontecimientos políticos solo aparecen en sus escritos como una molestia, obstáculos incómodos de superar para proseguir en sus estudios matemáticos. Por ejemplo, se lamentará de la etapa del Terror porque sus padres, para protegerla, le impedirán otra vez salir de casa. Demasiados peligros en las calles. Demasiadas ejecuciones. Sophie, testaruda como siempre, tendrá que organizar mil y una artimañas para escaparse con el fin de asistir a conferencias de matemáticos o comprar los libros que precisa.

Una idea ronda por su cabeza obstinada. Está a punto de fundarse un centro que le llama mucho la atención. Se llamará Escuela Politécnica de París, pero ese nombre funcional esconde un monumento dedicado a los números. Muchos científicos están abandonando Francia, espantados por el desenfreno revolucionario, y el gobierno de la Convención quiere evitarlo. Para ello propone crear un gran centro de estudios dedicado a la formación de matemáticos e ingenieros. El proyecto parece serio cuando el primero de abril de 1794 Sophie cumple dieciocho años. Y su mente comienza a hacer planes para estudiar en esa nueva institución. ¿Dejarán matricularse a las mujeres? Pasa todo el verano preparando los supuestos exámenes. Se cuenta que solo habrá 272 plazas y dos tandas de duras pruebas de acceso. Por fin, el 21 de diciembre de ese año la Escuela Politécnica abre sus puertas en una fastuosa ceremonia a la que asisten insignes matemáticos de la época como Lazare

Carnot, Joseph-Louis Lagrange o Gaspard Monge. Ellos estarán entre el profesorado, la flor y nata de la aritmética y la geometría francesas. La Escuela Politécnica ocupa un antiguo palacio de la nobleza borbónica destronada y abrirá una época de esplendor en las ciencias abstractas del país, el Siglo de Oro matemático francés. Ninguna otra institución similar del mundo le hará sombra en mucho tiempo.

Pero la mala noticia llega enseguida a Sophie. Solo serán aceptados estudiantes varones. ¿Qué pinta una mujer estudiando matemáticas? Resulta incomprensible que una jovencita tenga verdadero talento para los números. Los responsables del centro ni siquiera se plantean considerar su candidatura. Cuando se celebran las pruebas de ingreso los 272 alumnos admitidos son chicos de buena familia, con una formación académica impecable. Sophie no se enfada. Tal como ha hecho hasta ahora, se resigna a su suerte, pero no abandonará las matemáticas. Simplemente seguirá aprendiendo por su cuenta, como una eterna y forzada autodidacta. Incluso se alegra de que el hijo de una familia amiga, un chico llamado Antoine-Auguste Le Blanc, haya aprobado los exámenes de acceso. Al menos así tendrá ella conocimiento de las enseñanzas que se imparten en la escuela y, lo mejor de todo, dispondrá de los apuntes de las clases gracias a la amabilidad de Antoine-Auguste, que se presta a facilitárselos. Que no se me olvide un dato indignante: la Politécnica de París no aceptará mujeres ¡hasta el año 1972! De hecho fue una de los últimos centros lectivos del mundo en hacerlo. Mala cosa para el país que se jacta de haber redactado la Carta de Derechos Humanos.

Pese a la decepción de Sophie, no todo van a ser problemas. El bueno de Ambroise-François se muestra encantado por la habilidad matemática de su hija y desde 1794 le otorga su apoyo incondicional. Parece que da por hecho que Sophie nunca se casará, ni será madre, ni llevará una vida que pueda considerarse normal, si por normal entendemos lo habitual y aceptado por la sociedad. Por tanto anuncia a su terca niña que en adelante y de por vida dispondrá de una asignación económica que le permita dedicarse al estudio sin problemas de dinero. El padre ha reconocido el talento de Sophie y se vuelca en apoyarla. No sabemos qué piensa la madre de eso. Por más que la miramos, Maria-Madaleine Gruguelin mantiene un silencio espeso sobre el tema. No va a contradecir a su esposo en público, y tampoco tú y yo debemos ser tan cotillas como para emplear nuestra capa de invisibilidad y espiarlos en el dormitorio.

Así que mientras París arde en excesos revolucionarios y las guillotinas se extienden como setas siniestras por la capital, Sophie solo tiene ojos para sus queridas matemáticas. Estudia con pasión los apuntes que Antoine-Auguste le va entregando, sobre todo los correspondientes a las clases de Analítica impartidas por el gran Joseph-Louis Lagrange. De repente la cosa se tuerce, cuando su amigo y espía decide abandonar la Politécnica. No le acaban de convencer los estudios y prefiere viajar al extranjero, conocer otras tierras para hacerse explorador... o lo que sea. Nada de números, le explica. Así que Sophie, una vez más, deberá echar mano a su obstinación para seguir consiguiendo los apuntes de otros alumnos. A veces la vemos pasear inquieta por las calles del distrito séptimo de París, donde se ubica la Politécnica, en busca de estudiantes que por cortesía o a cambio de dinero le entreguen sus apuntes. ¡Cuántos problemas!, debe pensar Sophie. Con haber nacido hombre en vez de mujer, todos esos apuros nunca hubiesen existido. Dispondría de acceso a una formación reglada y conveniente, sin tener que depender solo de su voluntad de hierro. Sophie no ignora que sus conocimientos matemáticos, aunque profundos, adolecen de ciertas lagunas graves que ella en su soledad intenta llenar lo mejor que puede. Solo la tozudez de la muchacha, su decisión implacable de amar los números, le ayuda a sortear todos los obstáculos una y otra vez.

Es esa tozudez la que le lleva a emprender una maniobra aparentemente insensata. El profesor Lagrange ha propuesto a sus estudiantes que, como fin del curso de Analítica, presenten un trabajo que resuma su aprovechamiento. Y Sophie, entusiasmada con el curso, ve una oportunidad de poner a prueba sus habilidades. Decide escribir un estudio sobre cálculo analítico y presentarlo a Lagrange. Pero no puede hacerlo en su nombre porque no es alumna y porque es una mujer. Ambos parecen muros infranqueables para cualquiera, pero no para Sophie. Sin atenerse a las consecuencias, idea una estrategia. Su amigo Antoine-Auguste Le Blanc ya no está en la Escuela, ni siquiera en Francia, pero sigue matriculado. No ha comunicado al centro su abandono. Por tanto Lagrange debe creer que el muchacho sigue allí, y ella puede presentar el trabajo firmado con el nombre de Le Blanc. Total, solo le interesa la valoración del profesor, uno de los mejores matemáticos que Europa ha dado a la historia. Si Lagrange aprueba su trabajo, Sophie sabrá que sus esfuerzos han merecido la pena. Aunque nadie conozca jamás que ella es la autora. Le da lo mismo, parece. Solo desea medir el alcance de su formación solitaria.

Con diecinueve años y mucha tenacidad, Sophie Germain entra en la Politécnica como una visitante descuidada. Mírala: en su mano lleva un cartapacio delgado, escrito con una letra pulcra, lleno de ecuaciones. Gracias al trajín de fin de curso pasa desapercibida. Acompañémosla mientras recorre los amplios pasillos y los lujosos salones que hasta hace poco acogían la residencia de Luisa Francisca de Borbón, transformados ahora por virtudes revolucionarias en aulas y despachos docentes. Sophie se desliza tímidamente por el palacio hasta dar con el cuarto de trabajo de *monsieur* Lagrange. Lo encuentra, por suerte, vacío. Allí, sobre la mesa desocupada, deposita su estudio analítico con la esperanza de que el profesor lo examine. Después se va tan en silencio como ha entrado. El primer folio del cartapacio recoge la firma del alumno: Antoine-Auguste Le Blanc. La suerte está echada.

No tardará mucho Sophie en tener noticias. Efectivamente, Lagrange lo lee. Y se muestra entusiasmado. Es con diferencia el mejor trabajo de todos sus alumnos. Propone sutilezas de cálculo que ni siquiera él ha enseñado en sus clases. Suponiendo que ha descubierto a un posible genio de las matemáticas el profesor intenta contactar con el tal Le Blanc, quiere tener un encuentro personal con él, pero no lo consigue. Por fortuna la cuestión llega a oídos de Sophie, quien se debate en un dilema. Puede ir a hablar con Lagrange y exponer su condición de mujer, revelar su engaño, o puede no hacerlo y evitar así una desagradable comidilla pública sobre ella y su familia. ¿Qué opción ganará? Si lo preguntas es que aún no conoces a Sophie. Por supuesto, acepta el encuentro bajo el nombre de Le Blanc y entra en el despacho. Al ver a una muchacha, el gran matemático le pregunta, sorprendido, qué desea. «Yo soy *monsieur* Le Blanc», dice Sophie. Bueno, me hago llamar así, es posible que añadiera. Del aturdimiento inicial Lagrange pasa a la admiración. La conversación con la chica revela unas capacidades matemáticas sorprendentes. La interroga sobre su formación, sobre el alcance de sus conocimientos, sobre las técnicas que ha desarrollado, y cada respuesta supone la confirmación de una valía excepcional. Al final no solo Lagrange la anima a seguir estudiando, sino que se hace en cierta forma su valedor. Incluso la invita a las tertulias matemáticas que él mismo organiza. Esas tertulias a las que Sophie asiste suponen su primer contacto personal con otros científicos, todos ellos figuras destacadas en la Francia de la época.

Más segura de sí misma, Sophie se anima con desafíos de envergadura. Acaba de leer las *Disquisiciones aritméticas* de Johann Carl Friedrich Gauss, un genio incipiente de su misma edad, que con veintiún años ha escrito ese libro magnífico que abrirá las puertas a lo que después se conocerá como moderna teoría de números. Y a Sophie su lectura le apasiona. La teoría de números es la parte más abstracta de una ciencia ya de por sí sumamente abstracta como las matemáticas. Quizá por eso Sophie se ve engullida por ella, atraída como una abeja a la flor. Su mente es una máquina analítica que más cómoda está cuanto más teórico es el ámbito al que se enfrenta. ¿Qué es pues la teoría de números, me preguntas? Desde luego es necesaria una contestación, porque para poder entender lo que Sophie Germain aportó a la ciencia debes conocer las bases de sus investigaciones. Y sus descubrimientos sobre la teoría de números son una parte esencial de nuestras herramientas matemáticas actuales, cuya importancia destacará sobre todo en el futuro, allá por el siglo XX. Por favor, no te asustes demasiado. En este viaje en busca de genios femeninos vas a tener que enfrentarte a conocimientos nuevos, algunos de ellos complejos, pero estoy seguro de que podrás entenderlos e incluso disfrutar con las maravillas que nos revelan.

También eso es el objetivo de nuestro viaje. Que aprendas ciencia a través de los ojos de las mujeres que visitamos.

Por consiguiente, presta atención a una presentación elemental de la teoría de números. En principio un número representa simplemente una cantidad de algo: un gato, dos días, cinco dedos. Sin embargo, los números pronto demostraron tener una especie de vida propia al margen de las cosas, ya que poseen cualidades por encima de la realidad. Por ejemplo, pueden contar hasta el infinito. A cualquier número, por muy enorme que sea, podremos siempre sumarle uno, con lo que obtendremos un número aún mayor. Pero, que sepamos, ¡no hay infinitos que necesitemos contar! Del mismo modo parecen tener extrañas relaciones entre ellos, como resultar divisibles o multiplicables, aunque no siempre. Intenta, por ejemplo, dividir el número 5. No se puede, excepto por sí mismo o por 1. Sin embargo, el número 25 sí parece tener una estrecha relación con el 5, porque es el producto de 5 multiplicado por 5. Cuestiones como estas hicieron que los primeros matemáticos convirtieran los números en objetos abstractos de estudio, al margen de su utilidad cotidiana. Deseaban averiguar si encerraban algunos misterios, algún orden escondido que marcaba su devenir. De esta manera nació la teoría de números, que tuvo su origen posiblemente en la India del siglo V antes de Cristo. Fue cuando se descubrieron las primeras ecuaciones, y ello confirmaba que existían relaciones subterráneas pero fundamentales entre unos números y otros, hasta el punto de poder encontrar una cifra desconocida, llamémosla x, solo manejando las relaciones estables entre otras cifras. Los hindúes diferenciaron entre números completos, es decir, sin decimales, y números fraccionarios. Hoy llamamos a los primeros números enteros (¡lógico, no están partidos!) y a los segundos números racionales. Si vamos al mercado y compramos una lechuga a 2 euros, pagamos en número entero. Si la lechuga está de oferta y vale 1,79 euros, pagamos con un número fraccional o racional. Fácil hasta ahora, ¿no?

Desde entonces, la teoría de números se basa exclusivamente en el estudio de los números enteros, negativos o positivos, incluyendo al número 0, ese redondo amigo que cuantifica la nada. Su campo de estudio es encontrar las propiedades de la sucesión infinita de los números enteros y las leyes que la definen. Todo esto te parece de perogrullo, a juzgar por la cara que pones, y sin embargo te diré que la teoría de números está considerada la rama más difícil de todas las ciencias matemáticas. Porque no solo hay que estudiar qué relación guarda tal número con tal otro, sino descubrir y demostrar que esa relación se basa en patrones fijos y repetibles. Y los números enteros no solo se agrupan poniéndolos uno detrás de otro, sino que ellos mismos se configuran en estructuras ocultas a primera vista, como anillos conmutativos, dominios propios, formas modulares o geométricas... Una de estas estructuras que relacionan números es la capacidad de división. Hay algunos números que se diferencian de los demás en que no pueden ser divididos por otro número. Es lo que acabo de contarte en el caso del 5. Ningún número divide al 5 y da un número entero. Solo podemos dividirlo por sí mismo, en cuyo caso el resultado es 1, o por el 1, que no divide por nada. Estos números que no se pueden descomponer en factores más pequeños se llaman números primos. El matemático Euclides, en su libro *Elementos,* estableció este concepto ya en la Grecia antigua, allá por el año 300 antes de Cristo. Y desde entonces no han dejado de fascinar a los científicos, porque los números primos esconden sorpresas enormes y otras que intuimos pero no acabamos de resolver. Por ejemplo, los números primos son la base de la construcción de cualquier otro número. ¿Y hay muchos números primos, me preguntas? Pues, al igual que ocurre con los números enteros, los primos son infinitos. ¡Siempre podremos sumar unidades a cualquier número primo, por muy grande que sea, hasta obtener un nuevo número primo mayor! Entre el 0 y el 100, para que te hagas una idea, son primos veinticinco números. ¿Te hago un pequeño examen? ¿Qué números primos hay entre 1 y 10? Simplemente intenta dividir.[7] Hay muchas otras relaciones profundas en el conjunto de los números enteros, que la mayor parte de las personas solo ven como una simple sucesión ascendente de cifras.

La teoría de números ha proporcionado un enorme conocimiento de las matemáticas y ha ido dotando de nuevas herramientas, valiosísimas, a muchas otras ciencias. Gracias a los progresos de la teoría de números tendremos en nuestro tiempo, allí por el final del siglo XX, cosas como ordenadores, teléfonos móviles o tarjetas de crédito. ¡Así que no te rías de las matemáticas abstractas! Nunca se sabe lo que pueden dar como resultado para fabricar cosas prácticas. Claro que su mérito es equivalente a su dificultad. En el año 2000 el Instituto Clay de Matemáticas ofrecerá un millón de dólares a quien solucione alguno de los siete problemas matemáticos más importantes que quedan por resolver. Todos ellos, los siete, están relacionados con la teoría de números. Solo uno habrá sido resuelto

---

7   La solución es 2, 3, 5 y 7. Ninguno de estos números puede dividirse entre otro número que no sea él mismo o el 1.

en el siglo XXI, la hipótesis de Poincaré. Será confirmada en 2006 por el matemático ruso Grigori Perelman, quien curiosamente rechazará el premio del millón de dólares y seguirá viviendo con su madre en un humilde apartamento de Moscú. Argumentará que no quiere convertirse en la mascota del mundo de las matemáticas... Sí, hay gente así de rara, sobre todo entre los científicos. No le des más vueltas y vamos a comer algo. Te voy a llevar al *bouillon* del cocinero Antoine Beauvilliers, que está poniendo a Francia a la vanguardia de la gastronomía europea. Se considera el primer restaurante del mundo, incluso pone manteles en las mesas, toda una invención suya. Además, el guiso de buey dulce y picante es una maravilla. Parece mentira tal refinamiento culinario con tantas cabezas que ruedan en las guillotinas. En fin, París es así en esta época insólita.

¿Está bueno el plato? Por tu expresión veo que sí. Mientras lo disfrutas, te sigo contando. Además de los problemas del millón de dólares hay otras afirmaciones matemáticas que parecen ciertas pero que no han sido nunca demostradas. Se llaman conjeturas. Algunas de estas conjeturas esperan solución desde hace cientos de años, y eso que legiones de matemáticos han dedicado sus carreras a estudiarlas. Lo curioso de todos estos problemas, estupendos para romperse la cabeza, es que tienen un enunciado engañosamente simple. Y eso es lo que llama la atención de Sophie Germain cuando estudia las *Disquisiciones aritméticas* de Gauss, que supuestos en apariencia muy sencillos tengan una enorme dificultad matemática. En concreto ella se queda prendada de un enigma llamado último teorema de Fermat. Enunciado en 1637 por Pierre de Fermat, dice que solo la elevación al cuadrado cumple la equivalencia del teorema de Pitágoras, es decir, $x^2 + y^2 = z^2$. Si quitamos el

2 y lo sustituimos por cualquier otra cantidad, no existen números x, y ni z que cumplan la relación pitagórica. O, por decirlo con las palabras precisas que Sophie lee al calor de su alcoba, si n es cualquier número entero mayor que 2, entonces no existen números no nulos x, z, y, tales que se cumpla la igualdad $x^n + y^n = z^n$. Eso es todo. Pero el teorema guarda en su seno una bomba matemática de enorme alcance: debes recordar que los números ¡son infinitos! ¿Ninguno de ellos, solo el 2, puede cumplir una regla tan básica? Habrá que demostrarlo. La joven Sophie se lanza en solitario a indagar en el misterio y ver si Fermat tiene razón. En el intento han sucumbido cientos de matemáticos antes que ella, pero eso no la arredra. Se siente con fuerzas tras sus conversaciones con Lagrange. Y, excluida como está del mundo académico, tampoco tiene nada que perder.

Andamos por el año 1798, Robespierre ha pasado a la historia de manos del verdugo Sanson y la Revolución no acaba de encontrar una forma de gobierno. Ahora manda un conjunto de cinco personas llamado Directorio, débil y sacudido por los monárquicos desde la derecha y por los jacobinos a la izquierda. Pero al menos las calles están algo más tranquilas. Sophie puede salir de su casa con mayor libertad y estrecha sus contactos con Lagrange, quien la anima en su reto sobre el viejo Fermat. Eso sí, le recomienda que no se haga demasiadas expectativas. Que, más bien, se lo tome como una forma de profundizar en el cálculo. Pero eso no es propio de la joven, quien a sus veintidós años sabe bien lo que es exigirse a si misma. Ella no quiere enfrentarse al teorema como una manera de aprendizaje. Quiere resolverlo o al menos clarificarlo, delimitarlo. Así que ante todo habrá que escoger la forma de afrontar el trabajo. ¿Tú que harías? Hay dos métodos. El primero consiste en ir probando combinatorias de números a ver si alguna desmiente a Fermat. Entonces te faltaría tiempo, puedes estar toda la vida y si no aparece no demostrarías nada. ¡Los números son infinitos! El segundo método, aunque más complejo, resulta en realidad el único posible: utilizar las reglas matemáticas conocidas para ver si de ellas se deriva una nueva regla que confirme a Fermat. Es un trabajo de cálculo analítico y lógica pura, justo lo que mejor se le da a Sophie.

Su primera deducción es que los números primos tienen mucho que ver con el asunto. ¿Ves? Ahora me alegro de haberte hablado de esas cifras indivisibles. Sophie descubre que si elevamos a la quinta potencia los tres integrales, x más y más z, los sumamos y el resultado es 0, al menos una de las tres cantidades será divisible por 5. Ello daba una pista importante y establecía dos grupos generales de números: aquellos en que o bien x, o bien y, o bien z, son divisibles por la potencia a que se elevan, y aquellos en que ni x, ni y ni tampoco z resultan en números enteros tras ser divididos por la potencia. No te voy a cansar con devaneos aritméticos complejos, pero el caso, créeme, es que esta sencilla distinción demostraba la validez del último teorema de Fermat cuando la potencia es 5 y, lo más importante, parecía indicar un papel clave de los números primos. Lógico. Ninguna potencia sería capaz de dividir los primos en números enteros cuando ejercen el papel de incógnitas de la ecuación. Ahora está al alcance de Sophie simplificar la búsqueda y delimitar la verdad del enunciado de Fermat al menos cuando implica a algún número primo.

Con estos asuntos, absolutamente sumida en las ecuaciones y los juegos de cálculo, pasa la muchacha tres años. Para entonces la Revolución ha tomado un camino distinto. Observa las calles parisinas. Ahora son un dechado de calma. No hay revueltas, ni desmanes, ni tipos gritando consignas borbónicas o izquierdistas en los barrios. Hasta las guillotinas han desaparecido. Incluso la plaza de la Revolución se llama ahora, simbólicamente, Plaza de la Concordia, como la conoceremos en el futuro. El agotamiento de la política ha terminado en un río de debilidad y por eso no le ha costado mucho a un general recién llegado de Egipto, Napoleón Bonaparte, dar un golpe de Estado y tomar el poder. Desde 1799 manda él y solo él, y sus edictos se cumplen ya sea bajo coacción, ya sea por puro y simple cansancio. Tras los sucesivos baños de sangre los franceses parecen hartos de los excesos políticos y desean vivir en paz de nuevo. Es una ironía, ¿verdad? La gran revolución desemboca en una dictadura. Suele suceder. Pero a nosotros nos interesa la vida de Sophie, que sigue ahí, encerrada entre su casa y sus bibliotecas. Apenas hace vida social, no se relaciona con chicos. Su madre se inquieta, pero su padre, avispado, sabe que nunca cambiará porque es su condición. Y la deja hacer. Ella aprovecha la calma para profundizar en su labor matemática, sintiéndose libre y posiblemente feliz. Los días transcurren ahora tranquilos, sedosos, sin sobresaltos que le entorpezcan la tarea autoimpuesta.

En 1804 el siglo ha cambiado y también ha cambiado algo en la vida rutinaria de Sophie. Se da cuenta de que ha llegado a un punto clave de su investigación. Y decide compartirlo con quien más admira: el famoso Gauss, el autor de las *Disquisiciones aritméticas*, el hombre que pese a su juventud ha sacudido el mundo de las matemáticas europeas. Ella, por supuesto, no lo conoce personalmente. Nunca ha salido de París. Pero consigue su dirección de la ciudad prusiana de Brumswick, donde reside, y no duda en escribirle una breve carta. Ha llegado hasta nosotros y por eso no pecamos de indiscretos si nos deslizamos hasta la habitación de Sophie para ver cómo la escribe. Moja una y otra vez la pluma en el tintero y piensa detenidamente cada frase antes de escribirla en el papel virgen. Deja entrever una cierta inseguridad detrás de sus expresiones de admiración. Inseguridad o tal vez solo modestia. Al final le queda así:

«Señor Gauss:
Le escribo porque he leído con gran interés su libro *Disquisitiones Aritmeticae*, y estoy maravillado por la belleza de los resultados matemáticos que presenta en él. Yo soy un geómetra principiante, y abusando de su amabilidad, me atrevo a enviarle algunos de mis resultados, con la esperanza de que usted me indique si tienen algún interés, sabiendo que usted no dejará de ayudar con sus consejos a un entusiasta amateur en la ciencia que usted ha cultivado con tanto éxito. Le reitero mi aprecio por su talento y por su persona. Monsieur Le Blanc.»

Si te fijas, está escrita en masculino. Y mira la firma: *Monsieur* Le Blanc. Claro. Sophie teme que si Gauss recibe una carta semejante rubricada con su nombre auténtico la tire inmediatamente a la papelera. ¿Cómo va a perder su precioso tiempo leyendo las conclusiones matemáticas de una mujer? Así que decide tomarle prestado de nuevo el apellido a su amigo Antoine-Auguste, quien debe andar tan lejos que incluso le ha perdido la pista. Espera que así Gauss estudie las ecuaciones que acompañan a la carta y se digne a responderle. Cosa que ocurre en muy poco tiempo. El joven y gran matemático siente curiosidad por ese señor desconocido cuyo trabajo, en la carta que escribe de respuesta, califica de brillante. Dice, textualmente, que esos estudios sobre el último teorema de Fermat son una de las investigaciones matemáticas más interesantes que ha visto en su vida. Pide además a *monsieur* Le Blanc que le tenga al tanto de sus averiguaciones. La respuesta, como es lógico, llena de alegría a Sophie. Le da nuevas fuerzas para seguir con su tarea. En adelante Gauss y ella, bajo la falsa identidad de Le Blanc, mantendrán una constante correspondencia.

Entre ecuación y ecuación, el proclamado emperador de Francia, Napoleón I, cuenta sus campañas militares por victorias. Va camino de conquistar toda Europa. En 1806 vence en la batalla de Jena y Prusia entera se pone bajo sus pies. Este suceso, aparentemente tan al margen de la vida de Sophie, tendrá un importante impacto en su relación con Gauss. La joven teme que su admirado matemático sea capturado o ejecutado por las tropas francesas, como ha ocurrido en algunas ocasiones con otras celebridades alemanas. Aprovechando que el general al mando de la artillería napoleónica es amigo de la familia, Sophie le escribe pidiéndole ayuda. Por favor, solicita, asegúrese de que el señor Johann Carl Friedrich Gauss, residente en Brumswick y que no ha podido abandonar la ciudad, no sufre ningún daño. El general Pernetti, en honor a la amistad familiar, ordena a un comandante apellidado Chantel que recorra trescientos kilómetros a caballo hasta Brumswick y averigüe cómo se halla ese tal Gauss. Por suerte lo encuentra bien, aunque asustado. Para tranquilizarlo el comandante le anuncia que no se preocupe, que no le pasará nada porque ha intermediado por él la señorita Sophie Germain. Gauss mezcla alivio y asombro, pues de nada conoce a esa supuesta benefactora. Tratará de localizarla durante meses, hasta que al final, vista la insistencia, Sophie decide confesarle la verdad. Lo hace en otra breve carta que revela mucho de la triste condición de ser mujer y científica. ¿Quieres leerla? Estás de suerte, porque la tengo a mano.

«Señor Gauss:

Al describirme el resultado de la misión que le encargué, el General Pernetti me informó que dejó mi nombre al descubierto. Esto me lleva a confesarle la verdad: no soy una desconocida para usted. El miedo a que no me tomara en serio por ser una mujer científica me empujó a adoptar el nombre de Monsieur Le Blanc para escribirle las notas que le envié anteriormente. Le ruego que me perdone por haber guardado este secreto.

Sophie Germain.»

La reacción de Gauss es emocionante, mezcla de incredulidad y alborozo. ¡Una mujer, con acceso vetado a estudios superiores, se había convertido por sí sola, sin más herramientas que la inteligencia y el tesón, en uno de los matemáticos más brillantes de su tiempo! Le contesta con otra carta más larga, de la que te resalto un párrafo:

«Pero, cuando una mujer, debido a su sexo, y a nuestras costumbres y prejuicios, encuentra obstáculos infinitamente mayores que los hombres para familiarizarse con estos complejos problemas, y sin embargo supera estas trabas y penetra en lo que está más oculto, indudablemente tiene el valor más noble, un talento extraordinario y un genio superior.»

Lo que, ¿no te parece?, resulta una perfecta descripción de Sophie. En adelante, sin la rémora de una identidad falsa, seguirán con su relación epistolar sin llegar a conocerse nunca en persona.

En 1808 Sophie encuentra un nuevo horizonte en sus estudios. Logra una demostración inequívoca de que si el potencial n de la ecuación es un número primo, y el doble de ese número más 1 es también primo, entonces el último teorema de Fermat resulta verdadero. Todos los números de forma [2 (n primo) + 1 = primo] cumplen la imposibilidad de $x^n + y^n = z^n$. La demostración es cierta incluso si todos esos números primos son infinitos. Es la primera vez que la aseveración de Fermat se ve confirmada para una cantidad infinita de números, y no solo para cifras concretas. Se trata, y Sophie lo sabe, del mayor avance en su campo desde que se enunció el teorema. En el futuro esos números primos de tan peculiar estructura se denominarán primos de Germain, en honor a su descubridora, y la fórmula $2n + 1$ recibirá el nombre de teorema de Germain. Su análisis permitirá expandir enormemente la búsqueda de soluciones definitivas a la vieja afirmación de Fermat[8].

---

8   El último teorema de Fermat fue finalmente demostrado como cierto en 1995, gracias al matemático Andrew Wiles. Wiles se encerró literalmente en su casa durante ocho años, en total aislamiento, hasta que logró solucionarlo. Utilizó un método basado en las curvas elípticas y su relación con las formas modulares, lo que hace entrever una relación entre la geometría curvada del universo y la imposibilidad de cumplir el teorema de Pitágoras en volúmenes, es decir, fuera de un plano bidimensional. Es una hipótesis que se investiga actualmente.

Por supuesto, no tarda en comunicárselo a su amigo Gauss. Este confesará más tarde que el hallazgo de Sophie le pareció fascinante, pero inexplicablemente se le olvida contestar la carta de ella.

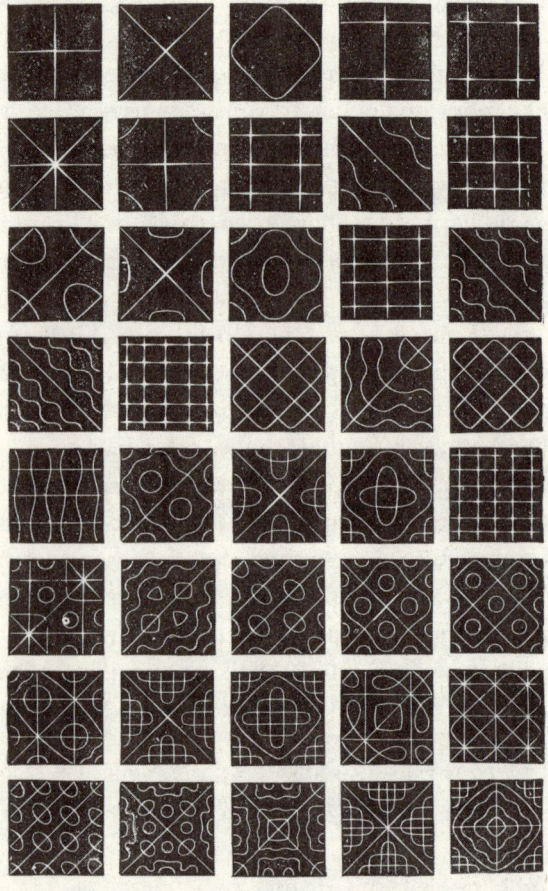

Representación de varias figuras de Chladni, producto de ejercer diferentes fuerzas vibratorias sobre un mismo plano elástico sobre el que se encuentran partículas depositadas.

A sus 32 años la señorita Germain es ya una matemática de primera fila, aunque anónima. Solo la conocen unos pocos amigos de Lagrange y el círculo selecto de la Politécnica donde no la dejaron estudiar. Lleva una vida tranquila y rutinaria. Sin embargo, algo va a ocurrir que la convertirá en una celebridad en toda Francia. La historia empieza por uno de los misterios de la física de estos principios del siglo XIX: la transmisión de las ondas. Se intentan establecer modelos que muestren la difusión ondulatoria y sus leyes. Un ingeniero alemán, Ernst Chladni, tiene la idea de espolvorear arena sobre una placa metálica y golpear el borde con un arco de violín. La vibración distribuye la arena en figuras concretas, siempre las mismas en función de la fuerza del golpeo. Esos patrones deben corresponder, se piensa, a las leyes de transmisión de las vibraciones ondulatorias. El éxito del experimento es tal que hasta Napoleón hace traer a Chladni a su presencia para contemplarlo en persona. En el futuro las formas se conocerán como figuras de Chladni y efectivamente ocultan una raíz físico-matemática. La intriga es tal que la Academia de París, que cada año otorgaba un premio sobre un problema a su elección, decide en 1809 que el concurso será obtener una teoría matemática que explique las figuras de Chladni.

Lagrange, sin embargo, se opone. Considera que las herramientas de cálculo disponibles no son lo suficientemente avanzadas para abordar un asunto tan complejo. Pero la convocatoria sale adelante tras la insistencia de otro genio de la época, el matemático, físico, astrónomo y varias cosas más Pierre-Simon Laplace. Detrás de la maniobra de Laplace se esconde una aspiración secreta: que el premio sea para un protegido suyo, Simeon-Denis Poisson, al que cree capaz (con su ayuda) de lograr la hazaña. Para más seguridad nombra al propio Poisson miembro del jurado que deliberará el premio. El protegido es así juez y parte. No te extrañes demasiado ni pongas esa cara. Estas maniobras mezquinas son y serán frecuentes por desgracia en la historia de la ciencia. El asunto es que, cuando Sophie se entera de que el premio extraordinario de la Academia será sobre el tema de las figuras de Chladni, decide participar. Nunca dejará de lado la teoría de números, y de hecho en 1819 logrará confirmar el último teorema de Fermat hasta la potencia 100. Pero enfrentarse a lo que parece imposible es una estrategia vital para ella, su manera de disfrutar de la existencia, y el asunto propuesto por la Academia le llama poderosamente la atención.

De esta aventura intelectual y humana saldrá la segunda gran aportación de Sophie Germain a la historia de la ciencia. Se dedica en cuerpo y alma al análisis de las superficies vibrantes y empieza a definir unas ecuaciones diferenciales que rigen la distribución de la arena. Pero llega 1810 y el trabajo dista mucho de estar terminado. No hay que preocuparse. Ningún matemático se ha atrevido a presentar una propuesta. El análisis necesario resulta demasiado difícil, tanto que no hay candidatos al premio. La convocatoria se prolonga un año más. Y en septiembre de 1811, tras dos años de intensos estudios en los que desarrolla nuevas herramientas matemáticas, Sophie envía a la Academia una memoria preliminar. Pero no la firma. Explica que prefiere preservar el anonimato. Sabe que si se presenta como una mujer perderá. Ni será tenida en cuenta. El jurado, influido por Poisson, considera este primer trabajo incompleto e incorrecto, pero Lagrange descubre los errores en el análisis matemático, los corrige, aplica la ecuación derivada y obtiene un avance espectacular. Demuestra que el método del anónimo participante describe el comportamiento dinámico de puntos individuales del interior de las placas. Y convence al jurado de que otorgue dos años más de plazo al misterioso investigador para que perfeccione su propuesta. Sophie entiende que va por buen camino y enfoca correctamente el problema de la superficie vibratoria. En el fondo se trata, concluye, de un problema de cálculo de elasticidad.

Haz una cosa ahora. Coge un pellizco de tu piel. Tira de ella. ¿Ves como tu piel se alarga? Es elástica, es decir, cambia de forma cuando se le aplica una fuerza. Pero el secreto de la elasticidad es que algo pueda volver a su forma original cuando se deja de aplicar la fuerza. Si tu piel, tras soltar el pellizco, se quedara deformada, no sería elástica. Los materiales elásticos tienen la propiedad de regresar a su estructura anterior tras liberar la energía que los ha alterado. Solo así se cumple la verdadera elasticidad. Y espérate, que viene la sorpresa: toda la materia del universo es elástica. Una más y otra menos, pero no existe ningún cuerpo absolutamente rígido. ¿Increíble? Piensa en algo muy duro, una barra de hierro por ejemplo. Pues hasta esa barra tiene cierto grado de elasticidad, y podrá ser estirada hasta un uno por ciento de su largo retornando a su longitud original al abandonar la presión. Cada material tiene una capacidad elástica concreta, que técnicamente se denomina módulo de elasticidad. Si te paras a pensarlo, es lógico que toda la materia sea flexible. En un universo dominado por las ondas, por ejemplo las gravitatorias, que deforman los cuerpos continuamente aunque sea en proporciones diminutas, cualquier materia de rigidez absoluta no podría existir. Se quebraría en menos de una milésima de segundo. Y, en estos inicios del siglo XIX, donde se empieza a construir con hierro y otros materiales avanzados, hablar de elasticidad tiene una trascendencia práctica evidente. Los arquitectos necesitan cálculos de resistencias para hacer los nuevos edificios de hierro y acero.

Sophie dedica una media de quince horas diarias a la investigación. Una mañana recuerda las ecuaciones de Leonhard Paul Euler, quien años antes dio consistencia matemática al movimiento de una cuerda vibrante unidimensional. Al estudiar los números de Euler intuye que la solución podría derivar del comportamiento de cada punto concreto de la placa. Y profundizando en la idea Sophie escribe por fin: «En un punto de la superficie la fuerza de elasticidad es proporcional a la suma de las curvaturas principales de la superficie en dicho punto». Aquí está la clave, y ella lo sabe. La vibración de cada punto de la placa debe calcularse en sí misma, y obteniendo el estado de cada punto se definirá el movimiento total. Además, identificar las fuerzas con la suma de las curvaturas es una idea brillante, de una modernidad radical. Al plasmar su hipótesis en fórmulas matemáticas logra una ecuación con derivadas parciales de sexto orden que proporciona soluciones regulares. Para la sorpresa de todos los científicos de la época, las ecuaciones de Germain se basan en las medidas del triángulo, en complejos cálculos de senos, cosenos, tangentes y secantes. Las fuerzas elásticas son fuerzas geométricas.[9]

---

9   Hoy sabemos que esta idea es cierta. De hecho, las ecuaciones de Sophie Germain sobre fuerzas en superficies curvas y las de Euler sobre cuerdas vibrantes se pusieron de rabiosa actualidad en el último tercio del siglo XX debido al nacimiento de la teoría de cuerdas. El arranque de dicha teoría, puntera en la física actual y que intenta explicar toda la realidad en base a vibraciones de cuerdas diminutas, se basó precisamente en las viejas ecuaciones de Germain y Euler. Si están interesados pueden consultar mi

Animada por estos descubrimientos Sophie presenta en 1813 una segunda memoria, que explica los resultados experimentales de Chladni. Ha cubierto así el reto del concurso y espera ser premiada por ello. Pero Laplace y Poisson mueven los hilos de su conspiración y consiguen que solo se le otorgue una mención de honor, no el premio de la Academia. Este infame movimiento tiene un fin: ganar tiempo. Porque Poisson afirma estar a punto de presentar su propio trabajo, en el que, asegura, dará un contenido matemático más profundo del fenómeno. ¿Qué hace entonces Sophie? Fíjate, ni siquiera se enfada. Prosigue con su vida sencilla, cada vez más cómoda en su casa, rodeada de sus libros, y como ya la conocemos bien seguro que puedes decirme qué postura tomará. En efecto, has acertado: decide mejorar aún más sus propias ecuaciones y enfrentarlas a las de Poisson. Es la actitud lógica de su carácter testarudo, obstinado, paciente. Cuando en 1814 Poisson presenta su prometido trabajo ella no puede menos que echarse a reír. Pese a la ayuda del genio de Laplace, el estudio del joven conspirador es horrible, con el resultado de una ecuación no lineal y además falsa, que mediante manipulaciones matemáticas intolerables da como resultado ¡la misma ecuación presentada un año antes por Sophie! Es tan ridículo que los miembros de la Academia dan la espalda a Poisson y deciden esperar un nuevo trabajo del brillante y anónimo concursante anterior.

Animada por estas peripecias Sophie investiga duro y por fin, en 1815, tras cinco años de dedicación absoluta a un único problema, presenta su estudio definitivo. Bajo el título *Mémoire sur les vibrations des surfaces élastiques*,

libro *La sonrisa del átomo y otras historias científicas sobre el universo*, publicado por Editorial Almuzara en 2013.

este tercer trabajo da una expresión matemática rotunda al concepto físico de elasticidad y deformación. Las ecuaciones definen el cambio en la superficie de cada punto como la suma de las curvaturas relativas a todas las curvas de las diferentes áreas de la superficie. Pero en realidad sus fórmulas van más allá. De manera implícita recogen un método para el cálculo integral ¡de la mismísima curvatura del espacio! El propio Einstein, un siglo más tarde, llegará a valorar las ecuaciones de Sophie en su desarrollo de la teoría de la relatividad. Ahora la Academia sí concede su gran premio a este trabajo. Y el escándalo estalla cuando se averigua que el genial autor de la obra es… una mujer sin formación oficial alguna. De la noche a la mañana, Sophie Germain se convierte en un celebridad pública en este París mundano, febril y orgulloso que ahora domina Europa.

Quién lo diría, pero Sophie se revuelve incómoda. Allí, en su salón de estudio tapizado con telas estilo Imperio y cortinajes de ganchillo blanco, esta mujer a punto de cumplir los cuarenta años no soporta que los periódicos escriban sobre ella, que en los salones se cite su nombre, que la gente se agolpe a la puerta de su casa para verla. Las damas de la alta sociedad mueven la cabeza con desaprobación al oír su nombre, una mujer solterona, aislada y dedicada a algo tan aburrido como las matemáticas, mientras los caballeros sonríen con suficiencia. Casi les da pena que alguien lleve una existencia tan absurda, en vez de jugar a las cartas, tener hijos, disfrutar del sexo y de las ropas de moda, pasear por las Tullerías. Y Sophie, encerrada en su refugio, en su isla, en su oasis, las ventanas cerradas, no soporta el trajín al que se somete a su persona. Casi por primera vez en su vida pierde los nervios, se enfurece. Decide no salir de casa para que se olviden cuanto antes de ella. Incluso rechaza ir a recoger el premio de la Academia, un acto pomposo al que asistirá la flor y nata de la sociedad parisina, con una lista enorme de ilustres invitados. Cuando se entera de que una multitud de curiosos se agolpa a las puertas de la Academia para ver aunque sea por un instante a la insólita señorita matemática, disculpa su asistencia y no va. Da un plantón con todas las letras. La señorita matemática. Como si fueran dos realidades antagónicas de coexistencia imposible, caudal de circo: el hombre mono, el bombero torero, la mujer barbuda, la señorita matemática. Gracias a su negativa a dejarse ver la vida mundana de París pronto se olvidará de ella, pero no así el mundo científico. En adelante, Sophie tendrá un reconocimiento discreto pero cierto. Si ella sola, sin ayuda, ha revolucionado las matemáticas, todos se preguntan hasta dónde podría haber llegado con una educación dirigida y sólida. La admiran, la respetan. Y ella podrá seguir con la vida que tanto le gusta, la del estudio, la meditación y la soledad.

Napoleón pierde su última batalla en Waterloo y parte al exilio en Santa Elena. Francia, derrotada, se repliega sobre sí misma, intentando encontrar una identidad posrevolucionaria. *Mademoiselle* Germain verá con su distancia habitual el entronamiento de un nuevo rey, la revolución de 1830, el ascenso del último monarca francés. En fin, los desvaríos imprevisibles de los hombres, dirá envuelta en sus libros, sus papeles, sus tinteros, sin dedicarle muchos pensamientos a cuestiones tan efímeras. Ella pasa los años profundizando en sus dos campos de trabajo: la teoría de números y las ecuaciones vibratorias. Los perfecciona sucesivamente. Por ejemplo, publica su primer libro en 1821, pagando la edición de su bolsillo, con el título *Recherches sur la théorie des surfaces élastiques*, un compendio de sus investigaciones en el campo, y en 1826 sale a la venta *Remarques sur la nature, les bornes et l´étendue de la question des surfaces élastiques et équation générale de ces surfaces*, donde mejora y redefine sus ecuaciones sobre superficies vibratorias. En 1830 verán la luz sus nuevos resultados en teoría de números, bajo el título *Notes sur la manière dont se composent les valeurs de y et z dans l´équation de Fermat*. En todos estos libros el señor Le Blanc ha pasado a la historia. Están firmados por *Mlle*. Sophie Germain, con orgullo, con desafío, con la satisfacción de haber vencido al mundo académico masculino que tan difícil se lo puso con su misoginia. Son los primeros libros de ciencia avanzada publicados bajo un nombre de mujer. Y ella también será la primera mujer en asistir por derecho propio a los debates de la Academia de Ciencias. Sentada en su casa Sophie es más feliz que nunca y sabe que la tenacidad es la responsable de su éxito. En 1833 editará incluso una obra sobre filosofía de la ciencia, *Considérations générales sur l'état des sciences y des lettres aux différentes époques de leur culture*. Sus intereses se agrandan. La percepción de su propio trabajo es cada vez más segura, más profunda. Sabe que le queda mucho por hacer, y dispone de las herramientas, la capacidad y las ganas para hacerlo.

Pero Sophie no llegará a ver publicado este libro de 1833. Desde un par de años antes algo raro le pasa a su pecho izquierdo. Nota tirantez e incluso ciertos bultos anidando en su interior. Consulta a un médico y recibe la noticia: padece un cirro en el seno, la palabra terrible. En la Francia de esta época, cirro es la forma de llamar al cáncer. Muy avanzado, le asegura el doctor, cabizbajo. Y Sophie sabe que su suerte está echada. Dedica el tiempo que le queda a ordenar su legado. Entrega al editor su libro sobre filosofía de la ciencia, ordena sus papeles, redacta memorias, resume ideas y cálculos que andan dispersos por su escritorio, manuscritos que intenta condensar, ampliar o aclarar en otros manuscritos. La labor la consuela del dolor y la cercanía de la muerte. Decide irse igual que ha vivido, con calma y autodisciplina. Afrontada al final, su tozudez solo sirve para organizar la forma de abandonar este mundo. Ya en el lecho, con el cáncer de mama royéndole las entrañas, llama a su mejor amigo, Guglielmo Libri, matemático y conde. Le pide que se quede con todos sus papeles, que los guarde. Libri rendirá honor a su memoria y los depositará en la Biblioteca Moreniana de Florencia. Allí siguen. Te aseguro, con sinceridad, que muchos historiadores de la ciencia creemos que esos papeles manuscritos de Sophie necesitan una revisión. En ellos puede haber aún muchas cosas por descubrir. Si conoces a cualquier estudiante de Matemáticas en busca de una tesis háblale de este viaje nuestro. En Florencia no se vive mal, al menos durante un par de años. Si se está becado, aún mejor.

La pobre Sophie se esfuma. Mírala, se ha quedado muy delgada, y su rostro ha perdido la fortaleza permanente en la expresión. Su hermana y algunos amigos están con ella. El doctor llega, ataviado con capa y maletín. Es el 27 de junio de 1831 y la moribunda tiene solo 55 años. Está en su momento intelectual más activo, pero la Parca no atiende a razones. A media tarde Sophie expira su último aliento. Y en ese instante recibe una nueva ofensa, sin poder ya defenderse. El doctor se sienta para redactar el parte de defunción. Pregunta por sus ocupaciones. «Es matemática», afirma la hermana de la difunta. El médico tuerce el gesto e insiste: «De qué vivía, quiero decir». «De una renta paterna», aclara alguien. El doctor, ahora satisfecho, escribe «rentista». Así sigue figurando todavía en su parte de defunción. El machismo se muestra en cada gesto, también en las pequeñas cosas.

REMARQUES

SUR

LA NATURE, LES BORNES ET L'ÉTENDUE

DE LA QUESTION

DES SURFACES ÉLASTIQUES,

ET

ÉQUATION GÉNÉRALE DE CES SURFACES ;

PAR MLLE SOPHIE GERMAIN.

PARIS,

IMPRIMERIE DE HUZARD-COURCIER.

1826

Portada de la edición original de *Remarques sur la nature,
les bornes et l´étendue de la question des surfaces élastiques et
Équation Générale de ces Surfaces*, publicada en París en 1826.

Antes de irnos, vamos a hacer una pequeña visita al cementerio de Pêre Lachaise, el más bonito de París. Aquí, en el sector 16, está enterrada Sophie. Mira: un árbol enorme ha crecido sobre su tumba. El cementerio huele a hojas húmedas y a aire limpio. A mí me gustaría que un árbol como este naciera de mis restos. Algunas personas que han estudiado matemáticas vendrán a visitar este lugar, a veces se encuentran flores frescas en el sepulcro. En el futuro, Francia reconocerá a Sophie Germain con una calle, un premio de investigación matemática y algunos colegios que llevarán su nombre. Pero los franceses no se han portado bien con su memoria. Tras el insulto de considerarla rentista, esta mujer excepcional sufrirá una afrenta aún mayor. Cuando termine la construcción de la Torre Eiffel se decidirá incluir en su estructura el nombre de setenta y dos ingenieros y científicos franceses, elegidos como los más importantes de la historia del país. Serán todos hombres. Los setenta y dos. Sophie Germain no estará entre los elegidos. Obvian que fue ella, con su investigación sobre la elasticidad, quien más hizo por la construcción de aquella torre. Proporcionó las primeras ecuaciones que seguirán los ingenieros. Aun así la dejaron de lado, y de lado sigue hasta hoy. Nadie ha corregido el desagravio.

Nos vamos. ¿Qué dices, que quieres ver la Torre Eiffel? ¡Pero si aún no está construida! Faltan más de cincuenta años para que comiencen las obras. Tendrás que volver más adelante, coge un avión cuando terminemos este viaje. Pero ahora debemos usar nuestros poderes literarios para volar otra vez en el tiempo e irnos al Londres de mediados de siglo. ¿De qué siglo? De este en que estamos, del siglo XIX. Tranquilo, el viaje será corto. Estamos cerca en el tiempo y en el espacio, así que llegaremos enseguida.

TEJIENDO NÚMEROS:
ADA LOVELACE

Desde mediados del siglo XVIII la gran enemiga de la ciudad de París será la ciudad de Londres. Cabezas de la rivalidad franco-británica que se disputa Europa, ambas urbes compiten entre sí en edificios, jardines, economía, ciencia, entretenimientos y, por qué no decirlo, en tiendas de lujo. Durante más de veinte años, con las conquistas de Napoléon, el *glamour* francés pareció tomar ventaja al *luxury* británico, pero la derrota de Waterloo dejó a Gran Bretaña victoriosa, líder indiscutible de Occidente, y este Londres que ahora visitamos se convierte en la mayor y más poderosa ciudad que el mundo ha conocido hasta ahora. Tiene casi dos millones de habitantes y, créelo, en unas décadas alcanzará los seis millones de almas, la más grande aglomeración humana de toda la historia. Sin embargo, Londres no parece disfrutar de su triunfo sobre el eterno enemigo francés. No encontrarás aquí la frivolidad de París, la pasión por las pelucas, los maquillajes, los fuegos de artificio, las fiestas, sus brillantes salones, las damas que cambian cada temporada sus vestido escotados según los cánones volubles de la moda. Londres parece más bien gris, con una neblina eterna y un cielo sucio por el humo de las estufas y el consumo de carbón. Estamos en los albores de la era victoriana, de esa época de hipocresía moral y crueldad social que marcará todo el siglo XIX británico. Los vestidos son oscuros y apenas dejan entrever más que la cara y las manos de las señoras. Los peinados extravagantes están mal vistos y todo lo que no parezca un dechado de castidad se critica violentamente. Los hombres no usan ni pelucas ni afeites: se llevan las patillas largas, el pelo hirsuto, las casacas grises, y botas en vez de los zapatos de tacón masculino tan apreciados en Francia. Si te cuesta respirar, como veo, ponte un pañuelo sobre las narices. Es el hollín, que penetra en cada casa y en cada poro de la piel. Dentro de unos años será peor. Avanzamos hacia otra Revolución, la Revolución Industrial. A primera vista, y llegando del París voluptuoso de cambio de siglo, entiendo que encuentres Londres desabrida y poco interesante. Ten paciencia, porque iremos desvelando sus detalles. Pese al rígido moralismo victoriano, debajo de sus faldas almidonadas Londres esconde más sorpresas de lo que puedes creer.

Entrar en la Edad Contemporánea no ha mejorado mucho la situación de las mujeres. Como antes, siguen privadas del derecho a voto, de libertad legítima sin la tutela de un hombre y del acceso a la educación reglada. Eso sí, las clases altas designan tutores a sus hijas para que les enseñen música, bordado, gimnasia, historia, matemáticas y redacción. A veces incluso latín, francés o alemán. Pero se trata solo de prepararlas para que tengan cierta conversación, unas cuantas dotes sociales, y puedan acceder así a un marido bien situado. Como antes, las chicas son educadas para ser esposas y madres. En Londres, como en París, como en la Alejandría de Hipatia, como en todo el mundo anterior, si una joven dice que quiere dedicarse a la ciencia o a las letras la mirarán como a un monstruo enloquecido, una deformidad que las familias intentarán por todos los medios evitar. Y eso que andamos entre los poderosos. Siempre podremos preguntarnos cuántas mentes brillantes femeninas nacieron en una granja, en un poblado minero, en un suburbio miserable, y ni siquiera llegaron a tener conciencia de su valía. La de genialidades que el mundo se habrá perdido por excluir a las mujeres de su intelecto. Por tanto, si visitamos de incógnito algún salón, alguna reunión privada de esas tan frecuentes en Londres, y oyes a jovencitas hablar de Platón o de Newton, no te extrañes. Es parte de una formación repetitiva que se considera indispensable en la buena sociedad.

De todas formas, en esta Gran Bretaña de 1815, con 25 millones de habitantes, tal buena sociedad es muy limitada. Solo cinco mil familias nobiliarias acumulan el 85 por ciento de las tierras y el 72 por ciento de la riqueza. Esa minoría privilegiada, de sangre azul, se divide en el llamado *establishment*, las mil familias más poderosas, con al menos cuatro mil hectáreas de terrenos cada una, y el *gently*, las cuatro mil familias restantes, con posesiones entre las cien y cuatro mil hectáreas. Sí, no te extrañes: en la sociedad británica a la que acabamos de llegar, la posición se gradúa según la antigüedad del título nobiliario y el volumen de tierras escrituradas por cada familia. En esta minoría se deposita el poder político y económico, familias nobles fundidas entre ellas por una red de intereses endogámicos, matrimonios y adulterios. Después está un creciente grupo de burgueses adinerados, comerciantes, banqueros o industriales, que se llaman a sí mismos *middle class*, y que no supera por ahora el millón de personas. Ellos también dan alguna educación a sus hijas y en ocasiones tienen más dinero que los nobles, pero nunca llegarán a su consideración social porque carecen de sangre azul, a no ser que consigan emparentar con algún barón o conde. El resto, hasta los 25 millones de ciudadanos británicos, vive en unas condiciones terribles de miseria. El único futuro posible para sus hijos e hijas es el trabajo casi esclavizado, la prostitución o la servidumbre, nada que ver desde luego con las letras, las artes o las ciencias. Después daremos un paseo por los suburbios de Londres para que veas esos barrios terroríficos de los que pronto hablará Charles Dickens en sus novelas. Saldremos vivos gracias a nuestra capa de invisibilidad, por eso me atrevo a llevarte. Y los suburbios, conocidos como *slums,* constituyen en realidad casi todo Londres. La nobleza y la *middle class* viven en apenas unos kilómetros cuadrados de la ciudad, delimitados al norte por Marylebone Road, donde se abrirá en el futuro la entrada al Regent's Park, y al sur por el Támesis. Esta es la única zona segura, esplendorosa y relativamente limpia donde se congregan las familias pudientes, el corazón de todo el Imperio británico.

Y aquí es donde te he traído por el momento. Mira esta hermosa calle. Aunque no la reconozcas, estamos en Piccadilly. Al menos sus grandes edificios de piedra, sus aceras arcadas y su amplitud deben refrescarte la memoria. No ha cambiado tanto. Obvia, desde luego, la calzada de arena y las masas de excrementos de caballo. Piccadilly es la zona de moda entre la nobleza y la *middle class*, y en ella se construyen muchos nuevos palacetes que llegarán como viviendas de lujo hasta el siglo XXI. Fíjate en esa casa. Toda la buena sociedad británica está ahora pendiente de ella. En unos momentos va a nacer el primer bebé fruto del matrimonio entre el joven Lord Byron, el poeta más famoso del momento, y Annabella Milbanke, hija del barón de Wentworth. Desde que se produjo, este enlace ha sido la comidilla de los salones y los gabinetes de té. Todas las damas británicas reprochan un matrimonio semejante. Pese a su talento literario, que nadie discute, George Gordon Byron, sexto barón de Byron, es conocido como un libertino sexual, un loco sin moral ni vergüenza, que mantiene relaciones incestuosas con su hermanastra Augusta y que carga con un alud de deudas contraídas en el consumo desmedido de alcohol, drogas, compras absurdas y desenfrenos de todo tipo. Le viene de estirpe. A su padre le apodaban Jack el Loco, y a su tío el Malvado Barón, por las vidas corruptas de ambos.

Retrato de Augusta Ada Byron en 1836 por Margaret Sarah Carpenter.

La opinión del Londres bienpensante es que Lord Byron se ha casado con Annabella solo a causa de su dinero. Como única hija le corresponde la herencia en exclusiva de su padre el barón, uno de los miembros de la nobleza provinciana más ricos de la época. Además a su hija le ha prometido una espectacular dote de veinte mil libras tras su matrimonio. Estamos hablando de una cantidad equivalente a ¡más de dos millones de euros del siglo XXI! Como según la ley los bienes de una mujer pasan al marido, todos los rumores se muestran de acuerdo en que esa fortuna permitirá al libertino Lord Byron enjuagar parte de sus deudas, que en total ascienden a la astronómica suma de treinta mil libras. Si tienes en cuenta que el poeta tenía 26 años al casarse, imagínate su tren de vida para acumular en poco tiempo un capital negativo semejante. Se cruzan apuestas sobre cuánto tiempo durará el matrimonio una vez liquidada la dote. Porque Annabella no puede ignorar que, casado o no, Lord Byron sigue con sus aventuras y sus excesos como si nada. Y desde luego no la quiere. Ni te imaginas lo que cuchichean las damas sobre lo mal que la trata, mezclando verdades con historias inventadas. La disoluta personalidad del famoso poeta es, hoy por hoy, la fuente de anécdotas escandalosas y de comentarios amorales más fecunda para la alta sociedad londinense.

En este caso, las historias inventadas y los cotilleos se quejan lejos de la realidad. Gracias a nuestros poderes para entrar y salir de la intimidad de las casas sabemos que en efecto Lord Byron ha seducido y se ha casado con Annabella por dinero, y ni aún así la respeta. Ya en su viaje de novios le dijo: «Te arrepentirás de haberte casado con el diablo», y en la noche de bodas le preguntó, con cara de repugnancia, si de verdad ella pretendía dormir con él.

A los pocos días de casados llevó a su flamante esposa a casa de su hermanastra, y allí se acostó con Augusta después de someter a Annabella a varias humillaciones, incluida una comparación despectiva del cuerpo de ambas mujeres. En fin, no es lo que se dice un matrimonio feliz para Lady Byron, que se casó con el poeta enamorada, inocente, después de mantener una breve relación epistolar. El amor idealiza y la convivencia enseña la realidad de las almas. Solo llevan un año juntos cuando, hoy, 10 de diciembre de 1815, nace el bebé. Es una niña. Y la llaman, como una ironía cruel, con el nombre de la hermanastra y amante de Lord Byron, Augusta. Augusta Ada Byron. Será la única descendiente legítima del poeta. Sobre el número de sus hijos e hijas ilegítimos, es tan alto que nadie lo sabe.

Hace frío y está empezando a nevar. No venimos bien abrigados para el duro invierno londinense. Gastemos unas guineas en comprar unas buenas levitas de lana. No será difícil encontrarlas. Si en algo basa Gran Bretaña su prosperidad actual es en la industria textil y en la extracción de carbón. Además, debemos dejar tranquila a Annabella. Muy pronto tendrá que tomar una decisión clave en su vida. En menos de un mes conocerá que, además de sus amantes femeninas, Lord Byron no rechaza en absoluto las relaciones carnales con chicos jóvenes y apuestos. Agobiada por los desplantes, el desprecio y las infidelidades de su marido, la baronesa de Wentworth no puede soportar que además incurra en el delito de sodomía. Es demasiado para ella, que pone a prueba su carácter. Una noche se acuesta como si nada al lado del poeta y a la mañana siguiente, mientras él aún duerme, toma a su hija, sus maletas y su doncella, y parte en un coche de punto hacia el palacete de sus padres, allá en el aislado distrito rural de Kirkby Mallory.

Nunca volverá a ver a Lord Byron. Ni ella ni la niña. En solo un año de matrimonio con el diablo su personalidad se ha endurecido, se ha tornado fuerte pero desconfiada, un tanto neurótica incluso. Odiará de por vida al poeta, aunque nunca dejará de utilizar su apellido. Firmará siempre como Annabella Byron. Y Lord Byron, por supuesto, nunca llegará a cobrar la dote. Terminará huyendo, agobiado por los acreedores y la policía, un año más tarde, en dirección a Grecia. La separación del poeta y de Lady Byron es una vez más el asunto de moda en las conversaciones mundanas del Londres victoriano. A todos les gustaría conocer a la desgraciada chiquilla nacida de tan absurdo enlace, pero la madre la protege a su modo, encerrándola en casa, no dejándola salir para que nadie la vea. Los salones británicos, ávidos de cotilleos, deberán esperar muchos años hasta ponerle sus afiladas lenguas encima.

Con tales precedentes, la niña Ada es una chiquilla despierta y activa cuando está sola, pero retraída y excesivamente tímida ante la presencia de otras personas. Apenas sonríe. Se criará en una casa enorme, rodeada de adultos, sin hermanos o amigos de su edad con los que jugar. La obsesión de Annabella es que su hija nunca se parezca a su padre. Vigila en ella cualquier indicio creativo, cualquier pasión por la escritura, la historia o la poesía. Lord Byron, desde la distancia, lo aprueba. «Espero que mi hija no tenga tendencias artísticas, con un loco en la familia es suficiente», llega a escribir. Por ello, Annabella, convertida ya en una señora maniática y terriblemente controladora, decide sembrar en su hija la semilla contraria al arte: las matemáticas.[10] En realidad a Annabella la aritmética y el

---

10   Que el arte y las matemáticas sean actividades contrapuestas
      es hoy día una afirmación más que discutible. Las matemáticas

cálculo le han gustado desde joven. Lord Byron la llamaba despectivamente «princesa del paralelogramo», por su interés hacia la geometría. Y ella, la gran madre protectora, no duda en diseñar por sí misma un programa de estudios para Ada, basado esencialmente en las matemáticas. Contratará como tutor de la niña a uno de los mejores profesores de la época, August Morgan, catedrático de Cálculo de la Universidad de Londres, al que pagará la suma de trescientas libras anuales, unos treinta y dos mil euros del siglo XXI, para que se ocupe de su formación. Resulta mucho dinero, pero Annabella es rica, puede permitírselo, nada parece poco para segar las malas hierbas en la mente de la niña. En una carta con instrucciones a Morgan, la madre escribe: «El mayor defecto de Ada es su caos mental, pero las matemáticas lo remediarán». La afirmación resulta certera: la chiquilla parece apasionarse por cualquier actividad, aunque tras un periodo de exaltación la cambia por otra afición repentina. A los seis años aprende a tocar el violín y quiere ser violinista. Se pasea por la casa tocando sin cesar el instrumento. A los siete estudia danza y quiere ser bailarina. A los ocho descubre su pasión por la anatomía animal y dice que su futuro está en las ciencias veterinarias. Y así sucesivamente. Pero esta curiosidad inestable supone una muestra clara de su talento e imaginación.

Demos una vuelta por la mansión de los barones de Wentworth. Es una casa antigua, enorme, bien mantenida, alejada de Londres y de todo. Una legión de criadas, chóferes y jardineros pulula por los pasillos. Observa cómo Ada se somete a los castigos de su madre. Cada tarde, al

---

lógicas precisan una alta dosis de creatividad, y muchos físicos y matemáticos han sido (y son) buenos músicos, pintores o escritores.

acabar las lecciones, Annabella le entrega varios problemas matemáticos. Si no los soluciona, la represalia llega en forma de encierro en un armario, con la luz apagada, más horas o menos dependiendo de la gravedad del error. Para los adultos es difícil imaginarnos lo que significa para una criatura quedarse encerrada a oscuras. La ausencia de sonido y luz se relaciona en su mente infantil con una cierta forma de muerte. No se puede ver, no se puede oír, no existo. Este castigo y otros como quedarse sin cena o sin juguetes, ese escrutinio constante, hacen de Ada una niña temerosa de su madre. Siempre, incluso de adulta, estará pendiente de complacerla. Hasta con la mentira, por supuesto, si es necesario. Pero la chiquilla progresa. Encuentra interés en las matemáticas, le gusta aprenderlas. Con nueve años las cartas a su madre, que pasa temporadas en balnearios porque se ha vuelto además un tanto hipocondríaca, contienen asuntos como este: «Le he dado vueltas en la cabeza a una regla de tres que no sé resolver. Si un destacamento de 750 hombres recibe 500 raciones de pan al mes, ¿cuántas le corresponderán a 1.200 soldados?». O: «Cuando vuelvas, creo que ya sabré algo de números decimales». O: «No entiendo los cálculos compuestos, pero todavía no he desistido». Y muchos más comentarios así referidos en cartas que se conservarán en el futuro.[11]

La existencia rutinaria, cansina, aburrida de Ada, apenas tiene alegrías. Encerrada en este palacete rural, apartada del mundo, la niña se siente profundamente sola. Ni siquiera

---

[11] Una de las mejores fuentes de información que tenemos sobre Ada Lovelace son sus propias cartas, de las que disponemos de cientos. El siglo XIX fue la época de oro del género epistolar, y Ada, por suerte para nosotros, se apuntó a la costumbre. Le encantaba escribir y recibir cartas.

sabe que su padre pregunta a veces por ella. Annabella recibe las cartas llegadas de lugares insólitos como Venecia o Mesolongi, e incluso en ocasiones las contesta, con medida frialdad. Una vez accede, tras la insistencia de Lord Byron, a enviarle un retrato de Ada con cuatro años, para que el padre pueda conocer su rostro. ¿Añora el gran poeta a su hija, la única criatura que lleva su apellido? Quién sabe. Ni siquiera nuestra indiscreción puede penetrar en los sentimientos. Posiblemente Lord Byron sea incapaz de amar a nadie, ni siquiera a él mismo. Pero resulta cierto que nombra a Ada con frecuencia, hasta la incluye en algunos de sus poemas. En cualquier caso, en abril de 1824 Lord Byron muere en Grecia y Ada se entera. La figura del padre prohibido, cuyo simple mención conlleva un castigo más terrible que los errores en el cálculo, se hace evidente. El cadáver del genio, del libertino, del deudor, regresa a Londres y una enorme multitud de curiosos acompaña al féretro. El cortejo fúnebre está formado por cuarenta y siete carruajes. Sus amigos intentan que lo entierren en la abadía de Westminster, donde yacen los grandes escritores británicos. Pero el *establishment* se niega. No es lugar para un libertino, para un degenerado. Al final sus restos reposarán en la abadía de Newstead, en el panteón de la familia Byron. Ada, al enterarse, escribe una carta a su madre donde ni siquiera menciona el fallecimiento, pero dibuja un margen negro, de luto, en el borde del pliego. Y en el futuro mantendrá viva la memoria de su padre. Que todo el mundo recuerde que ella es hija de uno de los mayores poetas británicos.

A los doce años Ada tiene su primera visión brillante. La niña será siempre una visionaria, intuirá posibilidades increíbles allá donde los demás solo ven cosas concretas.

De su estudio de la anatomía de los pájaros deduce que los seres humanos podrían volar. Es el legado de su antigua (¡dos años!) pasión por la veterinaria. Ada analiza las alas de un cuervo muerto y se muestra convencida de que una estructura ligera, de papel y madera, permitiría alcanzar el sueño. Es como un Leonardo femenino e infantil. Dibuja su invento, mide pesos y superficies, revisa libros ilustrados de anatomía, visita telares y carpinteros. Escribe a su madre: «Me propongo estudiar la forma exacta que tienen las alas de un pájaro y la proporción que guardan con el tamaño del cuerpo, y luego haré unas de papel idénticas pero proporcionadas a mi tamaño. Ya he pensado en el método para orientarme en el aire». La niña de doce años se hace conocida entre los talleres artesanos de Kirkby Mallory, les entretiene a todos con su sueño de volar y con las cuentas y tablas de pesos que elabora. No es más, dicen con una sonrisa, que otra de las manías temporales de esta criatura fantasiosa.

Retrato de Ada Lovelace, entonces Ada Byron, a la edad de cuatro años.

Agotamos el primer tercio del siglo XIX. Qué rápido pasa el tiempo. Londres ha cambiado, ha crecido. Toda Inglaterra se trasforma. Los pueblos disminuyen de población y cientos de miles de pobres, de miserables sin nada que perder, emigran a las grandes ciudades, a Liverpool, a Leeds, a Bristol, por supuesto a Londres. Buscan un trabajo en la industria naciente o en las minas de carbón. El carbón es un material cada vez más necesario. Lo precisan no solo las estufas, sino también las fábricas. La máquina de vapor es un invento en alza, se instalan miles de ellas en Gran Bretaña para impulsar telares, fundiciones, incluso moverá un artefacto llamado ferrocarril, que pronto unirá algunas capitales inglesas. ¿Sabes una cosa? Los primeros trenes circulan a 40 kilómetros por hora, y muchos médicos avisarán de que el cuerpo humano, sometido a velocidades tan espantosas, sufrirá sin duda graves daños internos. Pero ni siquiera el miedo detiene al progreso. Crecen los ferrocarriles, crecen las fábricas, el hollín se hace omnipresente. ¿Recuerdas que te advertí de que en el futuro tu dificultad respiratoria iría a peor? En los barrios obreros se acumulan multitudes miserables sin condición higiénica alguna, familias que ocupan infraviviendas rodeadas de ratas y suciedad. Demos un paseo por los *slums*. Por mucho que leamos las descripciones resulta imposible comprenderlas sin contemplar la terrible realidad con nuestros propios ojos. Ser un crío aquí es mala cosa. No hay juegos ni escuelas. A partir de los ocho años los niños son muy reclamados como trabajadores en las minas. Solo sus pequeños cuerpos pueden deslizarse por unos túneles larguísimos y estrechos, vetados a los adultos. A cuatro patas, bajo tierra, en la oscuridad total, arrastrarán cestos de hulla hasta la superficie durante catorce horas diarias. El salario, a cambio, no da ni para comer. Para las niñas el futuro no es en absoluto mejor. La prostitución se convierte en una desembocadura vital para ellas. Fíjate: en todas las esquinas chiquillas de diez o doce años, algunas de ellas ya embarazadas, se ofrecen casi desnudas por unos míseros peniques. Londres es la ciudad con más burdeles del mundo, y con más abundancia de prostitutas. La moral victoriana enseña aquí una de sus patas hipócritas. El alcoholismo y las enfermedades infecciosas se extienden por los suburbios. Londres se enfrenta, de hecho, a periódicas epidemias de peste, sífilis y cólera. Cientos de miles de desgraciados morirán en ellas a lo largo de este siglo XIX. En esta época se inventará el condón de látex.

Y no solo los pobres. También las clases altas sufren el embate de las enfermedades, en un tiempo penoso para la medicina, en el que los galenos siguen atados a tratamientos con sanguijuelas y láudano. Desplacémonos de nuevo al lado de Ada. La jovencita tiene ya catorce años y sigue con sus estudios voladores. De hecho, su nueva idea es tremenda: quiere aplicar la máquina de vapor a su artefacto aéreo.

«Se trata de crear una cosa con forma de caballo que llevaría la máquina de vapor por dentro y unas alas gigantescas pegadas por fuera. La máquina impulsaría las alas de tal manera que el caballo se eleve en el aire con una persona sentada encima. Este proyecto seguramente entraña más dificultades que el anterior, pero me parece factible.»

¡No te rías! Esto lo escribe una niña a principios del siglo XIX. Ada fue la primera persona del mundo que se planteó la existencia de una máquina voladora impulsada a motor.

Pero, cuando anda en estas meditaciones, la enfermedad cae sobre ella.

Los médicos le diagnostican una forma especialmente virulenta de sarampión, aunque es posible que sea poliomielitis. El sarampión no provoca parálisis, y Ada quedará impedida de sus piernas, postrada en cama durante dos años. Las extremidades inferiores de la niña no se mueven, adelgazan, se tornan inútiles. Es horrible verla así. Y sin embargo, mírala, no deja de estudiar. Aprovecha el tiempo para colmar sus lagunas matemáticas, y también para aprender alemán. Cuando puede dejar el lecho le regalan una silla de ruedas. Recorrerá los grandes pasillos con este aparato de madera, un trono para lisiados según ella dice con tristeza. Pero la enfermedad vuelve su carácter más firme. Su mente se convierte en más práctica y menos soñadora. Sus hábitos, ya estables, se transforman en sistemáticos. Hasta 1831 no volverá a caminar, gracias a unas muletas. Se entristece aún más y lucha contra la depresión. Le escribe a su madre, cada vez más ausente, cada más hipocondríaca, cada vez más asidua a los balnearios:

> He cambiado tanto… Apenas puedo mover las manos para escribir, pero voy cogiendo fuerzas poco a poco, y ya doy paseos ayudándome con los bastones. No me apetece nada pensar en volar, pero estoy lo bastante bien como para tocar el piano. ¿Serías tan amable de mandarme unas cuantas piezas fáciles de música alemana?

Pero en el futuro, cuando supere la parálisis, la joven aprenderá a disfrutar de su cuerpo. Le encantará el sexo, la danza y, sobre todo, montar a caballo. Ada Byron, la niña impedida, será una excelente amazona en el futuro. Y una persona consciente de la valía de la existencia. Conforme va creciendo su carácter se afianza. Ada reafirma su interés por la aritmética. Tiene una nueva tutora, Mary Somerville, una excelente matemática, quizá de los mejores cerebros de su tiempo, que ha luchado duramente para que la sociedad la acepte como lo que quiere ser, científica. Ada la convertirá en apoyo, amiga y modelo a seguir en lo que le quede de vida. Las enseñanzas de Mary Somerville elevarán los conocimientos matemáticos de la joven al nivel de los graduados de cualquier universidad.

Cuando Ada se recupera del todo Annabella decide huir del ambiente cerrado de Kirkby Mallory e instalarse en una mansión de Ealing, a unos doce kilómetros del centro de Londres. La casa se llama Fordhook Manor y en la mente de la madre ronda una idea: pronto habrá que presentar a Ada en sociedad. La zona, desde luego, resulta idónea. Se trata de un pueblo de moda, salpicado de palacetes donde los nobles pasan el verano para volver en invierno a la capital. El bullicio es constante y muchos residentes tienen por fin acceso a la misteriosa hija del difunto Lord Byron. Ada entrena buenos modales y recibe la instrucción necesaria de su madre para desenvolverse en los salones mundanos. El objetivo último de Annabella es casar a la niña. Quiere un marido de familia nobiliaria, con un título que se remonte al menos a un siglo, y una fortuna similar a la suya propia. Nada de un matrimonio fracasado como el que ella vivió, la gran decepción de su vida. Buscará a un hombre aristócrata, aburrido y gentil para que cuide de Ada. Pero primero la niña debe adelgazar. Como su padre, tiene tendencia a engordar y el periodo que ha pasado en cama la ha dejado con bastantes kilos de más. Ni que decir tiene, Annabella someterá a su hija a una dieta estricta que la joven aceptará sin queja alguna. Mamá siempre manda y no se le puede llevar la contraria.

Como corresponde a su edad, Ada tiene los primeros escarceos amorosos. Con dieciséis años las hormonas se rebelan y a la chica le gusta un joven apellidado Hamble, con el que llega a verse a escondidas, arriesgándose a la ira de Annabella. Según parece, y nosotros vamos a ser discretos, alguno de estos encuentros secretos llegaron a mayores. Ya me entiendes. Y Annabella, al sospecharlo, precipita su presentación en sociedad. La ceremonia consiste en una recepción en la corte, llena de invitados, con el rey y la reina consorte a la cabeza. A Ada el acto le hace ilusión. Estrenará un vestido de tul, conocerá a gente interesante, será la protagonista, princesita por un día. En mayo de 1833, con Ada camino de los dieciocho años, se celebra la presentación. Saluda a los monarcas con la debida reverencia, charla con el duque de Wellington y con el duque de Orleans, se desenvuelve bien pese a su timidez. Pero después confesará que ninguna de las personas que conoció le pareció demasiado interesante. De todas formas, la tradición está cumplida. Ada accede al mercado de esposas de la nobleza británica. Y como tal queda autorizada a asistir a los salones y encuentros a los que sea invitada.

Obsérvala. Ada Byron es ya toda una mujer. Callada, algo circunspecta, lúcida. Sabe lo que le interesa y lo que no. Su tranquilo aspecto exterior no revela las tormentas que fluyen en su mente. Dentro sigue la niña que soñaba con ser violinista, que quería curar animales, que ansiaba volar. Y esa fuente de imaginación portentosa, de curiosidad y perspicacia, no la abandonará nunca. Sobre todo cuando, en una de sus primeras invitaciones sociales, conoce a Chales Babbage, ya una celebridad a sus 44 años. Se lo presenta en una fiesta Mary Somerville, segura de que Ada y el hombre congeniarán. Pese a la diferencia de edad ambos tienen algo en común: la pasión por la tecnología y por las matemáticas. Babbage es titular de la prestigiosa cátedra Lucasiana de la Universidad de Cambridge, quizá el puesto académico más destacado del mundo.[12] En este momento es una figura famosa gracias a su proyecto de máquina diferencial, un aparato que debía ser capaz de hacer cálculos de manera automática. Aunque Babbage aún no lo sabe, su máquina se convertirá en el antecedente del ordenador moderno, con el esquema básico de funcionamiento que aún se utiliza en el siglo XXI. ¿Quieres conocer al tal Babbage? Pues ahí está, en el centro del salón, rodeado de personas que le escuchan y se ríen. El catedrático siempre es objeto de atención, no solo por su sabiduría, sino por un carácter alegre e incluso excéntrico que no cesa de hacer bromas y buscar paralelismos insólitos entre el mundo cotidiano y las matemáticas. Sus chistes a veces son un poco ridículos y provocan la hilaridad en la concurrencia. De hecho, todas las veladas compiten por tenerlo como invitado. Siempre las anima con su conversación extravagante y divertida, sobre todo después de haberse tomado un par de copas de oporto.

Tras esa piel dicharachera e incluso hilarante se esconde un cerebro matemático de primera fila y un talento indiscu-

---

12 La cátedra Lucasiana de Matemáticas fue fundada en 1663 por el parlamentario británico Henry Lucas con una importante dotación económica, lo que hizo que las mentes más capaces compitieran por ella. El listado de sus titulares supone toda una colección de genialidades, desde Isaac Newton o Paul Dirac hasta Stephen Hawking. Su actual ocupante es Michael Green.

tible para la ingeniería analítica. Como Ada, Babbage es un visionario capaz de ver más allá de las cosas. Cuando Mary Somerville agarra por el brazo al profesor y lo pone delante de Ada, la atracción entre ambos resulta inmediata. Una atracción en principio intelectual. Mary escribiría al día siguiente a Annabella: «Ada disfrutó más con Babbage que con ninguno de los personajes del *grand monde* (…) La cautivó, y hablaron sin parar de temas filosóficos». El centro de su conversación es, cómo no, la máquina analítica. Babbage cuenta cómo se le ocurrió el ingenio, diez años atrás. Dice que en uno de sus viajes a París, donde va con frecuencia, se enteró de que el Servicio Nacional de Cartografía necesitaba unas tablas de logaritmos para elaborar mapas de precisión. Los franceses, pues, organizaron una oficina dividida en tres grupos: uno de diseñadores de fórmulas, con matemáticos de primera fila, un segundo de especialistas que derivaba esas funciones a números concretos, y un tercero… ¡de peluqueros! Aquí Babbage gesticula cómico, se toca el cabello, todos los que escuchan estallan en risas. Lo de los peluqueros, explica enseguida con la cara enrojecida y pícara, tiene una explicación. Durante la Revolución el gremio de peluqueros de París se ha quedado sin empleos. Sus clientes eran sobre todo la nobleza, y al perder los nobles las cabezas sus trabajos se esfumaron. Condenados al paro, el gobierno decidió darles un plan especial de empleo. Por eso, para el programa de cálculo de logaritmos se pidieron ¡peluqueros que supiesen sumar! (Risas de nuevo en el salón.) Babbage especifica que hacen su trabajo maravillosamente y está sorprendido de los logros logarítmicos de los franceses.

Quizá aquí necesites una aclaración sobre logaritmos y sumas. Es muy sencillo. El logaritmo de un número es el exponente al que hay que elevarlo en una base determinada para obtener dicho número. Se entiende sin problemas con un ejemplo. ¿Cuál es el logaritmo de 1.000 en nuestro sistema decimal? Si el sistema decimal se basa en el 10, quiere decir que debemos descomponer 1.000 entre multiplicaciones de 10. Por tanto si 1.000 es igual a 10 x 10 x 10, quiere decir que debemos multiplicar diez tres veces. Así que el logaritmo decimal de 1.000 es 3. ¿Fácil? Sí con el 1.000 y con números redondos, pero calcular tablas completas de logaritmos es una labor ardua, cansada, larguísima y propensa a errores. Piensa, por ejemplo, que la base puede ser no decimal, sino cualquier otro número. Pero pese a las dificultades los logaritmos poseen una propiedad casi mágica: transforman cualquier multiplicación en una sucesión de simples sumas predeterminadas. Eso lo sabía bien el matemático John Napier, quien los introdujo como forma de facilitar el cálculo, y con el mismo fin fueron adoptados por banqueros, científicos, ingenieros y contables. Disponer de tablas logarítmicas, que se vendían a buen precio, suponía ahorrarse muchísimo tiempo en hacer operaciones matemáticas complicadas. Pero había que calcular las tablas previamente para números cada vez mayores, derivando unas de otras. Y cualquier error en el proceso, fácil de cometer, echaba por tierra el trabajo.[13]

---

13 Un ejemplo entre muchos de errores en tablas logarítmicas es el de William Shanks. Este matemático británico estuvo casi treinta años elaborando la mayor tabla logarítmica del número *pi* (ya saben, 3,141592..., la relación entre el diámetro y la circunferencia), lo que sería muy útil para cálculos geométricos. Pero se equivocó en el decimal número 528, y todo el trabajo posterior a esa posición resultó por supuesto incorrecto. Shanks nunca lo supo, pues el error no se detectó hasta después de su muerte. Pobre hombre. Treinta años de logaritmos para eso.

Así que en Francia los peluqueros que sabían sumar dedicaban horas y horas diarias a realizar adiciones sencillas pero terriblemente repetitivas, y necesitaban la atención constante de matemáticos profesionales para evitar meteduras de pata. A Babbage se le ocurrió que sería estupendo que una máquina programada, en vez de peluqueros en desgracia, realizara esos cálculos de manera automática. Sobre todo, porque el automatismo la haría libre de errores. En realidad no se trata del primer proyecto de este tipo. La necesidad de agilizar operaciones matemáticas es muy antigua. El ábaco se inventó hace como cuatro mil años, y allá por el siglo XVII Blaise Pascal y Gottfried Leibniz patentaron máquinas de cálculo que sumaban, restaban, multiplicaban, dividían e incluso extraían raíces cuadradas. Pero en ambos casos un operador, o un montón de operadores, habían de introducir manualmente los números y accionar cada operación, lo que daba lugar a errores. Además tampoco funcionaban bien, con sus engranajes y manivelas como las de las antiguas cajas registradoras. Las llamadas pascalinas no pasaron de ser simples curiosidades. Babbage pensaba a lo grande. Su máquina diferencial solo necesitaba que se introdujeran los datos y se accionara el mecanismo una sola vez para ponerlo en marcha. Incluso, le dice a Ada cuando hablan en el salón, podría conectarse a una máquina de vapor que girase mecánicamente el sistema.

La joven Byron está tan entusiasmada y le resulta tan grata a Babbage que, apenas doce días después, la invitará (junto a Mary Somerville, por supuesto, la decencia nunca habría tolerado que fuese sola) a su casa. Allí, en un gabinete, tiene el prototipo de su máquina. Le explicará el diseño a fondo. Y aquí está Ada, feliz, llamando a la campanilla de la puerta de Charles Babbage en Dorsert Street, a la hora concertada, sin saber que esa cita marcará el resto de su vida. Tras los saludos, el matemático le enseña a la joven su tesoro. Es un artefacto maravilloso, un delicado conjunto de ruedas dentadas y varillas forjado en bronce y acero, casi cuadrangular, de setenta centímetros por lado. Ha costado una verdadera fortuna, financiada por el gobierno de su majestad. El historiador James Essinger asegura que el precio de este prototipo, solo una séptima parte de la máquina definitiva, fue de al menos 17.500 libras de la época, dinero suficiente para construir dos fragatas de guerra. Desde luego, la cifra resulta astronómica y revela el interés del gobierno británico por el proyecto. El entonces primer ministro, el astuto duque de Wellington, no dudaba acerca de la necesidad de un aparato así. La economía creciente del país, con un sistema bancario en alza y unas exigencias tecnológicas urgentes, precisaba una herramienta avanzada de cálculo automático. Aunque, ya te lo adelanto, la máquina diferencial de Babbage nunca será una realidad. Se quedó en los planos y en el prototipo. Al menos se ha fabricado una réplica que se exhibe en el Museo de la Ciencia de Londres. Si quieres, cuando volvamos a nuestro siglo XXI haremos una escapada para verla. Funciona estupendamente y, en efecto, calcula las tediosas tablas logarítmicas.

Ada se maravilla con el prodigio. Une todo lo que a ella le gusta, matemáticas e ingeniería, lógica abstracta y plasmación en un diseño. Babbage gira las ruedecillas para introducir los datos junto con la operación que va a realizar y mueve la manivela. Cuando la máquina se pone en marcha las nueve columnas de eslabones dentados, una por cada número del 1 al 9, se desplazan creando un efecto ondulatorio, hipnótico, hermoso. Poco después, tras una velocidad de cálculo de treinta sumas por minuto, suena una pequeña campana incorporada, anunciando que los resultados están disponibles. Se trata de elevaciones al cubo y de soluciones a raíces de ecuaciones de segundo grado, todo ello sin intervención humana alguna. Babbage le explica el funcionamiento y Ada le sorprende, porque ella capta mejor que ninguno de sus visitantes la esencia del sistema. Es más, a sus escasos diecisiete años la chica se atreve a hacerle al catedrático lucasiano algún comentario acertado. Por ejemplo, que la máquina no podrá calcular adecuadamente la división de todos los números primos porque solo proporcionará un cifra limitada de decimales. El matemático, que lleva más de diez años trabajando en su sueño, queda fascinado por los conocimientos de Ada y le revela que ha concebido su artefacto basándose en cuatro módulos: 1) un almacén o unidad de memoria, donde se almacenan los datos numéricos; 2) una fábrica o central de proceso, que realiza las operaciones con el giro de las ruedecillas; 3) un terminal de recuperación para exhibir los resultados; y 4) una impresora, que por medio de una plancha metálica deberá ofrecer el resultado en papel. Babbage, que siempre habla hasta por los codos con su carácter inquieto y alegre, le confiesa a Ada que se ha inspirado en los equipos franceses de cálculo de logaritmos, peluqueros incluidos, para diseñar aquel esquema básico de funcionamiento.

En una carta a su madre, la joven explica la visita con admiración exaltada:

El lunes fuimos a ver la máquina pensante, eso es lo que parece. (...) Con ella se conseguirá un número de cálculos uniformes mayor que el número de días y noches que ha conocido el universo. Había algo sublime en la visión que de este modo se nos abrió del definitivo poder de la inteligencia.

La máquina pensante. Igual que el vuelo a motor, las máquinas pensantes serán el objeto de la Inteligencia Artificial del futuro. Bien se puede decir que Ada, aún una adolescente, inventó el concepto: nuestra amiga visionaria.

Y desde entonces su relación con Babbage será constante. Se ven a menudo, discuten de matemáticas, lógica e ingeniería, se cogen mucho cariño. ¿Hasta dónde? No seamos tan indiscretos. Está bien, en los salones se rumorea que hay algo más que amistad entre el viudo y maduro catedrático y la joven hija de Lord Byron. Ella lo llama «mi loco profesor» y él a ella, en privado, «mi hada». En público la califica como «la encantadora de números», en homenaje a sus aptitudes matemáticas. La relación entre ambos será una de las más hermosas de la historia de la ciencia y se prolongará siempre, se convirtiesen en amantes o no.

Quien más teme lo que pueda hacer su hija es Annabella, y por tanto acelera la búsqueda del marido correcto. Lo encuentra por fin en 1834. Se trata de William King, barón de Ockham y futuro conde de Lovelace. Procede de una familia de rancio abolengo y posee una fortuna magnífica. Además, el hombre, aunque algo mayor a sus 29 años, es apuesto. La madre, intrigante como siempre, enreda al barón para que pase tiempo con Ada, con el encargo de que ejerza «de consejero moral». No sabemos si por sumisión a su madre o por voluntad propia, la joven accede a la relación. Incluso, si te fijas en su alegría de este tiempo, podríamos decir que con bastante entusiasmo.

La pareja se casará en julio de 1835 y en octubre Ada queda embarazada. En solo tres años tendrá tres hijos, dos niños y una niña, justo lo que la sociedad bienpensante espera de una buena esposa. Pero la maternidad no es un problema para una mujer rodeada de doncellas e institutrices. Ada tiene tiempo de sobra para continuar con sus estudios matemáticos y sigue viendo a Babbage y a otros amigos ilustres, como Charles Dickens, Michael Faraday, David Brewster o Charles Darwin, todos ellos intelectuales de primera fila. Su marido, entendiendo que se ha casado con una joven mucho más inteligente que él, la dejará hacer sin preguntar demasiado. No será un matrimonio feliz, pues Ada desprecia la abulia científica de William, su falta de ambición intelectual, pero tampoco podemos hablar de un enlace desgraciado. El conde de Lovelace es un hombre tranquilo que apoyará siempre a su esposa y hará ojos ciegos a sus escarceos sexuales. Ada deja de firmar sus cartas como Byron y adopta el nombre de Ada Lovelace. Con todo, pronto dormirán en habitaciones separadas.

Quizá sea esta la época más feliz de Ada, donde por primera vez saborea de veras la vida. Liberada de la tiránica tutela de su madre, tiene una posición social privilegiada, dinero a raudales, monta a caballo, asiste a veladas, disfruta de sus discretos amantes, y dedica mucho tiempo a su pasión, las matemáticas, con un objetivo concreto, su aplicación lógica a la máquina diferencial. Pero en esos años transcurridos Babbage ha introducido cambios esenciales en el concepto de su artefacto. No quiere una pascalina enorme y perfeccionada, sino un producto revolucionario capaz de resolver ecuaciones gigantescas con un potencial teóricamente infinito. El secreto está en lograr que la máquina procese no solo logaritmos y sus derivados, sino cualquier operación matemática sin realizar cambios físicos en su estructura, sin tener que girar manualmente las ruedas ni tampoco variar los engranajes según el cálculo que se vaya a realizar. En realidad el concepto modular de su máquina diferencial es válido para su nuevo proyecto, que llamará máquina analítica. Sobre todo precisa ampliar la cantidad de varillas y de columnas numéricas, creando nuevas conexiones entre ellas.

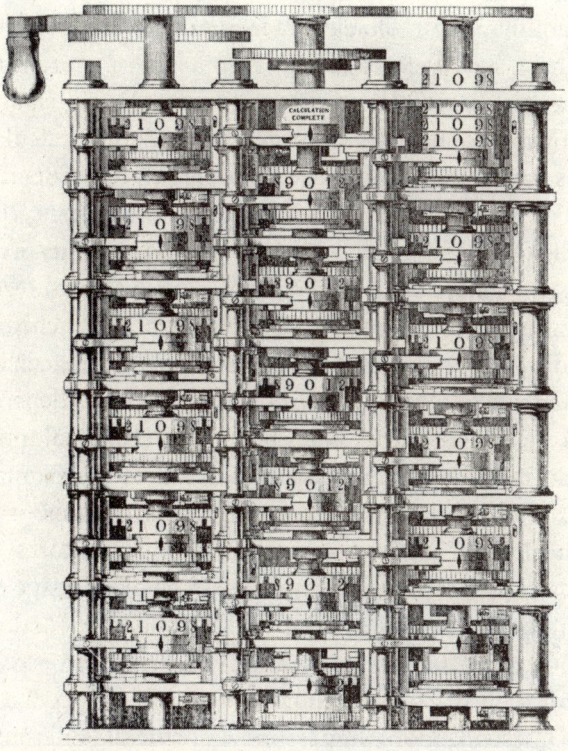

Una pequeña parte del motor de cálculo mecánico de Babbage.

Hacia 1840 no solo la idea, sino incluso los planos, están terminados. Y Babbage diseñará, sin que él lo sepa, el esquema de la informática del futuro. La memoria consiste en un grupo de tambores agujereados donde se insertan clavijas, con capacidad para mil dígitos de cincuenta cifras cada uno, lo que supone 20,7 kilobytes de información. La unidad de proceso está formada por un grupo de columnas con ruedas dentadas. Cada muesca representa un número, y en conjunto, al rodar según las instrucciones recibidas, añaden una unidad al resultado anterior. La máquina, pues, solo ejecuta la operación $n + 1$, siempre, y lo hace a la velocidad de sesenta sumas por minuto. Te parecerá increíble, pero los ordenadores del siglo XXI funcionarán igual. Descomponen cualquier cálculo en sumas positivas o negativas de 1 porque es la única operación factible para ellos, aunque, eso sí, trabajarán a ritmos muchísimo más elevados. Podríamos decir que los ordenadores son tontos porque solo saben sumar 1, pero resultan muy, muy veloces. Ese es su secreto. Babbage incluye otra memoria de tambores más pequeña para almacenar los resultados temporales. La impresora incluida deberá ser capaz de añadir espacios en blanco, alternar columnas e incluso variar la tipografía. ¡Ah! No falta la campanita que indica el final del cálculo y la entrega de resultados.

En el siglo XX la mayoría de los historiadores de la ciencia reconocerán la máquina analítica de Babbage como el primer diseño de un ordenador moderno. Todos los computadores futuros trabajarán con el mismo esquema. Memoria en disco duro ROM y volátil RAM, procesador o CPU, visualizador e impresora. La principal diferencia es que serán eléctricos y no mecánicos. Pero en este siglo XIX que visitamos la energía eléctrica está en sus albores, sin aplicaciones prácticas aún. Y, sobre todo, la gran similitud de la máquina analítica de Babbage con nuestros PC es que resulta programable. No está diseñada para una operación concreta. Sirve para multitud de cálculos sin tener que cambiar el mecanismo físico, solo necesita un conjunto de instrucciones que alteren su comportamiento interno. Es lo que hoy día conocemos por un programa. Supongo que sabes lo que es. La informática actual distingue entre *hardware* o soporte físico, el ordenador en sí, y el *software* o programas que se instalan. Yo escribiré esta historia en un portátil con procesador Pentium y utilizaré un programa llamado LibreOffice que le dice al Pentium lo que tiene que hacer para que salgan las letras en la pantalla y las almacene en un documento. El Pentium, el *hardware,* no es pues más que una serie de conexiones eléctricas, y el programa, el *software*, es quien dirige el flujo de corriente a través de esas conexiones para lograr un fin determinado. La distinción entre máquina y programa supone un paso esencial de Babbage, quien logra así lo que ni Pascal ni Leibniz consiguieron: una computadora de función universal.[14]

El genio de Babbage ya ha ideado el sistema para introducir esos datos que dirigen la máquina, no lo llamemos aún programa: utiliza tarjetas perforadas al estilo del telar de Jacquard. Es este un invento excepcional que tiene admirada a toda Europa. Como cada vez viven más personas en el mundo, la artesanía manual no da a basto para aprovisionar

---

14   En su tiempo no se aprobó la construcción de la máquina analítica por la dificultad técnica de forjar las piezas, que se consideró excesiva. Desde el año 2010 el programador John Graham-Cumming está construyendo una réplica completa, y quiere que esté lista para el 2021, cuando se cumplen 150 años de la muerte de Babbage.

a tanta gente. Por ejemplo, se necesitan cantidades ingentes de ropa que vistan a la población en alza. El telar tradicional es lento y sus productos caros, sobre todo si hablamos de diseños complejos, con bordados o dibujos. Cada telar precisa de dos operarios y en tejidos de lujo consiguen hilar unos dos centímetros y medio cuadrados de tela al día. Hay que ir cambiando manualmente los hilos de colores, empujando una varilla u otra, ajustar continuamente la disposición de los ganchos para seguir los patrones. Pero en 1801 el francés Joseph Marie Jacquard idea el telar mecánico, donde el patrón del diseño se plasma en un conjunto de tarjetas perforadas que indican al mecanismo del telar qué debe hacer. Te lo explico en pocas palabras. Una tarjeta perforada corresponde a una línea del diseño, y el conjunto de tarjetas para cada tejido marca el patrón total. Los agujeros de la tarjeta obligan a dos posiciones: dejan penetrar, o no, al gancho de urdimbre. Todos los ganchos del telar se comportan según una secuencia establecida de ascensos y descensos marcada por su deslizamiento, o no, a través de los agujeros de las tarjetas. En ocasiones hay que diseñar miles de tarjetas para crear un tela compleja y colorida, pero una vez perforadas las tarjetas elaborarán automáticamente todos los metros de tejido que queramos. Solo hay que hacer el trabajo una vez. Además, con este sistema la rapidez de producción se multiplica por veinticuatro. Ahora los dos centímetros y medio cuadrados de tela por día se transforman en más de medio metro cuadrado, y con un solo operario. Se trata de un artefacto magnífico que la industria textil británica adopta de inmediato.

No tiene que cavilar mucho el inteligente Babbage para darse cuenta de que esas tarjetas son el soporte ideal para indicar a su máquina analítica la posición de los números necesarios para cada cálculo. En vez de cambiar a mano los diez dientes por rueda en cada una de las columnas plagadas de engranajes, la tarjeta perforada dejará pasar o, de nuevo, impedirá el paso, a una varilla que hará ese trabajo humano, propicio además a errores. De esta manera la máquina será verdaderamente automática, incluso a la hora de recibir los datos. Madurando su idea, Babbage dota a su diseño de dos lectores para dos tipos diferentes de tarjetas: una indicará la ruta de los números de la memoria necesarios para la operación deseada y otra controlará la operación en sí misma.

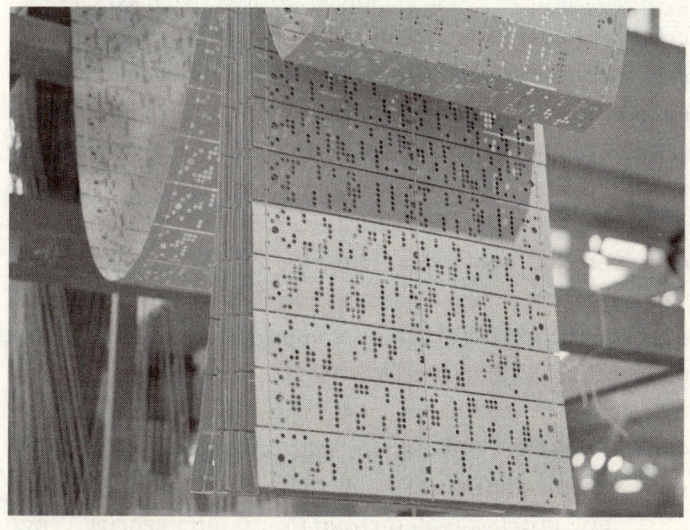

Tarjeta perforada de un telar de Jacquard. Son casi iguales
a las tarjetas perforadas empleadas por Charles Babbage
para su máquina diferencial y muy similares a las usadas en
los ordenadores hasta los años sesenta del siglo XX.

Ada tiene ya treinta y cuatro años. Vive con su marido y sus hijos en la espléndida mansión que poseen en St. James Square, la zona más cara de Londres. Sí, seguirá siendo la más cara en el siglo XXI. Allí mantiene una actividad febril, entre salidas, fiestas, casa e hijos, y sobre todo trabaja en matemáticas. Es Babbage la persona a la que más ve. Pasan tardes interminables hablando del diseño de la máquina analítica, examinando cada aspecto de su funcionamiento. Sentados en la mansión de St. James Square o en la residencia más modesta de Dorset Street, son dos mentes científicas que se complementan y colaboran. Babbage está sobre todo preocupado por las cuestiones de ingeniería del enorme artefacto. Quiere construirlo a toda costa, y el diseño de los planos cumple sus aspiraciones teóricas. Ada, en cambio, centra su interés en el aspecto puramente matemático, cavilando cómo será el lenguaje lógico (usa esta expresión exacta en una de sus cartas) para comunicar a la máquina las operaciones que deben realizar. Cada fórmula debe ser traducida a un patrón de agujeros en las tarjetas que permita a la máquina analítica entenderla. En realidad Ada está pensando, con una anticipación terrible a su tiempo, en un lenguaje de programación. Todo el soporte lógico para el funcionamiento del aparato será obra de ella. En una carta a su madre explica que no se cansa de hacer cuentas:

«No debo orientar mi vida a la satisfacción de los deseos ni permitirme de momento otro placer que el que procura el desarrollo de mi inteligencia. Tengo la impresión de que el estudio constante y minucioso sobre asuntos de naturaleza científica es el único modo de evitar que mi imaginación se bloquee.»

Toda una declaración de amor a la ciencia.

En realidad, y a no ser que aparezcan nuevos documentos, nunca sabremos qué parte de la máquina analítica es obra propia de Babbage y cuál estuvo inspirada por las conversaciones con Ada. Hay algunas pistas, no obstante, de que el diseño firmado por el matemático debe mucho al trabajo discreto de su amiga. Por ejemplo, en una carta Ada le dice a Babbage que se equivoca en la forma de calcular variables con la máquina. En matemática una variable es una cantidad que puede tomar cualquier valor dependiendo de las operaciones a las que se someta. La aficionada (y lo digo, te lo imaginas, con ironía) le hace ver al gran catedrático que el aparato «puede calcular cualquier valor para una variable, pero no puede ofrecer más de una variable a la vez porque el mecanismo no lo permitirá». Con Babbage obsesionado por encontrar financiadores y artesanos que construyan su máquina, Ada dedica tiempo a la arquitectura del sistema y llega a entender las entrañas del aparato mejor que su propio inventor. Por ejemplo, sugiere que, en vez del sistema decimal, que obliga a mantener ruedas con diez dientes, uno para cada número del 1 al 10, el funcionamiento será mas rápido si se adopta un sistema binario, basado solo en dos cifras, el 0 y el 1. Esta idea, básica para la ciencia, la obtiene al estudiar las tarjetas perforadas, que evidentemente funcionan en binario, pues solo permiten dos opciones, abiertas o cerradas. Ada deduce acertadamente que el binario es el mejor modo de facilitar la construcción de la máquina y aprovechar su velocidad. Pero Babbage rechaza la idea, demasiado innovadora incluso para él. Una pena, porque como sabes todos los ordenadores futuros trabajarán así, reduciendo cualquier operación a ceros y unos.

Además, en sus cavilaciones sobre el lenguaje lógico de la máquina, Ada llega a otra idea absolutamente visionaria. ¿Por qué no, piensa, escribir un nuevo tipo de tarjetas que no controlen solo la memoria y la operación, sino el propio conjunto de fórmulas necesarias para calcular procesos sucesivos? En vez de situar los números y los elementos iniciales de la operación, dichas tarjetas indicarían al aparato qué elementos matemáticos debe recuperar en cada uno de los pasos para realizar el cálculo. Aunque más complicadas de realizar, estas tarjetas lograrían a cambio agilizar notablemente el funcionamiento. ¿Sería posible que una tarjeta, debidamente perforada, sea capaz de obligar a la máquina a hacer procesos concretos y repetitivos que conduzcan al resultado final? Ada está convencida de que sí, y se afana en buscar algoritmos y operaciones sencillas que puedan ser comprensibles para la máquina. Hacia 1842 nuestra amiga entra en un periodo de notable efervescencia aritmética. Mira, observa sus anotaciones y diarios. Aparecen plagados de fórmulas que buscan transformar matemáticas complejas en un sistema de agujeros en las tarjetas para el aparato analítico. De hecho cree que lo consigue. Ahora mismo está escribiendo a Babbage una carta fundamental. En una frase iluminadora, dice así: «He dado un paso más, y sin necesidad de elaborar todas las tarjetas, sé cómo ordenar a la máquina que siga ciertas leyes en el manejo de las tarjetas, para que la calculadora pueda resolver por sí sola operaciones sumamente complejas». Si es cierto, no habrá que introducir más valores a mano. ¿Realmente lo ha logrado? Usando nuestros superpoderes de atisbar el futuro, te avanzo que sí. Lo veremos enseguida.

Pero ahora es el momento de contemplar una época triste para Ada. Su pasión por los caballos y su imaginación desbordante le juegan una mala pasada. Una mañana de verano, mientras pasea con Babbage, hablan de la posibilidad de crear un algoritmo para ganar apuestas en el hipódromo. Ambos están seguros de que esa fórmula debe existir y, más por un desafío intelectual que por deseos de ganar dinero, empiezan a apostar a las carreras. Jugarse cientos de libras a los caballos es algo habitual entre la alta sociedad londinense, pero el afán de Ada y su amigo por buscar el dichoso algoritmo ganador hace que realmente queden atrapados en las redes de los corredores de apuestas. En unos meses tanto Ada como Babbage han dilapidado sus fortunas y piden fiado para seguir apostando; aún peor, ella convence a su marido para que se una a la afición. El influenciable conde de Lovelace accede y en unos meses ve también esfumarse gran parte de su enorme patrimonio. Al final llegará al rescate Annabella y pagará las deudas de Ada. Pero pondrá condiciones. No deberá ver más a Babbage, a quien considera responsable de la mala deriva de su hija, y echa un verdadero rapapolvo a William, a quien le exige incluso la firma de un documento para que le devuelva la tutela de Ada, cosa que el conde hace sin chistar. Pese a la ayuda de Lady Byron, la situación económica de la pareja será complicada en el futuro. Y también la de Babbage.

Una copita de oporto. Un vaso de buena ginebra inglesa fría. Un trago de ese excelente vino italiano. Ada, como todas las damas de la sociedad victoriana, no le hace ascos al alcohol. Incluso se diría que es bastante aficionada. Nosotros podemos ser ahora algo indiscretos y observarla mientras trabaja en su estudio analítico. No falta en su mesa la ginebra, el oporto o el vino. Y para pronunciar más el declive de su vida antes feliz, Ada empieza a probar un producto de moda que los galenos británicos recomiendan para el dolor de cabeza. Se llama opio. Además, su médico, el doctor Locock, achaca las cefaleas de Ada a «un exceso de trabajo matemático», y le ordena que tome también morfina «una o dos veces por semana». Ella se pasa con las dosis, tanto de opio como de morfina. «El opio parece liberar todo mi cuerpo», escribe entonces. Pero, como tú y yo comprobamos, verla en este tiempo no resulta nada agradable. Ada consume a diario cócteles mortíferos de opio, morfina, alcohol y láudano, que agitan su mente hasta la confusión. Alterna días en estado de alucinamiento (tumbada en su alcoba, sin dejar que nadie entre o le hable, despeinada, en camisa) con semanas completas en las que trabaja en ecuaciones sin descansar un instante. Su madre se entera, pero lo achaca a los problemas de salud que Ada empieza a padecer. Además de los dolores de cabeza y de un asma causada por el hollín onmipresente, sufre periódicos mareos y desvanecimientos. La hipocondríaca Annabella entiende los pesares de su hija y la deja que siga utilizando las drogas sin preocuparse demasiado. Lo que de verdad le inquietan son los asuntos de deudas de su hija.

A mediados de 1842 Babbage viaja por Europa, según las malas lenguas para huir de sus acreedores, y se dedica a explicar el proyecto de su máquina analítica. El diseño sorprende a los científicos europeos. Un ingeniero italiano, Luigi Menabrea, que llegará a ser primer ministro de su país, queda tan impactado que decide escribir una memoria sobre el artefacto. La publica en francés en una discreta revista especializada de Ginebra. Ahí quedaría la cosa si no fuera porque Babbage, al tanto de la publicación, le pide a Ada que la traduzca al inglés. A ella no le costaría nada, pues habla francés con soltura, al igual que otras lenguas como alemán, italiano, latín y griego. Contenta de retomar la relación con su viejo amigo, a escondidas por supuesto de Annabella, Ada accede y en cuestión de días tiene el trabajo acabado. No es muy largo aunque está plagado de complicadas matemáticas, que de todas formas para Ada no son un problema. Pero Babbage quiere más. ¿Por qué limitarte a una traducción, le dice, si tú sabes de la máquina más que nadie? ¿Por qué no añades al texto de Menabrea unas notas de tu propia mano? Al principio Ada se resiste. Cree que no la tomarán en serio por ser una mujer. Ya se sabe que las mujeres somos menos inteligentes, arguye. Finalmente la insistencia de Babbage tiene su fruto, aunque Ada anuncia que para evitar habladurías firmará solo con sus iniciales, A.A.L, y ocultará que es ella la autora de los añadidos.

Como todas las ideas están frescas en su cabeza, Ada tarda poco en redactar sus notas. Y estas notas, que titula así, *Notas*, sin más, contienen su gran aportación a la ciencia. De entrada, el texto de Ada es el triple de largo que la traducción de Menabrea, y presenta matemáticas mucho más avanzadas que las del italiano. Se divide en dos partes. La primera revela los algoritmos necesarios para perforar las tarjetas y que sean comprensibles por la máquina. Se trata de un verdadero tratado primitivo de programación informática, el primero de la historia, donde debutan conceptos posteriormente tan populares como bucles de cálculo, rutinas y subrutinas, y capacidades de bifurcación. ¿Conoces estos términos? Todos ellos son la base de los programas de ordenador del futuro. Ada comprende que la base del lenguaje lógico de la máquina deben ser los algoritmos, operaciones sencillas y repetitivas que anudadas desembocan en resultados complejos. Pero, para hacer más fácil la fabricación de las tarjetas perforadas que contienen esos algoritmos, no hace falta escribirlos todos. Bastará con unos pocos que se relacionen entre sí, que se llamen unos a otros cuando sea necesario. Ada da soporte matemático, inventa podemos decir sin que nadie deba reprochárnoslo, a herramientas informáticas imprescindibles en el futuro, esos bucles, rutinas y bifurcaciones. En términos modernos un bucle consiste en una operación binaria que se aplica una y otra vez a un trozo aislado de código sin tener que reescribirlo en cada ocasión de forma lineal. El resultado es un ahorro considerable de tiempo y espacio. Rutinas y subrutinas, nombres dados directamente por Ada, son otro elemento de ahorro (para hacer menos tarjetas y más sencillas, diría ella) por el que se introducen en el código sectores de cálculos concretos que puede ser utilizados en cualquier momento de la operación, retrocediendo por decirlo así en la lectura de las instrucciones. La subrutina no es más que un trozo del programa que invoca la necesidad de usar la rutina. La bifurcación, que Ada concibe como una ayuda a la rapidez del cálculo, se logra introduciendo en el código de las tarjetas sectores de órdenes que pueden ser copiados por la propia máquina y empleados por ella en otras funciones posteriores sin intervención humana.

Primer algoritmo con la secuencia de comandos de Ada Lovelace para el cálculo de números de Bernoulli. Está incluido en la edición de sus *Notas* y se considera el primer programa informático de la historia. Serían necesarias 23 tarjetas perforadas para lograr el resultado final.

Deseando mostrar un ejemplo concreto de sus modelos matemáticos, Ada incluye en sus *Notas*, concretamente en el capítulo G, unas instrucciones sobre cómo preparar tarjetas para que la máquina analítica calcule los llamados números de Bernoulli. No se trata de un caso fácil, y ella misma lo reconoce, porque los números de Bernoulli son una oscura y compleja sucesión de números racionales, supuestamente infinita, relacionados entre sí como el producto de una serie de potencias definidas por la función generatriz $x / e^x - 1$. No te preocupes si no lo entiendes. Tales números están a la vanguardia de las matemáticas del siglo XIX y en el futuro tendrán grandes implicaciones en diversas teorías aritméticas; se emplearán incluso en la resolución del teorema de Fermat. A lo que íbamos. Ada escoge precisamente los números de Bernoulli por la dificultad de su cálculo, que precisa del manejo de cocientes, integrales, funciones y otras lindezas matemáticas. Explica los algoritmos que dirigirán la máquina y detalla, paso a paso, el conjunto de instrucciones. Hace constar dos bucles, varios procesos de rutinas y bifurcaciones, y afirma que con ese código el aparato ofrecerá, de manera absolutamente automática, una serie de Bernoulli hasta los 31 dígitos. La transcripción de las instrucciones constituye para casi todos los historiadores de la ciencia el primer programa informático de la historia, con más de un siglo de adelanto sobre el siguiente. Y Ada, nuestra visionaria, se aúpa aquí al mundo de los genios con el título de primera programadora de ordenadores. ¿De haberse construido la máquina analítica habría funcionado este código? Lo sabremos sobre el año 2021, si es que la réplica está acabada para entonces.

En la segunda parte de las *Notas* Ada trata cuestiones teóricas sobre la máquina analítica, y sus conclusiones no son menos importantes que las matemáticas de la primera parte. Va mucho más allá que Babbage a la hora de entender las capacidades de un aparato semejante. Para su inventor la máquina es una herramienta de cálculo avanzado; para Ada, de nuevo visionaria, supone la capacidad de digitalizar el mundo. Cualquier ámbito de la realidad puede ser aplicable al análisis de la máquina. Por encima de su hombro, sin que ella sepa que estamos aquí, leemos lo que escribe:

«Cabría manejar cosas distintas a los números, siempre y cuando las relaciones fundamentales entre ellas fueran susceptibles de expresarse con la ciencia abstracta de las operaciones. (...) Puede decirse que la máquina tejerá dibujos algebraicos de cualquier ámbito de la realidad traducible al lenguaje matemático, del mismo modo que el telar de Jacquard teje flores y hojas en los vestidos.»

Sigamos espiando de forma un tanto indecorosa, porque ahora pone un ejemplo concreto. «Supongamos el arte de la armonía. Al ser los sonidos susceptibles de tales expresiones matemáticas, la máquina podría componer piezas musicales tan largas y complejas como se quisiera». Estos famosos pasajes de las *Notas* evocan la posibilidad de digitalizar tanto la música como otros contenidos naturales o artificiales. Aquí Ada se muestra tan avanzada a su época que es difícil creer que estamos a mediados del siglo XIX. El mundo tardará otra vez un siglo en plantearse de nuevo estas cuestiones y lo hará gracias a pioneros de la informática como Alan Turing o John von Newman, quienes por cierto estudiaron las *Notas* de Ada y escribieron sobre ellas.

Precisamente Turing bautizará como «objeción de

Ada» una de las afirmaciones de las *Notas* sobre la que más se polemizará en el futuro. Tras años de estudios sobre las capacidades de la máquina analítica, Ada se desdice de su juvenil definición como «máquina pensante» y asegura que un artefacto humano jamás podrá pensar, ni tampoco desvelarnos algo original. Cuando empieza a caer la tarde y llueve a mares en Londres, escribe:

> «La máquina analítica no crea nada por sí sola ni cumple más tareas que las que sabemos encargarle. Es capaz de hacer operaciones de análisis matemático, pero no de prever relaciones ni verdades analíticas. Se limita, pues, a facilitarnos lo que ya conocemos.»

Turing no se muestra de acuerdo, aunque subraya que Ada escribió estas líneas pensando en las capacidades concretas de la máquina de Babbage, sin poder considerar el avance informático posterior ligado a la electrónica. Más tarde, ya en el siglo XXI, el debate sobre la inteligencia artificial estará servido. Habrá científicos eminentes, como Roger Penrose, que pensarán que, sea cual sea el caudal de potencia computacional alcanzable en el futuro, Ada seguirá teniendo razón: un ordenador nunca llegará a ser inteligente y por tanto jamás creará algo nuevo en la naturaleza sin intervención humana.

Hemos pasado por fin el invierno de 1851 y Ada, mientras prepara la edición pública de sus *Notas*, se encuentra aún peor de salud. El consumo de drogas y alcohol, al que ha sumado el uso de cannabis, la sumerge en estados de malestar y postración cada vez más frecuentes. Su carácter ha cambiado y deja de ser invitada a fiestas. Muchas conocidas de la alta sociedad rechazan el contacto con ella y las lenguas afiladas de las damas murmuran su descenso a los infiernos. Dicen que al final la herencia de su padre ha dado la cara, que es una Byron loca y borracha, como sus antepasados. Además, la discreción de sus amores pasajeros se rompe cuando inicia una agitada relación con un joven llamado John Croose, corredor de apuestas de oficio, pendenciero y vulgar. Ada, agotada por el trabajo en sus *Notas*, demacrada por el consumo de estupefacientes, con crecientes problemas económicos, alejada de su marido, ciertamente empieza a comportarse de forma confusa. A su estado mental se suma un sangrado continuo por la vagina. El doctor Locock diagnostica una úlcera en el útero y le prescribe un tratamiento absurdo, repleto de drogas y bebidas imposibles. Los dolores son cada vez mayores, así que Ada consulta a otro médico, el doctor Cape. Y este sí logra un diagnóstico correcto: cáncer de útero. Es en agosto de 1851 cuando se lo comunican a Ada. Y, le explican, está muy avanzado, con metástasis incluso en la cabeza. Ada se lo cuenta a su madre con estas palabras:

> «La enfermedad debe de haber llegado el cerebro, dañando gravemente mis facultades y mi claridad de juicio. Me dicen que la muerte sobrevendrá por fallo total de la mente. ¡Qué destino más atroz! Me gustaría tener una muerte tranquila y rápida, y no irme consumiendo traicioneramente. Me han dicho que sufriré mucho.»

Al leer esta carta Annabella se traslada a casa de Ada. Hipocondríaca ya en extremo, no quiere acercarse al cuarto donde yace su hija, pues teme que el cáncer sea contagioso, pero desde el otro extremo de la mansión organiza el cuidado de la enferma. Nada de médicos que no conozca. Despide al eficiente doctor Cape y trae consigo una legión de curanderos, frenólogos, mesmeristas, hipnotizadores y practicantes de la sanación. No te escandalices. En la Inglaterra de este tiempo la medicina es tan ineficaz, tiene tan mala fama, que los embaucadores campan a sus anchas y son aceptados habitualmente para tratar a los enfermos. Lady Byron también prohíbe las visitas de los amigos científicos de Ada, y explícitamente la presencia de Babbage. Nadie podrá consolarla en los días terribles que están por llegar. Conforme el cáncer la consume los dolores suben en intensidad. A principios de 1852 escribe: «Todo mi ser se reduce a una pura agonía viviente. (…) Cuanto más sufro más terrible es pensar que mi destino sea, como se dice, morir como un perro». En principio Ada alivia un poco el dolor y los espasmos con opio y un nuevo fármaco llamado cloroformo, pero su madre le retira más tarde el acceso a cualquier droga. Su hija debe sufrir, es un castigo divino por haber llevado una vida poco virtuosa. Annabella, la madre inflexible, lo deja claro en su diario. «La más grande de todas las mercedes mostradas por Dios a mi hija ha sido su enfermedad, alejándola de la tentación, y cambiando sus pensamientos a más altas y mejores cosas».

Privada de medicamentos y drogas, la agonía de Ada será terrible, con dolores continuos que le impiden dormir o moverse. Las metástasis cerebrales hacen que a ratos pierda sus facultades mentales, mientras en otras ocasiones alcanza una gran lucidez. En uno de esos días buenos planea una venganza contra su madre, a la que ya no quiere ver y a quien justamente culpa de su sufrimiento, de sus inútiles sesiones hipnóticas y mesmeristas. Llama a un abogado y redacta testamento. No tiene posesiones que dejar, pero exige ser enterrada junto a su padre, el poeta maldito, en la capilla familiar de los Byron. Annabella, al enterarse, abandona iracunda la mansión. Reniega de su hija. Solo volverá a ver a Ada en la misma noche de su muerte. Algunos amigos, como Babbage, Dickens o Mary Somerville pueden entonces visitarla y comprueban su terrible estado. Tras verla, la profesora de Matemáticas, la antigua tutora, deja escrita una frase que lo resume todo: «No he conocido a nadie que tuviera una agonía tan larga y atroz como la suya». ¿Es preciso decir más? ¿De verdad quieres que presenciemos tanta amargura? Mejor nos vamos. Tenemos camino por delante. Solo decirte que murió el 27 de noviembre de 1852, a los 36 años, la misma edad con que falleció su padre. Fue enterrada junto a él, como ella dispuso, y al cortejo fúnebre no asistió ningún miembro de la alta sociedad victoriana. Lo mismo, por supuesto, que ocurrió en el sepelio de Lord Byron.

Cuando por fin las *Notas* de Ada vieron la luz, el mundo científico británico las rechazó de plano. Pese a estar firmadas solo con las iniciales A.A.L., todo el mundo sabía quién había escrito ese libro incomprensible. Obra, por tanto, de una mujer sin título alguno, drogadicta y libertina. Un tribunal de la Royal Society consideró matemáticamente irrelevante la parte práctica y un absurdo completo la parte teórica. Nosotros sabemos que el tiempo agrandará la figura de Ada, no solo como pionera de las ciencias informáticas, sino como un estandarte del feminismo. En el año 2006 una periodista de ciencia británica, Suw Charman-Anderson, propondrá instaurar un Día de Ada, el 16 de octubre, como homenaje a las mujeres que se dedican a la ingeniería, la tecnología o las matemáticas. Su iniciativa tendrá éxito y el Día de Ada se celebrará anualmente en todo el mundo desde entonces. También Microsoft incluirá el rostro de Ada en los hologramas de autentificación de algunos de sus productos. Y en 1980 el gobierno de Estados Unidos dará el nombre de ADA a un novedoso lenguaje de programación informática, en honor a una pionera que murió demasiado joven. Como siempre en estos casos, la imaginación vuela y medita sobre qué habría alcanzado esta mujer de llegar a la vejez dedicada a su trabajo.

Vámonos. En noviembre Londres es desapacible y cruel. Nos esperan muy lejos de aquí.

FAROS PARA MEDIR EL UNIVERSO: HENRIETTA SWAN LEAVITT

Nuestras travesías mágicas por los recovecos del espacio y el tiempo son un tanto vertiginosas, así que es bueno hacerlas con los ojos cerrados. Ahora que hemos llegado al nuevo destino, abres los párpados y comprendo tu desconcierto.

—¡Santo Dios! ¿¡Dónde estamos!?

Hace frío, más aún que en el invierno londinense. Una planicie pelada, árida, inhóspita, nos rodea. Al fondo, recortada sobre el telón de la noche oscura, vemos una imponente cadena de montañas. El viento puro y helado azota nuestros abrigos de paño.

—No te asustes, no nos hemos equivocado —te tranquilizo—. Es a este lugar, uno de los sitios más recónditos y duros de la Tierra, donde quería traerte. Después de visitar tres grandes ciudades, Alejandría, París y Londres, he pensado que te gustaría respirar esta soledad absoluta.

—Pues no me gusta demasiado, la verdad —me confiesas con un estremecimiento—. Parece que me hayas traído al fin del mundo.

—Casi. Estamos en el paraje de Carmen Alto, en Perú. Al pie de los Andes, entre los pueblos de Arequipa y Caymen. En el año 1890. ¿Ves esa enorme montaña de ahí enfrente? Es el volcán Misti. Casi seis mil metros de altitud.

—Bueno, reconozco que el lugar resulta impresionante.

Qué soledad. Qué silencio. Pero no sé qué tiene que ver este sitio con nuestra búsqueda de mujeres científicas.

—El profesor Solon Irving Bailey, un astrónomo de la Universidad de Harvard, acaba de comprar estos páramos. Ha pagado a la señora Manuela Vargas de Polar mil soles por 8.990 varas cuadradas de terreno. Una ganga, aunque para qué querrá esto el gringo, se preguntan todos aquí. La respuesta está en el cielo. Alza los ojos.

Lo haces y entiendes. Nunca has visto tantas estrellas recortadas en el horizonte, la noche entera salpicada de lucecitas temblorosas, tan cerca que parece que podamos tocarlas con solo extender la mano.

—Es el cielo austral. En esta época de finales del siglo XIX la ciencia lleva mucho tiempo escudriñando el cielo del hemisferio norte. Lógico, porque en la parte norte de la Tierra es donde se ubican Europa, China, Estados Unidos, Egipto, los lugares donde se ha hecho investigación astronómica. Hay telescopios y sabios que viven allí. Pero el sur de nuestro planeta es un misterio científico. Apenas hay datos sobre la perspectiva del universo visto desde el sur.

—Pero ¿las estrellas no son las mismas mirando desde el norte o desde el sur?

—Claro que no. La Tierra gira lateralmente sobre su eje, pero no cabecea de arriba a abajo. En consecuencia, desde cada hemisferio contemplamos una panorámica distinta del cosmos. Las estrellas que se ven en el sur no pueden verse desde el norte, y viceversa. Así que este sitio donde estamos, este altiplano reseco, acogerá pronto el primer observatorio austral del mundo. Fíjate, no hay nada de contaminación lumínica. Solo el cielo y la noche pura. Además, estamos a casi 2.500 metros de altitud y por tanto sobre nuestras cabezas queda poca atmósfera, lo que equivale a menos refracción de la luz estelar. Es un lugar perfecto. De hecho, *mister* Bailey ha recorrido media Sudamérica, Vinconcaya, Puno, La Paz, el desierto de Atacama, Valparaíso, Santiago de Chile, buscando el sitio adecuado. Ha elegido este. Pronto vendrán los operarios y empezarán a construir el edificio del observatorio. Después llegarán los instrumentos. Los traerán despiezados, a lomos de burros y alpacas, desde sitios tan lejanos como Múnich, Boston o Cambrigde, tras una travesía de meses en

barcos y carretas. Aquí está a punto de ocurrir una proeza científica, toda una aventura digna de ser novelada.

La inmensidad del cielo nos deja en silencio un instante. Después me preguntas:

—¿Y qué esperan conseguir con tanto esfuerzo?

—Quieren medir las dimensiones de la Vía Láctea. De la galaxia donde está la Tierra.

Callamos otra vez. Las estrellas parecen susurrarnos algo al oído al compás del viento.

—Buscan calcular el tamaño del universo, pues —afirmas más que inquieres.

En efecto. En esta época nadie sabe cómo de grande es el cosmos. Ni siquiera están seguros de si hay una sola galaxia o muchas. De hecho, casi todos los astrónomos piensan que la Vía Láctea es el universo al completo. Como ya tienen un plano celeste del hemisferio norte, ahora necesitan fotografiar el cielo nocturno del sur. Supone el primer paso para elaborar una carta estelar completa e intentar medir distancias. La Universidad de Harvard es la primera en atreverse con este desafío. Imagínate, traer hasta este lugar perdido los mejores instrumentos astronómicos disponibles en esta época. Y, te lo adelanto, el Observatorio de Arequipa nos abrirá los ojos a la enormidad del universo. Aquí se descubrirán cosas alucinantes. Por ejemplo, que la Vía Láctea es solo una de entre decenas de miles de millones de galaxias.

El observatorio de Carmen Alto en 1890, año de su inauguración. Debajo, el instrumento principal del observatorio, el telescopio fotográfico Bruce de 61 centímetros de lente.

—Te explico que el observatorio dispondrá de un potente fotómetro, bautizado Meridiano, y también de un refractor de trece pulgadas al que llamarán Boyden, de un reflector Zöllden de veinte pulgadas o de una cámara fotográfica Voigtlander Doublet con diafragma de pulgada y media. Y además instalarán aquí la joya de la corona: el telescopio Bruce, con una lente de 61 centímetros de diámetro, el más grande del mundo hasta esa fecha. Se trata de un instrumento monstruoso en tamaño y en capacidades. Lo está construyendo la firma Alvan Clark & Sons en su factoría de Cambrigde. Ha costado la fortuna de 50.000 dólares, pagados con una donación de la rica viuda y astrónoma aficionada Catherine W. Bruce. Por eso se llamará así, en honor a la mujer que lo hará posible. El telescopio está pensado para capturar la luz de estrellas de magnitudes tan tenues que nunca han sido vistas por ojos humanos. Trabaja tomando fotografías del cielo nocturno en placas de vidrio de treinta por cuarenta centímetros, tintadas con un barniz sensible a la luz. Es el antecedente de los negativos fotográficos, y la imagen estará virada: el cielo aparece en blanco y las estrellas son puntitos negros, de diferente intensidad y tono según su luz. Cada placa de vidrio, con su marco de madera, pesa más de medio kilo. El telescopio las graba mediante exposición lenta, a un ritmo de una hora por placa, para captar más detalles. En apenas seis años el Bruce producirá más de medio millón de estas placas, que recogerán todo el desconocido firmamento austral hasta las estrellas de magnitud 16. Lo que te digo, una proeza tecnológica y humana.

—¿Estrellas de magnitud 16?

—Perdona. Es lenguaje de astrónomos. En el siglo XIX la luminosidad de las estrellas está calibrada por una convención según la cual las más brillantes son de magnitud 1 y cada escalón supone una intensidad 2,512 veces inferior a la magnitud anterior. A simple vista y en las mejores condiciones, nosotros solo alcanzamos a percibir hasta las estrellas de magnitud 6. Ten en cuenta que un astro de sexta magnitud es unas 255 veces más débil a nuestra mirada que uno de primera magnitud. Cuando el telescopio Bruce consiga captar estrellas de magnitud 16, quiere decir que ampliará casi dos millones de veces el alcance del ojo humano.

—Vale, todo eso me parece muy interesante —afirmas—, pero sigo sin entender qué tiene que ver con nuestra historia de mujeres científicas.

—Pues verás, las placas no son nada si no se analizan. Hay que identificar cada estrella, calibrar su posición relativa y sus características, calcular su evolución en el cielo. Para los ojos profanos las placas son solo una especie de confeti negro. Y el análisis no se realiza aquí, sino en la propia Universidad de Harvard. Cada dos semanas partirá de este páramo aislado una caravana de mulas cargadas con las placas grabadas, envueltas en telas de algodón. La caravana debe llegar a Arequipa y después al pueblo de Chosica, allí las placas se suben a un tren que las transportará hasta el puerto de Callao, y en un barco irán hacia el sur, doblarán el Cabo de Hornos y enfilarán el océano Atlántico hacia el norte, hasta los muelles de Boston. Por último, llegarán por carretera a Harvard. Cada uno de estos viajes durará entre tres y cuatro meses. En Harvard se almacenan hasta que puedan ser estudiadas. Y esa tarea de análisis la realizarán mujeres, todo un harén femenino de astrónomas. El harén de Pickering, que debe sonarte del principio de este libro. Allí trabaja la mujer que buscamos. Se llama Henrietta Swan Leavitt y es muy tímida, tanto que deberemos apurar al máximo nuestros superpoderes de historiadores para que la conozcas bien.

Sobre el firmamento de Carmen Alto empieza a despuntar una ligera luz rojiza. Está amaneciendo.

—Hace un frío horroroso. ¿Te parece que volemos a Harvard?

—Me parece estupendo —dices—. Da un poco de miedo estar aquí.

Y volteamos de nuevo las páginas de espacio y las láminas de tiempo hasta llegar a la sala de análisis astronómico de la Universidad de Harvard. Dicho así el nombre resulta muy rimbombante. Aunque en el futuro estará plagada de ordenadores, paneles de lucecitas y pantallas de plasma, eso será con la tecnología punta del siglo XXI. Ahora, lo que vemos es la tecnología punta del siglo XIX. Una salita decorada con papel pintado de flores, mesas de caoba, una estufa de aceite para calentar la estancia, lámparas de queroseno y lupas enormes por las que una docena de mujeres ataviadas con moños y delantales miran placas fotográficas sobre marcos de madera. Si les pusiéramos agujas en las manos en vez de lentes, podríamos creer que se trata de un grupo de damas haciendo bordados en bastidores.

Un día de trabajo en la sala de análisis astronómico de la Universidad de Harvard (página anterior). Sobre estas líneas, una de las empleadas, Annie Jump Cannon, en su puesto laboral. El cristal que descansa sobre la mesa es la placa tomada en el observatorio de Arequipa, y el cristal inclinado una lente de aumento para ver mejor los detalles. Las cajoneras abiertas guardan las fichas manuscritas de cada una de las estrellas analizadas. Durante treinta años de trabajo, Cannon fue la primera persona en lograr clasificar las estrellas según su temperatura.

La idea de contratar a mujeres para la tarea de analizar las placas fue del director del centro astronómico de Havard, un joven físico llamado Edward Charles Pickering. Y no se trató de una decisión progresista, sino puramente económica. El presupuesto que la universidad había destinado al proyecto de Arequipa era muy alto pero no ilimitado. Había que gestionar cada dólar, solía decir Pickering, como si se tratase «de una empresa de ferrocarriles». Y uno de los problemas que encontró fue la ingente cantidad de datos que llegaban desde Arequipa. Cada placa tenía mucho trabajo. Había que ubicar la situación cósmica exacta de cada puntito negro que representaba una estrella, calcular su magnitud relativa en función de la magnitud 2.1 asignada a la Estrella Polar, ver el tono de gris para discernir pistas sobre su composición química, y después compararla con el mismo puntito negro en otra multitud de placas de forma que se pudiese seguir el curso del movimiento de cada grano, de cada estrella, a través del tiempo. Todo eso era un trabajo enorme, tedioso, sin recompensa, de horas y horas sentado dejándose la vista frente a las placas fotográficas, realizando rutinarios cálculos matemáticos. En el siglo XXI esa tarea la harán potentes ordenadores. En el siglo XIX no hay ordenadores, solo ojos y cerebros humanos. Un asistente de astrónomo profesional cobra setenta centavos de dólar por hora de trabajo y el presupuesto solo da para contratar a cuatro. El ritmo de análisis resulta tan lento que a finales de 1892, apenas dos años después de que el telescopio Bruce empiece a funcionar, los almacenes de Harvard acumulan casi media tonelada de placas sin estudiar. Un retraso horripilante para el proyecto.

Pickering estaba convencido de que las mujeres, menos capacitadas intelectualmente que los hombres, tenían sin embargo más paciencia y nivel de atención. Son tonterías de esas que perdurarán en el tiempo, pero Pickering llevó a la práctica su prejuicio. Pensó que contratar a mujeres para que hiciesen el trabajo más tedioso podría ser una solución simplemente porque ellas cobrarían menos dinero. Escúchalo en sus propias palabras: «Se puede lograr un ahorro importante contratando mano de obra no cualificada y por tanto barata, por supuesto bajo un control exhaustivo». Es un fragmento del escrito que envió a la dirección de la universidad proponiendo su idea, y le permitieron hacerlo. La mano de obra no cualificada necesitada de control exhaustivo serían mujeres. Pickering se lanzó a encontrarlas. La primera fue su propia asistenta, una señora llamada Williamina Paton Fleming, abandonada por su marido con un hijo pequeño y que se ganaba la vida fregando suelos. Pickering tenía buen concepto de ella y le propuso ayudar en el análisis de las placas. A cambio de un trabajo de siete horas al día, seis días a la semana, con un mes anual de vacaciones, cobraría 25 centavos de dólar por hora. Apenas la tercera parte del salario de un asistente astrónomo masculino. Si tienes en cuenta que un jornalero cobraba en la época veinte centavos de dólar a la hora por recoger algodón en los campos, entenderás que contar estrellas en Harvard era un trabajo muy mal pagado. Ninguna de esas mujeres magníficas se hará rica ni de lejos, solo podrán vivir modestamente de su trabajo.

Pero ahora Pickering logra lo que necesita, mano de obra barata para analizar las placas. En los albores del siglo XX Harvard tiene en plantilla trece *computers,* como llaman a estas mujeres, por el mismo dinero que antes cobraban cuatro asistentes masculinos. «El harén de Pickering» es el mote que pronto reciben en conjunto, tremendamente despectivo en mi opinión. Se sitúan en el escalafón más bajo de la universidad y son consideradas poco más que máquinas humanas. En teoría ellas solo deben registrar los datos, y el análisis de los mismos será labor de los astrónomos varones. Cosa que como veremos no funcionará así. Aunque los hombres, en especial el mismísimo Pickering, firman todas las publicaciones sobre los descubrimientos que se van realizando, lo cierto es que el trabajo de análisis es también obra de las mujeres. Pocas veces en la historia se habrá juntado un grupo similar de mentes tan perspicaces, abnegadas y productivas como el de aquellas señoras, que unidas cambiaron nuestra concepción del cosmos. Por ejemplo, Williamina «la asistenta» desarrollará un sistema de clasificación estelar según el contenido de hidrógeno reflejado en el tono de las placas, introducirá el análisis de espectros, catalogará más de diez mil estrellas en solo nueve años y descubrirá 59 nebulosas, entre ellas la Cabeza de Caballo, además de localizar 310 estrellas variables y diez novas. Pero eso no se sabrá hasta bastante más tarde, ya bien entrado el siglo XX, porque su jefe, el astrónomo John Dreyer, eliminará el nombre de Williamina en todos los artículos y libros publicados sobre esos hallazgos. Así que, por el momento y a la espera de la justicia de la posteridad, en las salas de Harvard las *computers* pasan los días tediosos contando puntitos negros, calibrando los movimientos y el brillo de aquellas estrellas grabadas en vidrio. Son anónimas recolectoras de datos.

En estas estamos cuando Edward Pickering, a mediados de 1893, recibe una visita en su despacho. Una joven, muy tímida, de 25 años de edad, le pide colaborar como voluntaria en el análisis de placas. No exige dinero, afirma que trabajará gratis hasta que decidan contratarla. Resulta difícil hablar con la chica, no solo por su timidez, sino porque, como pronto detecta Pickering, es sorda. Dice llamarse Henrietta Swan Leavitt y presenta un título impresionante para una mujer: posee una licenciatura por el Radcliffe College, una universidad femenina asociada a Harvard. Ha estudiado sobre todo Física y Astronomía. Y aunque los títulos docentes femeninos no tienen validez oficial, Pickering queda sorprendido ante los amplios conocimientos de la joven. No la conoce de nada, pero para la mente administrativa de Pickering una trabajadora gratis es un regalo, y más si tiene estudios. La acepta de inmediato mientras decide averiguar algo sobre su vida.

Una vida que, en realidad, no depara muchas sorpresas. La existencia de Henrietta descansa, descansará siempre hasta su muerte, sobre dos pilares simples: el estudio y la religión. Pickering se entera de que la chica nació el 4 de julio de 1868 en el pueblecito de Lancaster, en el estado norteamericano de Massachusetts. Es la mayor de siete hermanos, tres niños y cuatro niñas, fruto del matrimonio entre Henrietta Kendrick y George Roswell Leavitt. El padre es un pastor de la Iglesia protestante, en concreto de los Congregacionistas, una de las ramas más estrictas y puritanas. Como sabes, una de las diferencias entre la Iglesia católica y la protestante es que en la segunda los sacerdotes pueden casarse, y George Roswell se casó muy pronto, a los diecinueve años, con la jovencita Henrietta, de solo quince años. A su primera hija, nacida catorce meses más tarde, le pusieron también Henrietta. Y, por supuesto, bautizaron George a su primer hijo. Son bastante predecibles. Una familia engarzada en las tradiciones, el rezo, el temor a Dios, la honestidad y la rectitud, cuyos hijos se educan dentro de unos principios religiosos rotundos. Ya verás las fotos que se conservan de Henrietta. Siempre aparece vestida con cuellos altos y faldas largas, el pelo recogido en moños, sin maquillaje, adusta y seria. De mayor no le gustará sonreír, pero quienes lleguen a conocerla bien afirmarán que tiene un fino sentido del humor. Y una cultura amplísima, porque una de las características del reverendo George es que considera la educación un principio fundamental, tanto para los niños como para las niñas. El padre se empeñará en que sus siete vástagos tengan la mejor enseñanza posible. Venía de herencia. Todos los hermanos del pastor son científicos importantes, y pese al fervor religioso defienden por ejemplo la doctrina evolucionista de Charles Darwin. De esta forma, tanto la niña Henrietta como sus hermanos y hermanas irán a buenos colegios y casi todos llegarán a la universidad.

Fotografía de Henrietta Swan Leavitt a los 32 años de edad.

En concreto, Henrietta resultó ser la más estudiosa de la familia. Cuando los Leavitt se mudan a Cleveland la primogénita se matricula en el Oberlin College, donde se diploma en 1885. Un año después consigue entrar en la prestigiosa Sociedad para la Instrucción Colegiada de Mujeres, un centro pronto bautizado como Radcliffe College, con el que la Universidad de Harvard burlaba la prohibición oficial de que las chicas se matriculasen en estudios superiores. El programa de estudios era potente, tanto como el de la universidad para hombres, y las pruebas de acceso muy exigentes. ¿Te apetece conocer los exámenes de ingreso? Si nos damos una vuelta por las aulas, verás a las nerviosas aspirantes sentadas en sus pupitres y realizando las pruebas. Este año de 1888, curso al que quiere acceder Henrietta, los exámenes incluyen preguntas sobre literatura (han caído obras de Shakespeare, Walter Scott y Jane Austen); una redacción donde se puntúa gramática, estilo y ortografía; traducciones del latín, griego, alemán y francés; un cuestionario sobre historia de Roma y Estados Unidos; y exámenes amplios sobre física, astronomía y matemáticas con problemas sobre álgebra y ecuaciones cuadráticas, así como geometría euclidiana. Por si quieres saberlo, Henrietta lo aprobó todo sobradamente, aunque flaqueó un poco en el cuestionario sobre historia. Fue su única falla en todo el examen de ingreso.

Además de una excelente estudiante dotada de una profunda fe religiosa, Henrietta es una apasionada de la música. De hecho, el único placer que se concede entre libro y libro consiste en estudiar en el conservatorio y tocar el piano. Y por supuesto adora estar con su familia. Henrietta siempre pagará el apoyo de sus padres con un amor incondicional por su familia. Nunca se casará, y en su tranquila soltería el contacto con hermanos y hermanas será siempre constante y cariñoso. Una mujer refugiada en la torre de marfil de sus estudios, su familia y la iglesia. Quienes la conocen la califican como sencilla y feliz, ajena a las ambiciones del mundo. Por ejemplo Solon Irving Bailey, el astrónomo que eligió el sitio de Carmen Alto para el observatorio de Arequipa, llegará a ser buen amigo suyo y escribirá más tarde:

Miss Leavitt heredó, en una forma algo casta, las severas virtudes de sus antepasados puritanos. Su sentido del deber, de la justicia y la lealtad era fuerte. Le importaban poco los entretenimientos livianos. (...) Tenía la alegre facultad de apreciar todo aquello que es valioso y adorable en los demás, y poseía una naturaleza tan llena de luz que, para ella, toda la vida se volvía bella y llena de sentido.

Es una de las pocas descripciones que poseemos de Henrietta, y no me he resistido a reproducirla. En esencia, esta mujer recatada y tímida vivirá con alegría la vida sencilla que ella misma se fabrica a su medida.

Sin embargo, la salud no la acompañará. Henrietta resulta ser de constitución frágil, propensa a padecer enfermedades. De niña tuvo una grave otitis que le afectó al oído, y con los años va perdiendo poco a poco la audición. Debe renunciar a su pasión por la música y el piano, y ella lo acepta con actitud serena, como una prueba de Dios a su fortaleza de carácter frente a la debilidad de su cuerpo. Cuando se gradúa en el Radcliffe College, en 1892, ya está prácticamente sorda. Y tal vez es el silencio lo que le hace elevar la vista a las estrellas. De todas las asignaturas de su carrera, a la que más tiempo dedica es a la astronomía. Pasa noches enteras junto a estudiantes masculinos en el pequeño observatorio instalado en Harvard, en la colina de Garden Street, estudiando la evolución de los astros en el cielo. Por supuesto, su profesor de Astronomía le pone un sobresaliente, y ella encuentra su vocación. Quiere dedicar su vida a estudiar la obra de Dios plasmada en las estrellas. Cuando se presenta en el despacho de Pickering ofreciéndose como voluntaria tiene claro que luchará por eso. El 28 de agosto de 1893 pisa por primera vez la sala de análisis de Harvard y conoce a las otras mujeres que se queman los ojos allí, mirando placas de vidrio salpicadas de estrellas. Se hace amiga de todas, y muy especialmente de Williamina Fleming. En principio trabaja cuatro horas al día sin cobrar ni un céntimo. No le importa. Continúa aprendiendo. Tranquila, paciente, disciplinada y silenciosa. Con sus faldas largas de polisón, los cuellos altos abotonados de su vestido y el pelo recogido en un moño.

Como voluntaria pasa todo el otoño de 1893, y en enero del año siguiente tiene la oportunidad de viajar a Europa gracias a una invitación del hermano de su padre. Embarca en un flamante trasatlántico de la Dominion Line, que acaba de estrenar una ruta entre Boston y el Mediterráneo. Sabemos que hizo el viaje por una carta que escribió a Williamina, una de las pocas que envió en su vida. Al contrario que a Ada, a Henrietta no le gusta escribir cartas. Es una pena. Por eso, y porque casi nunca la dejaron firmar los artículos sobre sus trabajos astronómicos, tenemos pocos textos redactados con seguridad por ella. De hecho ni siquiera sabemos si le gustó ese viaje por Europa, si estuvo en Inglaterra, en Italia o en Francia. Solo sabemos que a su vuelta, en febrero, Edward Pickering es consciente de la valía de la voluntaria. Ha analizado su trabajo de unos meses y le sorprende la habilidad de Henrietta para estudiar las placas con acierto maravilloso.

La tarea que le asignaron fue calcular las magnitudes de las estrellas. A un profano le parece algo que roza la magia. ¿Cómo es posible, te preguntarás, saber de un simple punto negro sobre una placa blanca el brillo de la estrella que representa? La respuesta resulta simple en apariencia y compleja en técnica. Verás. Cuando el telescopio Bruce recoge una fotografía de larga exposición del cielo nocturno, las estrellas más brillantes queman más granos de la emulsión de barniz del vidrio. El número de granos quemados es una indicación del brillo, y por tanto de la magnitud. Observa ahora a Henrietta trabajando. Mira una y otra vez la placa con la lente, fijándose solo en uno de los puntos negros, y lo compara con la intensidad de ese mismo punto en otras placas diferentes. Después relaciona la cantidad de granos quemados con las magnitudes conocidas de otras estrellas, como la Estrella Polar. Con esas mediciones, paciencia, matemáticas y habilidad, la joven desarrolla un cálculo del brillo de la estrella estudiada. Una vez que considera correcto el análisis, Henrietta lo anota en su libreta de rayas rosas y azules. Al lado, no olvida poner sus iniciales, H.S.L. Registra los resultados en las fichas y es hora de pasar a otra estrella. Déjame que te adelante un dato. Cuando la Universidad de Harvard considere culminada su búsqueda de estrellas en el cielo austral, publicará los resultados entre 1918 y 1924. Conocido como Catálogo Draper por la viuda del astrónomo aficionado Henry Draper, quien financió la edición, contendrá información de más de un cuarto de millón de estrellas. Más de 250.000 puntitos negros analizados y calculados por las mujeres *computers* de Harvard. Es una cifra cuya enormidad nos da idea del tesón y el talento de estas damas a lo largo de sus vidas, sentadas frente a placas de vidrio llegadas de un remoto páramo peruano. Pero siempre falta un dato esencial: la distancia a la que se encuentra cada estrella. En el siglo XIX el universo sigue siendo plano. Las estrellas son luces sobre un fondo negro carente de profundidad. Nadie sabe cómo son las dimensiones reales de ese espacio, si las estrellas están cerca o lejos. Es un cosmos que solo posee alto y largo, pero no anchura.

Al volver Henrietta de Europa, Pickering le ofrece de inmediato entrar en la plantilla de computadoras humanas de Harvard, una nueva adquisición estable para su harén, con el sueldo de 25 centavos de dólar incluido. Ella por supuesto acepta, y recibe de su jefe un nuevo encargo, analizar las conocidas como estrellas variables. Son un tipo de astros que mantienen confundidos a los científicos desde un par de siglos atrás, porque cambian de brillo de manera periódica. De forma que, al mirar al cielo en un ángulo concreto, vemos que la misma estrella brilla en unos días más que en otros. Es como si la estrella tuviese mecanismos en su interior que hacen que su intensidad fluctúe, pasando por temporadas de más o menos luz en ciclos estables, a veces de días, otras veces de meses. El astrónomo Johannes Holwarda descubrió una primera estrella variable, Omicron Ceti, en 1638, y en 1784 otro astrónomo, John Goodricke, explicó la variabilidad de una estrella llamada Delta Cephei como resultado de cambios en su temperatura. Ya que Delta Cephei está situada en la constelación de Cepheus, a estas estrellas fluctuantes se las conocerá también, por extensión, como cefeidas. A principios del siglo XIX todos los científicos aceptan que las cefeidas pulsan por cambios en su interior que afecta al calor que emiten, pero están muy lejos de comprender el mecanismo exacto que lo causa. Lo único que podían hacer era contarlas. Y es precisamente eso lo que le encarga Pickering a Henrietta Leavitt. Que busque estrellas variables, esos misteriosos astros parpadeantes que se oscurecen para renacer una y otra vez.[15]

---

15   Nota para aprender más. Hoy conocemos que hay al menos 22 tipos distintos de estrellas variables, dependiendo del modo y de la causa en que cambian su brillo. El motivo más frecuente son pequeñas contracciones y expansiones de tamaño debidas a las

Tarea que la joven toma con pasión. Decide emplear la técnica de la alineación, que consiste en sobreponer placas del mismo punto del cielo capturadas en noches distintas desde un ángulo siempre exacto. Es una labor titánica, pero Henrietta se la toma tan en serio que termina exigiendo un programa de trabajo del telescopio Bruce adoptado a sus necesidades. Lo curioso es que su jefe acepta. Las mulas, los trenes y los navíos van trayendo desde Carmen Alto fardos de placas que *miss* Leavitt analiza «con un entusiasmo casi religioso», en palabras de una compañera. La mujer se centra primero en una sección del cielo conocida como Nubes de Magallanes. En el siglo XX descubriremos que esas nubes de luces y estrellas difusas, con apariencia de polvo brillante, son en realidad dos galaxias distintas vecinas de nuestra propia galaxia, la Vía Láctea. Pero en el siglo XIX muchos las consideran simples agregaciones de partículas cósmicas cercanas a la Tierra. Te pido que recuerdes que la mayoría de los astrónomos piensan entonces que la Vía Láctea es el universo al completo. A lo largo de dos años Henrietta consigue localizar y fijar en el firmamento dieciséis estrellas variables dentro de las Nubes de Magallanes. Resalto lo de «dentro»: ella demuestra que quienes pensaban que esas formaciones eran solo polvo cósmico están equivocados. Sean parte o no de la Vía Láctea, como jirones desgarrados de nuestra galaxia, lo cierto, dice *miss* Leavitt, es que se trata de constelaciones por derecho propio, llenas de estrellas, que deben estar muy lejos de la Tierra para que a simple

---

fuerzas nucleares de su interior. Sabemos también que todas las estrellas son variables, aunque en la mayoría la pulsación resulta inapreciable. La intensidad del Sol, por ejemplo, cambia un 0,1 por ciento en periodos de once años. Si fuésemos poetas, podríamos decir que todas las estrellas laten como corazones cósmicos.

vista se observen tan tenues. Se trata de un descubrimiento fabuloso que Pickering no tarda en publicar, con su nombre por supuesto, obviando los esfuerzos de su empleada.

La Pequeña Nube de Magallanes, vista desde el desierto de Namib en Namibia.

Pero en esa etapa clave de su trabajo a Henrietta le entra una especie de fiebre viajera. Pide permiso y se va a Europa. Estará por allí dos años, visitando Inglaterra y tal vez otros países, acompañada de algunos familiares. Cuando vuelve por fin a Estados Unidos no se instala en Boston. Pickering está desesperado, pues la placas de las Nubes de Magallanes se apilan sin que su mejor *computer* les dé significado. Henrietta, en realidad, tiene otra vez graves problemas de salud. Los dolores de oído son cada vez mayores y su otorrino le pide que se mude a un lugar cálido, evitando el frío de Boston. Ella decide quedarse a vivir con su padre en Beloit, un pueblecito de Wisconsin, donde encuentra trabajo como profesora ayudante ¡en una academia de Bellas Artes! Parece una locura, pero nosotros sabemos, gracias a nuestros poderes de historiadores, que no se trató de un capricho. Varios parientes de Henrietta tuvieron problemas de salud en ese tiempo y ella, tan entregada a su familia, se quedó allí para ayudar. Dio prioridad al cuidado de los enfermos por encima de la investigación astronómica, que adoraba y echaba de menos. No será hasta finales de agosto de 1902, cuatro años después de abandonar Boston, cuando se incorpore de nuevo a la sala de análisis de Harvard. Pickering, en vez de enfadarse, se siente aliviado. Pensó que había perdido a su *computer* para siempre, y le ofrece una cálida bienvenida. Le promete que en adelante incluirá su nombre en las publicaciones que realice sobre su trabajo y le aumenta el salario de 25 a 30 centavos de dólar por hora. Qué generosidad. Pero ella se muestra contenta y, como si cuatro años de ausencia no fueran nada, se pone de nuevo a la tarea sobre sus placas de las Nubes de Magallanes.

Hacia el otoño de 1904 el número de estrellas variables descubiertas por nuestra Henrietta suma otras veinticinco. Como se van publicando en revistas especializadas, y en los artículos firmados por Pickering ya aparece su nombre, ella empieza a ser conocida en los círculos astronómicos. Un catedrático de la Universidad de Princeton escribe una halagadora carta a Pickering, no a ella, pero la menciona: «Miss Leavitt es una verdadera fanática de las estrellas variables, tanto que resulta casi imposible seguir el ritmo de sus nuevos descubrimientos», dice. Su popularidad llega incluso a trascender los círculos especializados y alcanza los medios generalistas. Ese otoño de 1904 el diario *The Washington Post* da una noticia sobre sus hallazgos estelares. El titular es el siguiente: «Henrietta S. Leavitt, del observatorio de Harvard, ha descubierto 25 nuevas estrellas variables». El periodista hace después una broma a cuenta de un productor de espectáculos muy famoso en la época, llamado Charles Fhorman, descubridor de muchas actrices de talento: «Su récord casi iguala al de Fhorman». Se trata de un comentario humorístico que compara estrellas teatrales con estrellas astronómicas, pero el artículo nos da una medida de la repercusión del trabajo de esa mujer encerrada en los cuartos añejos de Harvard.

Pese a lo importante de esta tarea, Henrietta no habría pasado a la historia de la ciencia más que otras compañeras suyas de harén, como Williamina Fleming o Anne Cannon, si solo se hubiese quedado en esa labor de recolectora de estrellas. Pero la gran aportación de nuestra protagonista, el hallazgo que abrirá las puertas a la astronomía moderna y a la comprensión del cosmos, está por llegar. Aunque no tardará mucho. Te cuento cómo ocurrió. Hacia 1908 son ya 1.777 las estrellas variables catalogadas por Henrietta en las dos Nubes de Magallanes. Es una gran cifra, suficiente, piensa, para realizar análisis comparativos. ¡Y decían que esos análisis debían ser obra de los astrónomos masculinos de Harvard! Ni hablar, lo hará ella. Así que un día, en vez de trabajar sobre nuevas placas, decide revisar de manera estadística todos sus hallazgos anteriores. Y se da cuenta de algo fundamental, que ha pasado desapercibido hasta la fecha: las estrellas variables más brillantes tienen periodos de pulsación más largos. ¿Realmente, me preguntas, es eso algo tan importante? Pues sí, y existe un motivo. En esa época resulta imposible saber el brillo real de una estrella, solo se mide la luz que llega a la Tierra. Estrella intensas pueden parecernos muy tenues simplemente porque están muy lejos. Pero el descubrimiento de Henrietta hacía posible calcular la luminosidad real de una cefeida, aunque solo fuese en relación a otra cefeida. Al conocer ambas luminosidades relativas, gracias a la regla matemática que establece un brillo en función de un tiempo de variación, se puede calcular la distancia existente entre ellas. De esta manera el universo dejaría de ser plano por primera vez en la historia. Podríamos darle cierta profundidad. Se abre ante nosotros la posibilidad de sondear las tres dimensiones del cosmos. Enseguida te lo explicaré con más detalle.

Muchas veces en la historia de la ciencia los grandes descubrimientos que han abierto caminos fecundos para el saber humano han sido enunciados de manera extraordinariamente sencilla, incluso humilde. Es como si el sorprendido investigador tuviese miedo de su propio hallazgo y decidiese compartirlo con sus colegas con extrema prudencia. Pitágoras apenas dejó un enunciado de su famoso teorema sobre las medidas del triángulo, que demostraba la naturaleza geométrica del universo. Newton definió la gravedad con todo un libro, pero la ecuación fundamental, que la fuerza de la gravedad es proporcional a la masa e inversa a la distancia, quedó sepultada en un párrafo plagado a continuación de consideraciones matemáticas. Darwin expuso la evolución de las especies con la frase: «He llamado a este principio, por el cual cada variación leve, si es útil, se preserva, por el término de la selección natural». Einstein dio a conocer al mundo su teoría de la relatividad especial en un artículo titulado humildemente *Sobre la electrodinámica de los cuerpos en movimiento*, lleno por todos lados de fórmulas y afirmaciones oscuramente técnicas. Pues lo mismo ocurre en el caso de Henrietta. En vez de dar voces orgullosas anunciando su hallazgo, ella convence a Pickering para que le deje escribir una memoria sobre todas sus nuevas estrellas variables. La memoria, publicada en la revista interna de la Universidad de Harvard a finales de ese 1908, lleva por título *1777 variables in the Magallanic Clouds*, así de sencillo. Muestra los resultados de su trabajo de seis años y solo al final afirma, como de pasada: «Vale la pena comentar que las variables más brillantes tienen periodos más largos». Y eso es todo.

Pero, como dice el refrán, a buen entendedor pocas palabras bastan. A muchos de los astrónomos que leen la memoria no se les pasa en absoluto por alto la afirmación final gracias al siguiente razonamiento: si todas las estrellas variables de Henrietta están a una distancia similar de la Tierra, ya que todas ellas se ubican en las Nubes de Magallanes, y sabemos que las más brillantes pulsan más lentamente, quiere decir que podremos calcular la luminosidad de cada cefeida a partir de su ritmo de cambio. Una vez dado ese paso, solo necesitamos comparar los brillos de las cefeidas para saber la distancia entre ellas. Henrietta acaba de proporcionar lo que la astronomía andaba buscando desde dos mil años atrás, unos puntos de referencia para medir el universo. Las cefeidas, viene a decir Henrietta, son los faros cósmicos que nos indicarán lo lejos que están realmente unas zonas del cosmos de otras, independientemente de lo fuerte o débil que las veamos lucir en el cielo nocturno. Basta con encontrar estrellas variables en los sectores del universo que queremos medir.

Profundicemos en el razonamiento con un ejemplo. Imagínate que dos marineros en dos barcos distintos sostienen dos focos de diferente intensidad. Desde la playa no podremos saber cuál de los dos focos es más intenso. Ya sabemos que quizá el que vemos más brillante nos lo parezca solo porque está más cerca. Tal vez el más intenso de verdad sea el que esté más lejos y percibimos por tanto más débil. Es la diferencia entre luminosidad real y luminosidad aparente. Nosotros, sentados en la playa, quedaremos en la ignorancia, no hay manera de saber la intensidad verdadera de cada foco sostenido por los marineros. Pero si al lado de uno de los focos colocamos otro del que sabemos su intensidad real, el cálculo de distancias resultará sencillísimo. Solo habrá que ver con qué brillo nos llega la luz del foco conocido para calcular la lejanía del resto de focos. Desde hace muchos siglos sabemos que una fuente de luz que se va alejando disminuye su brillo de manera estable y regular. Al doble de distancia se ve cuatro veces más tenue; a tres veces, nueve; a cuatro veces más lejana, dieciséis veces más débil. ¿Te das cuenta? ¡Solo hay que elevar al cuadrado la distancia para saber la disminución del brillo! Esta norma antigua se llama pues «ley del cuadrado inverso». Y al revés, claro. Si sabemos cuánto brilla un foco en realidad, la disminución de su luminosidad nos dará la distancia exacta a la que va retrocediendo sucesivamente.

Al margen de cómo las veamos desde la Tierra, la consecuencia de lo que dice *miss* Leavitt es que dos cefeidas que varían su luz a un mismo ritmo tienen un brillo real idéntico. Y ahora te hago un pequeño examen. Si observas dos cefeidas con igual periodo de pulsación, y una parece cien veces más tenue que la otra, ¿a qué distancia están ambas? Usa la ley de cuadrado inverso y saca la raíz cuadrada de cien. El resultado es diez. Pues eso es todo. Ambas cefeidas son iguales, pero una nos parece cien veces más débil porque está diez veces más lejos de nosotros que la otra. Aunque encontrarás una falla al aplicar este razonamiento a nuestro asunto de distancias cósmicas.

¿La has visto? ¡Claro, nosotros no sabemos el brillo real de ninguna cefeida! Bastaría solo una que hiciese de foco de luminosidad conocido para calcular la distancia entre ellas y la Tierra. Henrietta estaba proporcionando una regla para medir las distancias relativas entre las cefeidas: ahora podremos afirmar que una cefeida está tres, o cuatro, o seis veces más lejos que otra de la Tierra. Pero esta relación no permite calcular la distancia absoluta, medida en kilómetros o años-luz o lo que sea, entre ellas y nuestro planeta.

Para obtener distancias absolutas y no relativas es necesario algo que se llama calibrar las estrellas, es decir, medir su separación real. Y eso en este siglo XIX ya se puede hacer, en ciertos casos, mediante una técnica muy antigua conocida como triangulación. ¿En qué consiste? Haz un pequeño experimento casero: cierra un ojo y extiende uno de tus dedos hasta que oculte cualquier elemento de la habitación, la manija de una puerta por ejemplo. La manija no se ve porque el dedo la tapa. Ahora cierra ese ojo y abre el otro. ¿Qué ocurre? ¡Que puedes ver la manija! Claro, porque el ángulo en que los dos ojos miran el dedo es distinto. Según qué ojo abras toda la habitación parece desplazarse unos centímetros hacia los lados. En realidad se trata de un triángulo visual, con los vértices en cada uno de los ojos y el dedo en el otro. Ese fenómeno se llama paralaje, y ahora viene lo bueno. Con solo medir la distancia entre nuestros dos ojos y la desviación del dedo en relación al fondo de la habitación dispondremos, mediante una sencilla ecuación trigonométrica, de la distancia a que se encuentra el dedo. Y la ecuación puede trasladarse a cosas más grandes que nuestro dedo. Si, por ejemplo, comisionamos a dos becarios de astronomía para que vayan uno a Madagascar y otro a Papúa y les hacemos ver la Luna, cada uno de ellos observará unas estrellas distintas tras el satélite, es decir, la Luna hace de dedo, las estrellas del fondo de manija de la puerta y los becarios nos sirven de ojos. Sabiendo la distancia entre los becarios podremos triangular la distancia entre la Tierra y la Luna. O entre la Tierra y otros objetos del firmamento.

El problema del método reside en que hace falta que el objeto en cuestión esté lo bastante cerca como para que percibamos el paralaje. Si los objetos son muy, pero que muy lejanos, no veremos nada de paralaje porque los ángulos de visión se cierran demasiado y se muestran como una línea recta. Aunque siempre podemos aumentar el campo de cálculo usando distancias conocidas muy grandes como base del triángulo visual. Es posible, sin ir más lejos, utilizar toda la órbita terrestre. Además, ahora necesitaremos un solo becario, que mire una estrella y su fondo nocturno en el mes de junio, y vuelva a mirarla después en el mes de diciembre. La Tierra estará en dos puntos opuestos de su órbita anual, por lo tanto a dos veces la distancia Tierra-Sol. Eso son unos 300 millones de kilómetros. ¡Hemos conseguido unos ojos muy separados, y por tanto una enorme base del triángulo visual! Según el grado de desplazamiento de la estrella observada en relación a un punto del firmamento, así de grande será su distancia real a la Tierra. Con ese sistema el matemático John Herschel logró en 1838 medir el espacio que nos separa a nosotros de Alpha Centauri, la estrella más cercana al Sol, que estimó en cuarenta billones de kilómetros.

Al conocer el descubrimiento de Henrietta sobre la relación brillo-pulsación de las estrellas variables, astrónomos de todo el mundo se ponen como locos a buscar una cefeida que pudiese ser triangulada por ese medio. Con solo una que hiciese de foco conocido sería suficiente, como en el ejemplo de nuestros marineros. Pero no hay éxito. El paralaje solo es perceptible para astros que se encuentren, como máximo, a 3.262 años-luz. A partir de ahí no se puede medir, ni siquiera con los instrumentos más avanzados. Y, por desgracia, ninguna cefeida se encuentra dentro de ese radio, que en medidas cósmicas es algo así como el barrio de al lado. El magnífico hallazgo de Henrietta queda pues aparcado, con astrónomos de todo el mundo mesándose los cabellos mientras buscan la forma de calcular la distancia a una única cefeida, la llave para medir el universo al completo.

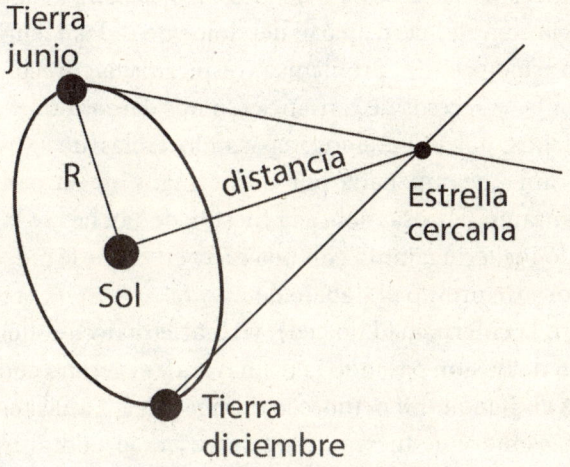

Esquema de medida del paralaje empleando la órbita terrestre como base de triangulación.

Como todo el mundo científico, *miss* Leavitt también desea dedicarse a la búsqueda de esa medida fundamental.

Sin embargo, su jefe se opone. No le parece asunto para una mujer. Muchos cerebros masculinos más capacitados, piensa, ya están dedicados a esa tarea. Henrietta es una simple sumadora de datos. «Se le paga por calcular, no por pensar», llega a decir Pickering. En agosto de 1908 le encarga otro trabajo según él más adecuado a sus funciones. Quiere que se olvide de las variables y se dedique a computar los movimientos de las 96 estrellas situadas en la llamada Secuencia Polar Boreal, en torno a la estrella Polaris. Henrietta no tiene más remedio que aceptar, y termina por mostrarse amable, obediente, como siempre. Pero apenas puede iniciar la nueva tarea. En otoño cae otra vez enferma y es ingresada en un hospital de Boston, donde permanecerá hasta las navidades. No sabemos de qué dolencia se trata, pero aparte del dolor de oídos Henrietta sufrirá siempre de problemas respiratorios, frecuentes pulmonías y accesos de cansancio. Si nos damos una vuelta por el hospital la veremos repasando tablas de estrellas en la cama, acompañada por un hermano de su padre y con un ramo de rosas sobre la mesilla de noche. Se las ha enviado Pickering, junto con una carta en la que le pide que se incorpore pronto al trabajo de nuevo.

Pero la enfermedad no cede, y Henrietta decide alejarse del frío de Boston pasando la primavera y el verano con sus padres en Benoit. En octubre le escribe por fin a Pickering. No se siente con fuerzas para regresar, le comunica, y pide unos meses más de descanso para mejorar su débil estado de salud. La respuesta de su jefe tiene un toque de desesperación. Le desea una recuperación pronta y le pide ¡si puede trabajar aunque sea desde casa! Él le enviará las placas fotográficas de la Secuencia Polar Boreal. Henrietta accede. Le promete que dedicará a los análisis dos o tres horas al día, sin cobrar nada. Claro, en este tiempo no hay seguro social y los enfermos no ingresan sueldo alguno. Una semana más tarde ella recibe desde Harvard una enorme caja llena de placas de vidrio, fichas de registro, un marco de madera y una lupa de pulgada y media. Son los instrumentos que Pickering cree indispensables para la labor de contadora de estrellas. El 14 de mayo de 1910, año y medio después de caer enferma, regresa por fin a Harvard. Pero no por mucho tiempo. Su padre muere en marzo siguiente y Henrietta decide quedarse con su madre. Pickering reanuda el envío de placas por correo. Ahorrarse un sueldo le compensa las molestias y el peligro que corren los frágiles vidrios durante los trasiegos del viaje. A cambio, ella le manda informes periódicos de sus hallazgos sobre las estrellas vecinas de Polaris. Este trabajo a distancia se prolonga hasta el otoño de 1911, cuando nuestra protagonista regresa de nuevo a la sala de Harvard.

Entregada durante ese tiempo de convalecencia a la Secuencia Polar Boreal, que clasificó convenientemente tras analizar casi trescientas placas, Henrietta pide entonces retomar el estudio de las estrellas variables. Pero ahora la tarea a la que se dedica es puramente de análisis, sin buscar nuevas cefeidas. Lo que hace es seleccionar tan solo veinticinco variables y observarlas de nuevo para calcular con la mayor precisión posible la relación entre brillo y ritmo de pulsación. En esta época *miss* Leavitt vive entregada al trabajo. Se ha instalado con su tío en una casa cercana a la propia universidad de Harvard, y pasa días enteros sentada en su puesto, en silencio, sin dejar que nadie la perturbe. Algunas compañeras dicen que la sordera de Henrietta, ya muy intensa, le permite una mayor concentración en el trabajo. Fíjate: la mesa de caoba de la calculadora está plagada de tablas astronómicas y papeles manuscritos, de ecuaciones y placas de vidrio, pero todo se mantiene en un orden impecable. Henrietta es sumamente ordenada, estricta, tranquila. De vez en cuando descansa y va a la iglesia para asistir a misa. ¡Ojalá hubiese dejado un diario personal, unas cartas mostrando su estado de ánimo, unos apuntes sobre las impresiones que le causaba su trabajo! No escribe nada de eso. Ni siquiera nosotros, que podemos observarla, logramos entrever alguna de sus emociones. Parece que ha adoptado conscientemente el rol de computadora humana. Su expresión es siempre serena, su silencio constante, su entrega al trabajo absoluta. Quizá se emocione íntimamente al saber que está a punto de entregar la regla para medir el universo. O quizá solo se concentra en el frío cálculo de la relación matemática que guía el ritmo de las cefeidas.

No lo sabemos. Pero dejando de lado nuestra curiosidad por los sentimientos de esta mujer tan reservada, lo que sí conocemos es que el 3 de marzo de 1912 Pickering firma un trabajo con las conclusiones de Henrietta. Como le había prometido, cita su nombre en el encabezamiento: «El siguiente informe sobre los periodos de 25 variables de la Pequeña Nube de Magallanes ha sido preparado por miss Leavitt». Menos mal, al menos no se atribuye el mérito en exclusiva. El trabajo está lleno de números, gráficos y tablas sobre esas veinticinco cefeidas, y demuestra de forma concluyente que existe una relación fija, directa y mensurable entre el brillo real de una estrella variable y su periodo de variación lumínica. Henrietta afina la regla de medición de distancias estelares en una ley de cálculo que se conocerá como teorema de Leavitt. Solo hacía falta encontrar la distancia a una única cefeida para que todas las distancias del universo empezasen a revelarse en cascada, comparando la magnitud de las estrellas variables en cada zona del cosmos mediante la regla proporcionada por una mujer sencilla desde su mesa de caoba en Harvard.

Hacia 1912 los esfuerzos de los astrónomos para lograr una triangulación más lejana mediante paralaje han logrado medir las distancias a más de un centenar de estrellas, incluidas Sirio, Alfa Centauri, Vega, Procyon y 61 Cygni. Por desgracia ninguna es una cefeida, así que sigue faltando la referencia absoluta. Pero las investigaciones sí deparan un hallazgo espectacular. Todas esas estrellas, que sin duda son las más cercanas a nosotros y que por eso se pueden triangular, parecen estar a años-luz de distancia. Un año-luz es el espacio que recorre una gota de luz en un año a la velocidad de 300.000 kilómetros por segundo, y por tanto al multiplicar esa cantidad por los segundos que tiene un año el resultado implica una cifra enorme: un año-luz equivale a unos diez billones de kilómetros. Si el Sol está a 150 millones de kilómetros de la Tierra, había que aceptar que las estrellas se desperdigan a distancias grandísimas por un universo inmenso. Ya sabemos que la estrella más próxima al Sol, Alfa Centauri, está a cuatro años-luz, separada de nosotros por un vacío de cuarenta billones de kilómetros. Es mucho más de lo que antes se podía concebir. Por primera vez la humanidad asume el concepto de espacio profundo. Y, por tanto, o la Vía Láctea es mucho más extensa de lo imaginable, o hay otras galaxias similares repartidas por el cielo. Los científicos empiezan a llamar «universos isla» a esas otras galaxias separadas por una gran nada cósmica. Solo a principios del siglo XX, y gracias en buena parte a los estudios de *miss* Leavitt, empezamos a ser conscientes de la inmensidad del espacio.

Al leer el artículo de Henrietta un astrónomo llamado Harlow Shapley tiene una idea. Al fin y al cabo, para triangular sobre distancias mayores solo hace falta ampliar la base del triángulo visual. Si la órbita terrestre al completo no es suficiente para alcanzar una cefeida, ¿sería posible emplear el movimiento del propio Sol en relación a las nubes de estrellas que flotan en el cielo? ¡Ello supondría tener una base visual enorme, de amplitud verdaderamente cósmica! El Sol arrastra a sus planetas en una danza celeste, lo que equivale a una especie de una órbita del Sistema Solar en torno a otros puntos de la Vía Láctea. Los astrónomos ya han calculado en esta época los ligeros cambios en el firmamento provocados por el movimiento del Sistema Solar. Saben además que las constelaciones giran en relación a nosotros a distintas velocidades. Las que se desplazan más despacio parecen estar más lejos. No te sorprendas. Aunque resulte extraño es algo que instintivamente percibimos todos los días: cuanto más lejano vemos un objeto, más lento se mueve a nuestros ojos. Para que lo compruebes solo necesitas mirar los coches en una autopista. Por tanto, piensa Shapley, podemos buscar una cefeida en uno de esos cúmulos y apuntar con mucho cuidado su posición. Años más tarde debemos buscar la misma cefeida y volver a situarla. El cambio entre ambas posiciones con relación al resto de las constelaciones más lejanas nos dará una desviación de paralaje. La cantidad será muy sutil, pero Shapley tiene a su disposición una herramienta maravillosa, el nuevo telescopio de Monte Wilson, recién inaugurado en California y que con sus 152 centímetros de lente casi triplica la potencia del telescopio Bruce de Arequipa. Los instrumentos de Monte Wilson pueden no solo calcular la velocidad transversal de un grupo de estrellas, es decir, su rapidez de desplazamiento en el cielo, sino también la velocidad radial, que define su alejamiento o acercamiento a la Tierra.

Así pues, Shapley empieza a medir la velocidad de cúmulos que contienen cefeidas. Escribe una carta a Pickering donde califica el teorema de Leavitt como «uno de los resultados más importantes de la astronomía estelar», y le ruega que le mantenga informado de los avances sobre nuevas variables. La petición es bien recibida, pero debe esperar. Henrietta enferma de nuevo, esta vez del estómago, y debe someterse a una operación quirúrgica que la mantendrá alejada de Harvard durante tres meses. Por fin, en 1914 Shapley recibe un catálogo magnífico compuesto por 2.458 cefeidas, todas ellas descubiertas por *miss* Leavitt. Con esos datos y sus propias observaciones Shapley logra hacer un estudio de la velocidad percibida desde la Tierra de distintos cúmulos de estrellas. Compara la luminosidad de once cefeidas contenidas en esos cúmulos, unas de pulsación muy lenta y otras de pulsación muy rápida, y extrapola los resultados mediante cálculos estadísticos. Por último, combina la regla de brillo-periodo del teorema de Leavitt con la velocidad de los cúmulos estelares y crea una especie de esqueleto de la Vía Láctea al completo, con relaciones de distancias entre sus partes. En 1918 Shapley publica sus resultados. Según él, la Vía Láctea mide la cifra magnífica de 300.000 años-luz de diámetro. Siendo tan enorme, piensa, debe ser la única galaxia del cosmos. Los «universos isla» no existen, afirma en la memoria donde hace público su titánico trabajo, son solo partes exteriores de la Vía Láctea.

Se equivoca en todo. Pronto otros astrónomos revisarán sus cálculos y sabrán que nuestra galaxia tiene un diámetro de tan solo 100.000 años-luz, lo que de todas formas no deja de ser una cifra mucho mayor de lo imaginado hasta entonces. Encontrarán también que fuera de la Vía Láctea existe otra inmensidad de estrellas repartidas en miles de millones de galaxias semejantes a la nuestra. Pero no te burles de Shapley. Sus errores prácticos no le restan mérito a su trabajo teórico.[16] Él ideó la forma de calibrar la distancia real entre estrellas, derivándola de las distancias relativas fijadas por Henrietta. Todos los astrónomos posteriores combinarán ambos sistemas para calcular espacios cada vez más amplios. En 1923 Edwin Hubble utilizará un nuevo telescopio aún mayor, con una impresionante lente de 245 centímetros, instalado también en Monte Wilson, y encontrará una cefeida en la nebulosa de Andrómeda. Utilizando el teorema de Leavitt y la calibración de Shapley, Hubble fija la distancia entre Andrómeda y nosotros en un millón de años-luz, y da así la primera aproximación a las auténticas dimensiones del cosmos. Hoy sabemos que la distancia real entre los bordes de Andrómeda y de la Vía Láctea es de dos millones y medio de años-luz, pero la cifra exacta no importa demasiado. Hablando de millones, no de miles, de años-luz, nadie duda ya de que Andrómeda es otro «universo isla», que las lucecitas del firmamento nocturno no son estrellas cercanas o nubes de polvo, sino multitud de galaxias enormes, tan lejanas que apenas nos llega su brillo. A partir de ese momento las medidas cósmicas se calculan rápidamente, en cuestión de años se establecen distancias

---

16 El cálculo erróneo de Shapley se produjo, hoy lo sabemos, porque no tuvo en cuenta la dispersión de la luz estelar causada por el polvo cósmico. El universo presenta una especie de neblina de partículas que disminuye el brillo de las estrellas, igual que el faro de un coche parece más débil en un día de niebla. Usando la corrección necesaria, las ecuaciones de Shapley ofrecen resultados bastante buenos en las mediciones del cosmos.

antes increíbles. El ser humano se asoma por primera vez, lleno de asombro, a la inmensidad del verdadero tamaño del universo.

Henrietta Leavitt, trabajando en la década de 1910.
Se desconoce la fecha exacta de la fotografía.

Pero Henrietta no llegará a ver esta imagen majestuosa que ella ayuda a desvelar al mundo. Morirá antes. En 1921 está cerca de cumplir 53 años y disfruta de un discreto reconocimiento científico. Es ascendida al puesto de jefa de fotografía estelar y trabaja en un nuevo proyecto, el análisis de las longitudes de onda de la luz. Otra tarea rutinaria encargada años atrás por Edward Pickering, quien había fallecido de neumonía en 1918. El puesto de director del observatorio será ocupado pronto precisamente por

Harlow Shapley, quien valora mucho la actividad de su mejor *computer*. La trata de igual a igual, como una colega por derecho propio. Sin embargo, la satisfacción profesional de Henrietta se ve empañada por problemas económicos. La herencia del padre se ha acabado y la madre se queda sin recursos: se hace cargo de ella. El magro sueldo de *miss* Leavitt, pese al aumento que conlleva su nuevo cargo, no es suficiente para mantenerlas a ambas. Sin pedir ayuda a nadie, opta por buscar otro trabajo, que combinará con su labor de contadora de estrellas. Lo único que encuentra es un edificio de apartamentos en la calle Linnean, cerca del observatorio, donde necesitan dos amas de llaves. Ella y su madre aceptan. En los últimos meses de su vida la eminente astrónoma deberá hacer doble jornada. Cada día dedicará siete horas a mirar placas fotográficas, y otras tantas a preparar coladas, lidiar con inquilinos y fontaneros, mantener el edificio como una criada más. Al menos les dan un cuarto gratis donde vivir.

En noviembre de 1921 las molestias abdominales de Henrietta aumentan bruscamente. Ella cree que solo se trata de secuelas de su vieja cirugía. Acude al médico y recibe una terrible noticia: tiene cáncer de estómago, en fase terminal. Con calma comunica la enfermedad a Shapley, se despide de sus compañeras, ordena su legado científico. Pero sigue sin expresar ninguna emoción. No tiene dinero para ingresar en un hospital, así que ella y su madre se trasladan a la vieja casa familiar de Cambridge. Las contadoras de estrellas de Harvard van a visitarla. También acude Shapley, que le lleva flores blancas. Acompañémosle. Es el 8 de diciembre. La peor tormenta que se recuerda en años azota Cambridge. El vendaval es tan intenso que derrumba árboles y postes eléctricos. Hay apagones de luz. La nieve hace crujir las ventanas del cuarto donde Henrietta reposa en una camita metálica. Hace mucho frío y huele al aceite quemado de la estufa. La enferma tiene el rostro demacrado, lívido, presenta una delgadez triste. Apenas puede hablar. Shapley, impresionado, le toma la mano y le declara su admiración por tantos años de trabajo silencioso. «Una de las pocas cosas decentes que he hecho —escribirá en su vejez— fue visitar a *miss* Leavitt en su lecho de muerte». A las diez y media de la mañana del 12 de diciembre Henrietta fallece, rodeada por su madre y dos de sus hermanos. Llueve mucho, el cielo deja caer un verdadero diluvio. La entierran dos días después en el cementerio de Cambridge, en el panteón familiar, junto a su padre y su tío. El notario lee el testamento ante los familiares. Puedes escucharlo, a nosotros nadie nos ve mientras lo hace. Henrietta lo deja todo a su madre. Pero todo es casi nada. Esta es la lista:

Estantería y libros, 5 dólares. Biombo, 1 dólar. Alfombras (dos), 60 dólares. Mesa alta, 5 dólares. Mesilla de noche, 5 dólares. Escritorio, 10 dólares. Sillas (dos), 2 dólares. Armazón de cama, 15 dólares. Colchones (dos), 10 dólares. Tres bonos bancarios convertibles, 200,91 dólares.

En total, las pertenencias de *miss* Leavitt tras una vida entregada al trabajo suman 314,91 dólares. Cerramos los ojos y volvemos a usar nuestra capacidad viajera para hacer una breve visita.

—Estamos en Carmen Alto de nuevo, ¿verdad? —me preguntas—. Veo el observatorio.

—Sí. Ayer enterraron a Henrietta y hoy quería traerte de vuelta aquí. Los astrónomos siguen trabajando. Hasta 1927 este lugar será puntero en la investigación del cosmos. En ese año lo cerrarán, desmontarán el telescopio Bruce y lo trasladarán a un nuevo observatorio en Suráfrica.

Para entonces la concepción del universo ya no será la misma. Piénsalo. Durante milenios los seres humanos han ignorado casi todo del cosmos. Pensaban que era un fondo que nunca cambiaba, como una nube de bombillas colgando sobre nuestras cabezas. La Tierra en el centro y las estrellas cerca, dando vueltas alrededor. Y de repente, en apenas diez años, nuestra imagen del universo cambió radicalmente. Todo es enorme y evoluciona. El firmamento respira como un ser vivo. La Tierra no está en el centro de nada. El universo no tiene centro. El trabajo de Henrietta nos hace conscientes de sus medidas gigantescas. Einstein ya ha publicado su teoría de la relatividad. Acabamos de asomarnos a la inmensidad del cosmos y a las leyes que lo gobiernan. Nunca el conocimiento humano ha avanzado tanto como en estos primeros años del siglo XX.

—Entonces, ¿ya sabemos cuánto mide el universo?

—No es tan sencillo. Solo podemos contemplar una parte del universo, que llamamos el universo observable. Consiste, parece, en una esfera de 93.000 millones de años-luz de diámetro. Contiene al menos un billón de galaxias con una media de cien mil millones de estrellas en cada una. Ese universo observable es hasta donde ha podido llegar la luz desde el nacimiento del cosmos. Todo lo que nos ocurra a los seres humanos sucederá dentro de él. Fuera debe existir otra extensión del universo que nunca contemplaremos, y nada de lo que pase allí puede afectarnos. No sabemos cómo de grande es el universo total. Al menos, gracias al teorema de Leavitt, hemos sido capaces de entender la mayor revelación de la historia de la ciencia: que el universo no es eterno. Surgió hace 13.820 millones de años en una gran explosión que llamarán el *Big Bang*. ¿Te acuerdas de Edwin Hubble, el medidor de la distancia a

Andrómeda? En 1924 observará el movimiento de nebulo-sas muy lejanas y averiguará que el cosmos se expande. Todas las galaxias se alejan unas de otras. Por tanto, si retrocedemos al pasado hubieron de estar más cerca, concentrándose en menos espacio. En algún momento estuvieron tan juntas que eran un solo punto en la nada, del que nacieron y empezaron a extenderse. Ese punto fue el *Big Bang*. Y sabemos también que algún día el universo morirá. Quizás para renacer de nuevo.

—Sabemos pues muchas cosas —afirmas—. Aunque es posible que jamás lleguemos a saberlo absolutamente todo.

—No puedo estar más de acuerdo con eso —te digo mientras nos adentramos de nuevo en nuestra máquina del tiempo. Es momento de partir a un nuevo destino.

La noche de Arequipa nos despide con un cielo frío, silencioso, cuajado de estrellas.

EL ORDEN SECRETO DEL MUNDO: EMMY NOETHER

En 1925, cuando Henrietta Leavitt llevaba cuatro años enterrada, un profesor de Matemáticas sueco llamado Gösta Mittag-Leffler le envió una carta a Harvard. El hombre, desconociendo que Henrietta estaba muerta, le comunicaba su intención de proponerla para el Premio Nobel de Física. Fue Harlow Shapley quien tuvo que contestarle explicando que *miss* Leavitt había fallecido. Como el Nobel solo se otorga a personas vivas, no hubo propuesta. Es algo semejante a lo que le pasó a nuestra siguiente protagonista. En vida gozó, como Henrietta, de un amplio reconocimiento a su labor, pero no fue hasta después de la muerte cuando la importancia de sus hallazgos se valoró en la justa medida. En pleno siglo XXI el nombre de la mujer que vas a conocer estará en el centro de las teorías físico-matemáticas más avanzadas, como la mecánica cuántica y la relatividad general. De hecho, Einstein la calificó como la mejor matemática de la historia. Hay incluso científicos que la consideran el mayor genio matemático que ha dado el mundo, incluyendo a hombres o mujeres. Pero para el gran público sigue siendo una perfecta desconocida. En fin, te diré para empezar que se llama Amalia Emmy Noether, aunque ella se refería a sí misma simplemente como Emmy. Y el fascinante relato de su vida entreteje la ciencia con una de las etapas más negras de la humanidad, las dos guerras mundiales que arrasaron Europa en la primera mitad del siglo XX. Una época de la que Emmy fue víctima y protagonista a partes casi iguales dada su situación de científica, mujer, comunista y judía alemana a merced del nazismo. Estas cuatro condiciones marcaron su devenir.

Primera foto conocida de Emmy Noether, tomada en 1899.

Visto con nuestra perspectiva de historiadores, esa primera mitad del siglo XX nos parece un caos de contradicciones. Por un lado la ciencia avanzó como nunca lo había hecho. En esos años los seres humanos lograron por primera vez acercarse a la naturaleza profunda del cosmos y a las leyes que lo rigen. Fue el tiempo en que nos asomamos al mundo real del átomo y al abismo maravilloso de la mecánica cuántica, y la relatividad nos enseñó las reglas básicas que diseñan el universo. Pero fue también el tiempo de la sinrazón más profunda, de las matanzas indiscriminadas y las guerras premeditadamente sanguinarias, del intento de exterminio planificado de una raza entera de personas. El conocimiento científico avanzado se hizo compatible con la barbarie. Europa, la luz de la cultura occidental, enloqueció. Cuanto más sabia parecía, más irracional se mostraba.

Ven, vamos a viajar a una ciudad que se llama Erlangen, en el corazón de la Baviera alemana. Aterrizamos el 23 de marzo de 1882. El matrimonio entre el profesor de Matemáticas Max Noether y la joven Amalia Kauffman está a punto de tener su primer bebé. Ambos son judíos y proceden de familias acomodadas dedicadas al comercio al por mayor. El apellido Noether es sin embargo reciente. El abuelo de Max, Elías, al fundar una empresa de venta de acero, decidió adoptarlo para esconder su condición judía. Su verdadero apellido era Samuel, Elías Samuel: demasiado evidente para hacer negocios en una Alemania que ya manifestaba un profundo rechazo a todo lo hebreo. Así que bautizada como Amalia Emmy Noether, la niña será la primogénita de cuatro hermanos, todos varones menos ella. Va creciendo como una cría normal, feliz, en una buena casa y con unos padres inteligentes y equilibrados. Un hogar burgués que solo se diferencia del resto por la constante presencia de las matemáticas. Max, como profesor titular de Geometría Algebraica de la universidad local, siempre invita a casa a colegas y alumnos. Emmy crece oyendo hablar de problemas obtusos de álgebra, topología y teoría de números. Y por voluntad propia, sin que nadie la obligue, decide estudiar Matemáticas. Incluso asiste, mientras estudia los cursos de primaria en la escuela local para señoritas, a las clases que da su propio padre en la universidad. Mírala ahí sentada, en silencio, como una infiltrada clandestina, intentando pasar desapercibida, una niña pequeña en medio de estudiantes masculinos y adultos. No sabemos si entiende algo de las clases, pero Max se da cuenta pronto de las dotes de su hija para los números. Al hombre le gusta narrar una anécdota. En las fiestas infantiles suele poner acertijos de lógica y matemáticas a la chiquillería. Emmy, con menos de once años de edad, es siempre la primera en resolverlos con una facilidad desconcertante.

Pero cuando Emmy empieza a plantearse su futuro no elige en principio las matemáticas. Quiere ser profesora, como su padre, y en esa época las aspiraciones profesionales de una joven en el mundo de la educación se limitan a enseñar idiomas en institutos de secundaria. Cualquier otra actividad docente está vetada a las mujeres. Ya lo ha dicho el *kaiser* Guillermo II, el conservador líder de la Alemania en esta época. Las damas deben dedicarse a las tres kas: *kirche, köche, kinder* —iglesia, cocina y niños—. Sin salir de eso. Por tanto Emmy, a los catorce años, se matricula en una escuela de idiomas y cuatro años más tarde, en 1900, se licencia con sobresaliente y logra un título que le permite enseñar francés e inglés. Su carácter ya está formado. Es una mujer alta, seria, cariñosa, muy espontánea y atenta, interesada en la política, curiosa en todos los aspectos de la sociedad, lectora infatigable y absolutamente despreocupada en cuestiones como su aspecto personal, los peinados de moda o los vestidos. Tiene muy pocas amigas, pero se lleva bien con los chicos. Sobre todo con los alumnos más listos de su padre, con quienes gusta de conversar sobre matemáticas y actualidad política. No sabemos si sintió atracción por alguno de ellos, si esa Emmy adolescente llegó a creer que estaba enamorada. Lo cierto es que nunca se casará ni se le conocerán relaciones sentimentales. Más tarde dirá que prefirió ser fiel a sus amantes eternos, los números; los amoríos le quitaban tiempo para hacer ecuaciones. Una opción personal tan respetable como cualquier otra, por extraño que nos suene. Déjalo estar. Las únicas aficiones de Emmy al margen de las matemáticas consisten en tocar el piano y bailar. Siempre le encantará la danza y a veces se arrancará con unos pasos cuando escuche música, incluso en situaciones de lo más inadecuadas.

De manera que aquí está la joven Noether, con su flamante título de profesora de francés e inglés, y de repente dice que no quiere enseñar idiomas, que prefiere ir a la Universidad de Nüremberg para estudiar Matemáticas. Suena a un disparate. Las leyes prohíben la matriculación de mujeres en las facultades alemanas, y precisamente el claustro de Nüremberg acaba de rechazar la presencia femenina con el argumento de que la coeducación puede «subvertir todo el orden académico», nada menos. Pero Emmy no se rinde. Gracias a los buenos contactos de su padre idea un truco que le permite sortear las normas. Asiste como oyente, no como alumna, a las clases, con el permiso previo de cada uno de los profesores que imparten las asignaturas. Algunos la rechazan y no puede por tanto diseñar un programa de estudios a su gusto, pero consigue el derecho a examen, que equivale a una matrícula encubierta. En septiembre de 1900 es la primera y única mujer que estudia en la Universidad de Nüremberg, acompañada por 986 alumnos varones. Al año siguiente tendrá una compañera, otra joven que sigue sus pasos y consigue ser admitida en las mismas condiciones restrictivas que Emmy. El examen de graduación tiene lugar el 14 de julio de 1903. Pese a las dificultades docentes y la desventaja de no poder seguir todas las asignaturas, la señorita Noether se enfrenta al mismo examen que los alumnos hombres. Los supera a casi todos. Sus notas son tan brillantes que un amigo de su padre, el matemático Felix Klein, la anima a pensar en un doctorado. Son palabras mayores, porque un doctorado en matemáticas en la Alemania de principios del siglo XX supone un asunto muy serio.

Verás, debo contarte ahora que en esta época que estamos visitando el centro mundial de las matemáticas se ha desplazado rotundamente desde Francia a Alemania. La vieja derrota frente a Napoleón y la conquista francesa de Prusia habían creado un sentimiento de humillación que desembocó en una reacción de puro orgullo: el pueblo alemán debía luchar por una supremacía técnica que evitara la repetición de una debacle similar. El país se enfrentó a un profundo cambio cultural que pronto se conocerá como la *Geisterevolution*, la revolución intelectual. En el arte llevó al exaltado romanticismo alemán, en la música se plasmó en las épicas óperas de Wagner y en la enseñanza propició la mayor reforma del sistema educativo emprendida nunca en Europa. La supremacía técnica alemana solo podía alcanzarse si se apostaba de forma rotunda por el desarrollo científico. Las universidades tuvieron más medios y se crearon instituciones independientes para gestionarlas. Se establecieron los tribunales de méritos, se obligó a los profesores a combinar las clases con la investigación y se estimuló la actividad de los alumnos creando exigentes programas de postgrado. En fin, si te fijas, en esta Alemania despechada nació la universidad moderna. Los resultados fueron rotundos. El país pronto se situó a la cabeza de Europa en hallazgos científicos y en el desarrollo de sus aplicaciones técnicas. Por ejemplo, toda la física y la matemática de principios del siglo XX, con sus espectaculares descubrimientos, está plagada de nombres alemanes. Albert Einstein, Max Planck, Werner Heisenberg, Erwin Schrödinger, la propia Emmy, junto a miles de otros científicos, fueron el fruto de esa apuesta decidida.

Las matemáticas, en concreto, dejaron de enseñarse en las facultades de filosofía y tomaron carta de naturaleza propia. En esta época en que Emmy Noether piensa si debe hacer un doctorado, la geometría y la aritmética tienen una nueva catedral mundial que ya no está en París. Se sitúa en la Universidad de Göttingen, una pequeña ciudad de Baja Sajonia, en las orillas del río Leine, donde enseñan eminencias como el astrónomo Karl Schwarzschild, futuro descubridor de los agujeros negros, o el geómetra Hermann Minkowski, quien definirá los espacios curvos cuatridimensionales del espacio/tiempo, o el matemático David Hilbert, que se adelantará al propio Einstein en el desarrollo de las ecuaciones de campo de la relatividad. Son solo algunos de los muchos cerebros brillantes de Göttingen, y Emmy no duda de que quiere ir allí. Sus excelentes notas le abren la puerta de esta majestuosa universidad y en ella estudiará un semestre, preparando su tesis doctoral y asistiendo a las clases de todos esos científicos de primer nivel. Y es entonces cuando Emmy de verdad se enamora perdidamente de su eterno amante: las matemáticas. Al regresar a la casa de sus padres en Erlangen anuncia su intención de dedicarse de por vida al estudio de los números. Como tema de tesis elige la teoría de invariantes, que estudia entidades matemáticas que no cambian pese a someterlas a transformaciones. Por ejemplo, la suma de cuatro con tres da el mismo resultado que si transformamos la operación en sumar tres con cuatro. Aunque, por supuesto, las transformaciones pueden ser muchísimo más complejas y con elementos mucho más extensos que este caso simple que te he mostrado. Presenta la tesis en diciembre de 1907 y logra la máxima calificación. ¡Ya es doctora en Matemáticas, la segunda mujer en lograrlo en Alemania! Años después Emmy calificará ese trabajo como «una jungla de fórmulas» y «una bazofia». La palabra exacta usada por Emmy Noether para describir su tesis fue *mist*, que equivale al castellano «mierda»: supongo que la traducción usual de «bazofia» o «basura» es una forma de suavizar la rudeza de la expresión. Pero la tarea del doctorado le sirvió para adentrarse en conceptos sobre los que trabajará toda su vida.

¿Y ahora qué? Pese a su título de doctora *cum laude*, las leyes alemanas le prohíben enseñar en cualquier universidad. Lo único que consigue es que el Instituto de Matemáticas de Erlangen le ofrezca dar clases sin disponer de plaza docente y por tanto ¡sin cobrar ni un céntimo! También sustituye a su padre cuando se pone enfermo, lo que ocurre con bastante frecuencia.[17] Así estará siete años, trabajando gratis, casi a escondidas, con la hostilidad clara de otros profesores del centro. Emmy no resulta ser una gran maestra, al menos en apariencia. Sus pensamientos van tan rápidos que habla a una velocidad increíble.

---

17   De niño Max Noether sufrió una severa poliomielitis que lo dejó parcialmente paralítico y con graves secuelas, de ahí sus periodos de postración.

Explica las matemáticas a un nivel muy elevado, excesivo para la mayoría de los alumnos. Apenas da explicaciones o ejemplos concretos y lanza andanadas de fórmulas que desconciertan a los estudiantes. Además, tiene un problema de pronunciación llamado sigmatismo, que le hace cecear continuamente, e incluso a veces cambia de idioma en medio de una exposición. No respeta mucho las horas lectivas y sus clases se extienden por encima del tiempo reglado. Pero en el lado positivo resulta cariñosa con sus alumnos, les anima a expresar ideas propias, les indica caminos originales de estudio. La mayoría de estudiantes evitarán sus clases, pero los que son capaces de seguir sus explicaciones la adoran. Algunos grandes matemáticos del futuro pasan ya entonces por las aulas de Emmy. Y como estaba insatisfecha con su tesis, ella aprovecha los primeros de esos siete años para afinar el trabajo sobre las transformaciones. Al final lo amplía y consigue generalizar los resultados de tres a infinitas variables. Muchos biógrafos de Emmy pasarán por alto este logro, pero me gustaría llamarte la atención sobre él. En esta ampliación, publicada en 1911, la joven matemática se adentra por primera vez en lo que será uno de sus grandes logros, el álgebra abstracta. Pasa de manejar cantidades a trabajar con conceptos. Para entender lo que quiero decir hablemos un poco de álgebra. Si tienes nociones matemáticas puedes saltarte los dos párrafos siguientes. Pero si no las tienes te resultarán, creo, muy interesantes.

Las matemáticas se dividen en cuatro grandes áreas: la teoría de números, que ya conoces de nuestra visita a Sophie Germain; la analítica, que estudia las construcciones numéricas basadas en funciones infinitas; la aritmética, que no es más que la realización de cálculos finitos; y el álgebra. En realidad el álgebra podía considerarse en sus inicios una simple extensión de la aritmética, donde en lugar de operar con números concretos se utilizan letras que equivalen a cantidades indeterminadas. Si ves escrito $1 + 2 = 3$ o bien $\sqrt{16} = 4$, estamos hablando de aritmética; pero si ves $x + y = z$ o bien $\sqrt{y} = z$, estás ante una operación algebraica. Sustituir cantidades específicas por operadores indeterminados amplía enormemente el campo de las matemáticas, sobre todo en el manejo de incógnitas. El álgebra se desarrolló por matemáticos musulmanes en la Edad Media y su propio nombre deriva del árabe *al-jabir*, que significa «reconstruir». En álgebra se usan las primeras letras del alfabeto latino (*a, b, c...*) para anotar las cantidades dadas o coeficientes, las letras centrales (*j, k, l...*) para las constantes, y las últimas letras (*... , x, y, z*) para las incógnitas. La letra *n* se reserva para representar cualquier número que queramos. Resulta que con este sistema se pueden encontrar reglas generales de solución de ecuaciones sin necesidad de hacer cálculos aritméticos individuales. Por ejemplo, no todos los números cumplen una ecuación como $a + b + c = d/x$. Solo un grupo concreto de números darán lugar a tal equivalencia. Y sin necesidad de calcular cada solución el álgebra permite manejar resultados y establecer nuevas equivalencias posteriores.

Los conjuntos de elementos con propiedades comunes de operación se llaman estructuras algebraicas. Para nuestro ejemplo $a + b + c = d/x$, la estructura algebraica es el conjunto de números que hacen que la ecuación sea correcta. Las estructuras algebraicas tienen diferentes posibilidades de operación. Por ejemplo, en la suma $a + b + c$ resulta válida la conmutación $a + b + c = c + b + a$, la asociación $(a + b) + c = a + (b + c)$, la sustracción $a - b - c$, y podemos introducir elementos neutros que no alteran el resultado, como sumar 0 o multiplicar por 1. Unas estructuras algebraicas permiten más operaciones que otras. Sin ir más lejos, la multiplicación es conmutativa, asociativa y permite una operación inversa, dividir, e incluso multiplicar por 1 sin alterar el resultado. Pero sin embargo el número 0 ya no es un elemento neutro como en la suma. Si multiplicamos por 0 el resultado final será 0 y todo se va al garete. Así pues, según las operaciones permitidas en su seno hay distintos tipos de estructuras algebraicas: las más importantes son los grupos, los anillos y los cuerpos. Encontrar relaciones internas entre conjuntos de complejidad creciente constituye el campo del trabajo del álgebra, que va localizando así leyes matemáticas cada vez más universales.

Esta es la tarea a la que Emmy Noether se dedicará en estos años de principios del siglo XX. Y adopta un enfoque totalmente innovador. En lugar de ligar las equivalencias a cantidades numéricas indeterminadas, empieza a abstraer las operaciones al ámbito de la lógica pura. La joven Emmy, en casa de sus padres, entiende que la complejidad a la que ha llegado el álgebra en su tiempo necesita obviar las cantidades y aclararse, considerando las equivalencias como conceptos de validez universal. Ya no trabaja con números, sino con relaciones profundas aisladas de cualquier objeto individual. Sus textos no contienen cifras ni explicaciones escritas, sino continuas fórmulas matemáticas derivadas unas de otras sin relación con cantidades específicas. Consigue así unas conclusiones muy potentes porque son verdaderas en cualquier ámbito de la realidad, y no solo en las matemáticas. Emmy persigue una nueva forma de álgebra que trasciende los números y empieza a utilizar conceptos no numéricos. Cualquier elemento de la realidad que contenga reglas de relación con otros elementos es susceptible de ser manejado con fórmulas algebraicas. A esta nueva álgebra se le conocerá en el siglo XX como álgebra moderna, y más tarde como álgebra abstracta.

Página manuscrita de Emmy Noether con
uno de sus trabajos sobre álgebra.

No te quejes demasiado. Resulta difícil entender la novedad del trabajo de Emmy en este tiempo sin saber bastante de álgebra. Pero piensa en una idea. Antes de ella las incógnitas x, y o z, y los coeficientes a, b o c representaban cantidades numéricas reales aunque indeterminadas. Después de ella, esas mismas cifras solo representan relaciones naturales universales. El álgebra se desliga completamente de la aritmética. Lo importante no es ya el cálculo de ecuaciones, sino las propias relaciones entre los elementos. Como te puedes imaginar, el impacto científico resulta enorme. Ahora la humanidad dispone de un método para expresar las propiedades mínimas de cualquier sistema natural. Y, a partir de esas propiedades mínimas, el álgebra abstracta permite buscar las características máximas que tal sistema debe cumplir para ser correcto. Se puede aplicar a todo: a la geometría, a la topología, a la química, a la física atómica, al ámbito de la cosmología gravitatoria. Cada una de esas ciencias estudia relaciones estables entre elementos, llamadas leyes. Y resulta que el álgebra abstracta es el lenguaje perfecto para expresarlas, entenderlas y manejarlas. Porque, al contrario de lo que pensaban las civilizaciones antiguas, la naturaleza no es caos. No hay que rezar a unos dioses caprichosos para que el Sol salga también mañana o las aguas del Nilo inunden el valle cada primavera. A lo largo de miles de años los seres humanos han ido descubriendo que el universo tiene implícito en su origen unas normas derivadas de su propia estructura que obligan a que las cosas ocurran. Son leyes que se cumplen siempre igual, aquí y allí, antes y después. La naturaleza no puede construir un triángulo rectángulo sin respetar unas proporciones forzosas, dice Pitágoras. Dos planetas no se atraen como quieran, dice Newton, sino que se relacionan con una fuerza exacta según su masa y su distancia. Una molécula de agua no existe de cualquier manera, dice John Dalton, para que sea agua debe respetar unas estrictas equivalencias de cargas eléctricas, protones y electrones, energías definidísimas. Y todas esas leyes pueden ser expresadas en lenguaje matemático. Cuando las matemáticas tradicionales se van quedando cortas ante las necesidades del progreso científico, la labor de Emmy Noether resultará clave para proporcionar la potente herramienta del álgebra abstracta, capaz de sistematizar el universo.

Fue, por supuesto, el trabajo de toda una vida. En principio ella se interesa concretamente por vaciar el álgebra de anillos de su engorrosa carga de cálculo de matrices, y la va sustituyendo por el concepto de módulos ideales, estructuras cuyo valor concreto no importa y solo cuentan en relación con los demás elementos del grupo. Aligerar, aclarar, trascender a lo general. No sabemos si ella es consciente entonces de la revolución que está iniciando, pero ya busca los componentes irreductibles y esenciales de las estructuras algebraicas, lo que las define en último término al margen de las cantidades. Se halla inmersa en esta tarea silenciosa cuando repentinamente, sin que nadie en realidad lo esperara, estalla la Primera Guerra Mundial. Estamos en agosto de 1914. La humanidad nunca habrá presenciado una sangría tan brutal, súbita y cruenta. Los jóvenes europeos que días antes se dedicaban a sus estudios y a sus trabajos son movilizados a toda prisa. Marchan contentos, pensando que la batalla será breve y alumbrará un orden europeo estable, un nuevo equilibrio de poderes. Nosotros sabemos que no ocurrirá así. Esos muchachos arrancados de sus casas para ir a una guerra repentina apenas tienen tiempo de verse en sus uniformes de soldados cuando ya están en las trincheras, cubiertos de barro y de chinches, muriendo bajo las balas de las ametralladoras o asfixiados por el gas mostaza. La próspera ingeniería de principios del siglo XX, hija de los profundos descubrimientos científicos de la época, dotará a los ejércitos de armas terribles que escapan del control de sus propios generales y llenan los campos europeos de cuerpos destrozados. Combatirán sesenta millones de soldados, de los cuales nueve millones morirán.

Las levas militares dejan a Alemania sin apenas hombres jóvenes en la retaguardia. La Universidad de

Göttingen, el gran centro matemático donde Emmy ha escrito su tesis, ve partir al frente a muchos de sus mejores profesores, entre ellos Erwin Schrödinger, Ernst Fischer o Karl Schwarzschild, quien fallecerá de una enfermedad contraída en las trincheras. En la primavera de 1915 la situación docente es tan desesperada, con tantas plazas vacantes en los departamentos, que David Hilbert y Felix Klein se acuerdan de la joven doctora Noether. Se ponen en contacto con ella para ver si está interesada en impartir clases en la asignatura de Matemáticas Aplicadas a la Física. Emmy, que en ese tiempo está publicando valiosos trabajos sobre funciones racionales e invariantes de cuerpos finitos, recibe la carta con emoción y responde, por supuesto, afirmativamente. Enseñar en Göttingen es el sueño que siempre ha acariciado. Si el claustro la acepta, será la primera mujer alemana en alcanzar el grado de *privatdozent*, equivalente a profesora titular, y ganar por fin un sueldo en su vida. Pero cuando Hilbert y Klein llevan al consejo directivo de la universidad la propuesta de reclutar a Noether se tropiezan con una furiosa oposición de la mayoría de los catedráticos. Nadie cuestiona de modo abierto la capacidad de la candidata. Simplemente, se trata de una mujer. No quieren a una señora entre ellos.

El debate entre las venerables paredes del claustro de Göttingen puede considerarse un indicativo perfecto del rechazo machista a las mujeres en la ciencia. Lo conocemos al detalle porque las actas de las intervenciones quedarán para la posteridad. Pero nosotros usaremos ahora nuestros poderes secretos para entrar de tapadillo en aquella tormentosa reunión. La sala recubierta de vieja madera está llena de caballeros vestidos con levitas negras, tocados con esas corbatitas lazadas tan de moda sobre los cuellos altos y almidonados de las camisas. Hay profusión de bigotes y barbas, y se fuma sin parar. Cuando Hilbert propone que una de las plazas vacantes sea cubierta por la doctora Amalia Emmy Noether, la habitación estalla en un griterío de protestas. El decano de la Facultad de Historia, Karl Brandi, quien años más tarde será nombrado rector, encabeza el grupo que se opone a aceptar a una mujer entre ellos. Ahora toma la palabra, míralo, con su espeso pelo blanco y su voz de barítono. Dice: «Hasta ahora la aportación científica de las mujeres no justifica en absoluto la introducción de un cambio tan drástico en el carácter de las universidades». El filósofo Edmund Husserl le secunda de inmediato, argumentando que los alumnos varones se sentirían «distraídos de sus deberes» ante la presencia femenina en el estrado. Y el físico Hermann Weyl, con sus gafitas redondas ya antiguas para la época, pone la guinda: «Solo ha habido dos mujeres en la historia de las matemáticas, y una de ellas no era matemática, mientras que la otra no era una mujer»[18] . La afirmación provoca otro rugido de protestas entre los miembros del claustro menos conservadores, que ahora salen al contraataque en defensa de Emmy.

«No hay ningún candidato más capacitado que la doctora Noether, y están ciegos si no quieren verlo», dice muy enfadado el matemático Carl Runge, mientras que otro matemático, dedicado por cierto a la teoría de

---

18   Se refiere, por si quieren saberlo, a Hipatia, a la que no considera matemática, y a Sofia Kovalevskaya, una aritmética rusa que en 1881 fue la primera mujer profesora universitaria en Europa, concretamente en la Universidad de Estocolmo. Pese a sus importantes contribuciones en el campo de las ecuaciones diferenciales, sus colegas masculinos desacreditaron su obra acusándola de supuesto lesbianismo. Todo un ejemplo de juego sucio.

invariables, Constantin Caratheódory, acusa a voces a los catedráticos de «viejos carcamales temblorosos ante una falda». Como el debate va subiendo de tono y amenaza con terminar fatal, otro matemático, Edmund Landau, intenta jugar a dos aguas:

> «Con qué sencillez se presentaría la cuestión si, con el mismo trabajo, la misma habilidad y la misma dedicación, se tratara de un hombre. (…) El cerebro femenino resulta inapropiado para la creación matemática, pero considero a la señorita Noether como una de las raras excepciones.»

Este burdo intento de conciliación no satisface a nadie. Los gritos arrecian. El rector no da pie con bola para asignar turnos de palabra. Los respetables catedráticos se insultan entre ellos puestos en pie, salpicando saliva. Sobre el escándalo se alza una voz grave que chilla: «¿Qué pensarán nuestros soldados cuando vuelvan a la universidad y encuentren que se les pide que aprendan poniéndose a los pies de una mujer?». David Hilbert no puede más. Pierde su impostura de caballero y espeta a su vez, profundamente indignado: «No veo por qué el sexo de un candidato pueda ser un argumento en contra de su admisión. ¡Después de todo, somos una universidad, no un establecimiento de baños!». En fin, siéntate y agacha la cabeza, no sea que terminen tirándose unos a otros las togas y las tizas y nos den a nosotros.

Una hora después, ante el rechazo en pleno de varias facultades, entre ellas la de Historia y la de Filosofía, se rechaza el nombramiento de Emmy sin someterse siquiera a votación. Ella recibe la noticia con una nube de tristeza. Porque encima, en ese tiempo, está pasando un mal momento personal. Desde hace semanas su madre sufre una infección ocular que parecía poco importante y que sin embargo está derivando en fuertes complicaciones. Su hermano Alfred, doctor en Química y que se ha librado de las primeras levas gracias a tener 32 años, se acaba de alistar como voluntario en el Ejército llevado por el fervor patriótico. Morirá en 1918, meses antes del fin de la guerra. La desahogada situación económica de la familia, donde el dinero nunca ha sido un problema gracias a los sueldos fijos y al patrimonio heredado, empeora. Aunque sigue llegando el salario docente del padre, deben vender varias propiedades para mantener una existencia digna. La guerra arrasa negocios, hunde la bolsa, los precios de las cosas esenciales se disparan, y las noticias que llegan del frente pese a la intensa censura son cada vez peores.

Con todo, ni Hilbert ni Klein están dispuestos a prescindir de Emmy. Le escriben una carta invitándola a trasladarse a Göttingen para dar clases como asistente. La situación que le plantean es muy parecida a la que tiene en Erlangen: trabajar sin plaza, sin poder figurar como titular en los programas y, por supuesto, sin derecho a cobrar. Pero el prestigio de su admirada universidad y el deseo de trabajar con sus amigos, que tanto la han apoyado, le hace tragarse el orgullo y aceptar la propuesta. Llegará a Göttingen a finales de abril de 1915. Tiene ya 33 años. Se instala en una modesta pensión llena de estudiantes pobres, en una habitación sin derecho a cocina. Debe alimentarse fuera todos los días, buscando puestos callejeros donde el precio de la comida, disparado por la guerra, no sea muy alto. Sus alumnos de entonces la recordarán con la ropa ligeramente remendada y almorzando arroz o judías en un plato de cartón, sentada sola en alguna escalera discreta del campus. Su padre le manda un poco de dinero todas las semanas y gracias a ello sobrevive. El folleto de su primer curso en Göttingen reza así: *Seminario de física matemática. Teoría de invariantes: Profesor Hilbert, con la asistencia de la doctora E. Noether.* Pero David Hilbert ni aparece. La única profesora es ella. Así será en los años siguientes, dando clases como una prófuga, oculta tras los nombres de Hilbert o Klein. Su condición universitaria será oficialmente la de ayudante, similar a la de los estudiantes de doctorado que colaboran con los profesores. Solo eso.

Emmy lleva apenas dos semanas adaptándose a Göttingen cuando recibe una terrible noticia de casa. Su madre acaba de morir a causa de las complicaciones de la infección en los ojos. Viaja urgentemente a Erlangen y encuentra a su padre sumido en una fuerte depresión, de la que no se recuperará nunca. Max pide la jubilación y los medios económicos de la familia menguan todavía más. Pero a su vuelta a Göttingen Emmy no exigirá un sueldo, sabe que es imposible. Muchos lobos la acechan, la mayoría del profesorado rechaza que esté allí, y ella, como única estrategia, se entrega por completo al estudio y la enseñanza. Parece querer demostrar con su valía lo absurdo del rechazo de sus colegas masculinos. Empieza a trabajar en álgebra no conmutativa, estructuras matemáticas que no permanecen invariantes ante transformaciones de operación, y cada uno de los artículos que publica está cargado de nuevos conceptos e importantes aportaciones. A veces en un mismo escrito no hay una idea original y avanzada, sino dos, tres o cuatro. Su cabeza produce más conceptos que el tiempo que necesita para expresarlos. Muchas noches son las dos o las tres de la madrugada y, pese a tener clases al día siguiente, ahí está Emmy, en su diminuta habitación, con libros y papeles dispersos en la cama, llenando pliegos de fórmulas sobre su escritorio. Al menos, las penurias y la humillación se ven compensadas con la riqueza intelectual que desborda la universidad. Todos los grandes científicos pasan por aquí para dar charlas e impartir seminarios. Y uno de esos invitados marcará el futuro de Emmy.

En junio y julio de 1915 un señor poco conocido llamado Albert Einstein ofrece un ciclo de conferencias en Göttingen. El tal Einstein es autor de una teoría alucinante y muy polémica entre la élite de los físicos, que él llama «principio de relatividad». Según su idea, la masa y la energía son la misma cosa, y se transforman una en otra en función de la velocidad, y dice también que el espacio y el tiempo constituyen una única realidad intercambiable. La mayoría de los expertos considera esta teoría absurda, y más porque el señor Einstein ni siquiera tiene formación universitaria como físico. Pero otro sector de profesores sí cree en la relatividad, ya que sus ecuaciones parecen solucionar viejos problemas irresueltos muy misteriosos. David Hilbert, en concreto, confía en la propuesta de Einstein y le invita a dar esas charlas. Sabe que está trabajando en una ampliación de su principio de relatividad para explicar todas las fuerzas naturales conocidas, incluida la gravedad. Y aunque la futura teoría general de la relatividad no estará terminada hasta noviembre de este año, Einstein accede a exponer sus conclusiones temporales en Göttingen. Emmy se sorprende por la complejidad matemática de las conferencias, donde por primera vez se aplica a fenómenos naturales el álgebra abstracta que ella está desarrollando.

También Hilbert se ve atrapado por la belleza de la relatividad de Einstein, tanto que tras asistir a todas las charlas empieza a estudiarla por su cuenta. Y percibe algo grave:

una de las premisas de cualquier teoría física, la conservación de la energía, no parece cumplirse en el caso de la relatividad gravitatoria. Según Einstein, la propia energía de la gravedad afecta a la misma gravedad, ya que la energía, según su propuesta, tiene influencia gravitatoria. Por tanto, la energía gravitatoria crea más gravedad al expresarse. Parece un bucle absurdo. Es como si la luz produjera más luz por el simple hecho de existir. La aparente creación espontánea de fuerza gravitatoria que se suma a la gravedad inicial supone una violación grave de la ley de la conservación de la energía. Con esa tara la relatividad nunca será admitida como válida. Y como ni Hilbert ni Einstein logran solucionar el retorcido asunto, piden la ayuda de Emmy. Ella es, al fin y al cabo, la mayor experta del mundo en transformaciones invariantes y en álgebra abstracta. Si la energía se tratase en forma algebraica, la supuesta ruptura de la simetría energética puede entenderse como un problema de invariancia. Y, puedes creerlo, Emmy logrará solucionar el asunto en apenas unas semanas. Más aún, su resultado se convertirá en uno de los principios físicos más hermosos, útiles y profundos de la historia de la humanidad, al explicar el orden que subyace en todo el universo.

Como ves son palabras mayores, y para que lo comprendas necesitamos entrar en una de las partes más peliagudas de este libro. Dicen que uno no sabe algo de verdad hasta que no consigue explicárselo a otro de manera sencilla, así que… ¡ponme a prueba! Vamos allá. El mundo no es un caos gracias a que existen simetrías. En física las simetrías consisten en la conservación de diversas características a lo largo de un experimento, de manera que los resultados no cambian pese a que los realicemos de una manera u otra. La simetría más básica tiene que ver con el espacio y el tiempo, es decir, si hacemos un experimento en Londres debe dar el mismo resultado que si lo hacemos en París, o que si lo hacemos ahora o dentro de un año. Esta simetría universal es lo que permite que existan leyes naturales y lo que hace al universo previsible. Si un cambio en el espacio o el tiempo generara resultados diferentes no podríamos hablar de leyes físicas y el mundo estaría regido por el caos. Por suerte, pues, tenemos simetrías que nos permiten saber que algo pasará porque está obligado a ocurrir: cada vez que pongamos agua a hervir se transformará en vapor cuando supere los cien grados de temperatura, siempre y en cualquier parte de la Tierra a nivel del mar. Eso no quiere decir que todos los experimentos den resultados iguales. Dependen de los parámetros que utilicemos. El agua hierve en la Luna a cero grados debido a la diferente presión de nuestro satélite, ya que pasa de hielo a vapor sin fase líquida. Lo que las leyes universales quieren decir es que, sabiendo las condiciones de cada experimento, en este caso la presión lunar y todo eso, seremos capaces de predecir el resultado exactamente y de repetirlo cuando queramos. Aunque variemos los parámetros, las normas que rigen los fenómenos son las mismas en todo el cosmos. Gritemos pues: ¡vivan las leyes naturales!

Hasta aquí bien, ¿verdad? Pero ahora las cosas se complican. Con el tiempo los físicos han detectado tres tipos básicos de simetrías profundas, que se llaman C, P y T. Son las simetrías elementales para que funcione el mundo que conocemos.

C se refiere a la carga eléctrica y a las características de todas las partículas atómicas: masa, velocidad y dirección de giro, patrones de descomposición. El átomo está formado por protones, neutrones y electrones, y existen además un montón de partículas diferentes no ligadas a los átomos.

Mientras no están expuestas a fuerzas externas, todas las partículas del cosmos son idénticas a las demás de su grupo. Es como si solo existiera un único protón, un único neutrón o un único electrón que se han copiado trillones de trillones de trillones de veces para formar todo el universo. Pues bien, la simetría C implica que la inversión de cualquiera de las características de las partículas no cambia nada si se realiza de manera simultánea y proporcional. Ejemplo. El protón tiene carga eléctrica positiva y el electrón negativa; pero si de pronto todos los protones del universo invirtieran su carga a negativa, y todos los electrones a positiva, ¡no notaríamos nada! Ambas cargas, positiva o negativa, ejercen exactamente la misma fuerza entre ellas. Lo mismo ocurriría si variásemos la masa de protones y electrones. Si sucede en el mismo instante, multiplicar por mil la masa de ambos no crearía ningún cataclismo cósmico. De hecho, no nos daríamos ni cuenta. Eso es la simetría C.

La simetría P se refiere a la paridad o, dicho de manera más sencilla, a la posición de un objeto en relación al espacio. Ahora necesitamos una bailarina para explicar esto. Entramos en un estudio de danza clásica y allí hay una chica ensayando ante un espejo. La imagen reflejada en el espejo está invertida en relación con la bailarina verdadera, pero aparte de eso nada cambia. Sus movimientos son iguales, la fuerza necesaria para alzar una pierna la misma, las ondas que provoca el tutú al moverse resultan idénticas. Y ahora viene la sorpresa. La física es incapaz de decir cuál de las dos imágenes, la reflejada en el espejo o la bailarina en sí misma, es la real. Ambas cumplen idénticas leyes naturales, y por tanto resultan indistinguibles en un experimento. Su realidad es idéntica y simultánea, el universo no diferencia entre la bailarina y su reflejo. Esto puede aplicarse a cualquier orientación de todos los objetos del universo en relación al espacio. Igual que resultan invariantes ante la inversión de carga eléctrica, las leyes naturales son invariantes ante la inversión de las coordenadas espaciales.

La simetría T resulta en principio más sencilla de entender, puesto que se centra en la inversión del tiempo, es decir, que las cosas ocurran hacia atrás viviendo en un mundo donde las personas nacen viejas y mueren cuando son bebés, o donde la leche derramada de una jarra trepa del suelo y entra tranquilamente, por sí sola, de nuevo a la jarra. Estamos de acuerdo en que parecen hechos absurdos, y sin embargo posibles según las leyes físicas. No existe ni un solo fenómeno natural, ni uno, que no se produzca según las normas conocidas si invertimos el flujo del tiempo. ¿Lo ves raro? A ver si otro ejemplo te ayuda. Imagínate una película de gente andando por la calle. Caminan hacia adelante. Si la pasamos al revés, irán hacia atrás. A ti te sería fácil saber cuál es el orden de proyección correcto, ¿verdad? ¡El de la gente que camina hacia adelante! ¡Pues no! ¿Y si el director de la película te ha tendido una trampa y ha hecho que los actores caminen premeditadamente hacia atrás? ¡Ajá! En ese caso el sentido correcto de proyección es el que tú has desechado. Te has confundido porque la película, hacia atrás o hacia adelante, es simétrica respecto a las leyes naturales. Todas las energías del cosmos, la gravedad, el electromagnetismo, las fuerzas atómicas, resultan invariantes ante la inversión del tiempo. Y ahora te advierto de un hecho curioso. El estudio de la invariancia CPT se convertirá en un campo esencial de estudio en la física del siglo XXI, revelando realidades majestuosas. Todos los experimentos coincidirán en el mantenimiento absoluto de las tres simetrías cuando se aplican conjuntamente, sean cuales sean las partículas, los objetos y las condiciones a que se sometan. La simetría CPT está en el corazón del universo y parece encerrar la clave profunda de la realidad que nos rodea.[19]

Ahora que conocemos las tres simetrías básicas de la naturaleza, volvamos a Emmy. Cuando Hilbert le pide que estudie la supuesta ruptura de la conservación de la energía en las ecuaciones de la relatividad, ella se enfrenta al problema desde una perspectiva puramente matemática. Nada de experimentos ni de laboratorios. Enfoca el tema desde el siguiente punto de vista: si la energía gravitatoria crea por sí misma más fuerza gravitatoria y rompe pues la ley de conservación de la energía (ya sabes, la energía no se crea ni se destruye, solo se transforma, te acordarás de la escuela), entonces la relatividad debe ser una estructura algebraica no invariante ante las transformaciones. Es decir, o se produce una catástrofe que invalida la relatividad según los conocimientos científicos al uso, pues la ley de conservación de la energía se da por buena, o bien la relatividad abre las puertas a una nueva física hasta entonces desconocida donde efectivamente la

---

19   En un capítulo posterior hablaremos de la ruptura de la invariancia CP en algunos procesos naturales, descubierta gracias al estudio de una partícula elemental llamada kaón. La violación de CP parece agresiva con nuestros valiosos principios de simetría, pero sin embargo resulta importante para mantener la estructura del universo. Puede explicar asuntos tan básicos como la existencia de más materia que antimateria en el cosmos o el hecho de que podamos retroceder en el espacio pero no en el tiempo. Si tienen interés en el sorprendente concepto físico del tiempo en la actualidad pueden consultar mi libro *El día que descubrimos el universo. El conocimiento del cosmos tras un siglo de Relatividad* (Guadalmazán, 2015), donde trato de forma extensa este asunto.

energía puede crearse de la nada. Aunque también, piensa Emmy, existe una tercera posibilidad: que la relatividad rompa la ley de conservación de la energía de manera solo aparente, pero que en su fondo haya escondida una forma de invariancia que ha pasado inadvertida. Sería sin duda la mejor solución, aunque a Emmy, ya la conocemos, no le interesa lo conveniente, sino únicamente la verdad de las matemáticas. Así pues, empieza a desarrollar una versión algebraica de las ecuaciones relativistas y, sin hacer un solo cálculo concreto, consigue demostrar que la relatividad general describe un universo invariante donde la energía ni se crea ni se destruye. Es más, afirma, todas las leyes de conservación, no solo la referida a la energía, tienen un fondo común: el mantenimiento de las simetrías esenciales de la naturaleza.

Las leyes de conservación, viene a decir Emmy, no son más que reflejos de simetrías profundas ancladas en la estructura de la realidad. A cada ley de conservación se corresponde una simetría, y viceversa. He aquí el porqué de que existan leyes universales, de que el mundo sea orden y no caos. El cosmos se organiza sobre el respeto a simetrías que dejan entrever la unidad de su origen. Me parece que viene bien un símil. Piensa en los seres vivos. Hay una enorme diversidad, desde la humilde bacteria hasta el elefante, desde una palmera a un atún. Parecemos tan diferentes que si un extraterrestre llegara por aquí no pensaría en un origen común de tantas estructuras diversas en funciones, sentidos, tamaños, alimentación, metabolismos o cuerpos. De hecho es lo que pensamos nosotros mismos durante cientos de años, que cada animal y cada planta había sido creado por su cuenta, hasta que Darwin nos abrió los ojos a mitad del siglo XIX y dijo que toda la vida es una. Derivamos lentamente unos de otros a través de la evolución, que no es más que una serie de transformaciones, hasta que nuestro origen único quedó escondido, y solo se revela cuando estudiamos las células que nos forman, los aminoácidos que nos componen, las proteínas que nos hacen, el ADN que nos permite tener descendencia, todos ellos mecanismos iguales en cualquier ser vivo, rastros evidentes de nuestra unidad ancestral. Pues Emmy, encerrada en su cuartucho, nos reveló que el universo se rige de manera parecida. Cada transformación que sufre provoca fenómenos diferentes, pero la estructura profunda es la misma, que no cambia, que debe mantener las proporciones. Igual que todos los seres vivos están hechos de aminoácidos, todos los fenómenos físicos están hechos de relaciones comunes y estables entre sus partes. Esas relaciones se reflejan en las simetrías, y las simetrías se plasman en leyes de conservación que marcan el devenir del cosmos.

Este resultado, obtenido a finales de 1915 pero no publicado hasta 1918, cuando Emmy estuvo segura de su demostración, puso muy contento a Einstein al recibir por carta el artículo, titulado sencillamente *Invariante Variation problemes*. Contento porque confirmaba la validez de su relatividad gravitatoria. «Esta mujer sabe lo que se hace», fue entonces el comentario del físico más famoso del mundo, quien llamaría después a Emmy «el mejor cerebro matemático nacido desde que las aulas se abrieron a las mujeres». Pero puso contentos a muchos más científicos, pues resulta evidente que transcendió de largo a su intención relativista original. De hecho, revolucionará de arriba abajo la física teórica al completo. Conocido como teorema de Noether, el concepto en sí mismo puede resultarte hoy obvio: las leyes de conservación mantienen simetrías. Pero lo heroico es su definición matemática. En la relatividad no gravitatoria el grupo de simetrías que marcan las transformaciones se incluye en los llamados grupos de Poincaré, por el matemático francés Henri Poincaré, que acaba de desarrollarlos en la primera década del siglo XX. Este grupo de simetrías incluye las transformaciones de Hendrick Lorentz, unas equivalencias entre velocidad y tiempo, y las traslaciones de cuatro dimensiones entre espacio y tiempo. La relatividad no gravitatoria es una estructura de coordenadas espacio/temporales que cambian según un número finito de generadores cuyas aplicaciones cumplen la ley de conservación de la energía. Pero al incluir la fuerza gravitatoria en la relatividad, Emmy descubrió que los generadores se elevaban al infinito, y los grupos simétricos resultaban no numerables. El espacio plano anterior se convertía en un espacio/tiempo curvo donde las isometrías, las distancias entre puntos, cambiaban radicalmente y engañaban en la cantidad de energía mantenida. Al incluir las nuevas isometrías en los grupos de transformaciones, todo cuadraba. La fuerza gravitatoria, en esa nueva relación de distancias curvas, no crea energía de la nada. La tercera posibilidad, la mejor para Einstein, era la verdadera.

En apenas unos meses, como un complemento a su trabajo habitual, Emmy ha regalado a los físicos una herramienta básica para el futuro. Sus ecuaciones, gracias al uso del álgebra abstracta, son extensibles no solo a la relatividad, sino a cualquier ámbito de la ciencia, incluida la nueva física atómica, la mecánica cuántica, que está naciendo aquí mismo, en Alemania, en estos años. Pronto se descubrirá que los átomos, las fuerzas de protones o electrones, la propia luz, se rigen por las simetrías reveladas por Emmy. C, P y T quedan completamente definidas. T, la simetría en el tiempo, es la causa de la ley de conservación de la energía. P, la simetría espacial, es la causa de la conservación del movimiento de un cuerpo (recuerda a Newton, un cuerpo se moverá eternamente en la misma dirección y con la misma velocidad si no se tropieza con fuerzas externas). Y C, la simetría de carga, es la causa de que exista equilibrio energético entre las partículas. Pero aún hay más. El teorema de Noether, nacido de un razonamiento puramente abstracto, deviene ¡en una herramienta práctica de cálculo! Fíjate en la importancia de este hecho. Aplicando las fórmulas de Emmy los expertos pueden saber las cantidades conservadas en un sistema físico con solo observar sus simetrías. Cualquier teoría de la naturaleza, incluso basada en leyes no descubiertas, debe mantener simetrías continuas mesurables cuyo cálculo ha de coincidir con los experimentos. Ni te imaginas la cantidad de hipótesis físicas que han sido desechadas por no cumplir el teorema de Noether. Sus ecuaciones se situarán muy pronto en el corazón de nuestra comprensión del universo.[20]

---

20   Acabo de escribir la expresión «simetrías continuas», que no había aparecido hasta ahora para no complicar la compresión de los hallazgos de Emmy. Pero es el momento de aclarar que en física hay dos tipos de simetrías, continuas y discretas. Se diferencian por el ritmo de cambio que sufre el sistema simétrico: en las continuas se trata de un cambio constante, y en las discretas el proceso se produce con interrupciones, es decir, «a saltos». Ejemplo un poco grueso pero sencillo de entender: si cogemos un círculo y lo rotamos, su simetría es continua porque giremos los grados que giremos la simetría se mantiene, pero si rotamos un cuadrado tendrá simetría discreta, habrá que girarlo de golpe noventa grados para que presente el aspecto de un cuadrado (con 45 grados de rotación, dado el caso, tendríamos un rombo). El teorema de Noether solo explica las simetrías continuas, aunque ya se han derivado analogías que se aplican a simetrías discretas. Si les llama la atención profundizar

Cuando Emmy publica este artículo clave en la historia de la ciencia estamos a mediados de 1918. Meses más tarde, en noviembre, la Gran Guerra llega a su fin. Alemania se rinde y los aliados imponen terribles condiciones, incluido el pago de una enorme cantidad de dinero en concepto de reparaciones. La economía alemana cae en picado, el desempleo se dispara, el hambre amenaza, los precios enloquecen: una barra de pan costará 0,50 marcos en 1919, catorce mil ochocientos marcos en 1921, tres mil millones de marcos a principios de 1923, doscientos mil millones de marcos nueve meses más tarde. Se acuña una nueva palabra, hiperinflación, para definir la debacle. El dinero de los ahorradores se evapora, los sueldos no valen nada, y ese magma de miseria constituirá el caldo de cultivo del nazismo. Los europeos nunca aprenden de sus errores. Casi seis millones de heridos y mutilados, víctimas de esas nuevas armas que se llaman tanques, ametralladoras y aviones, regresan a sus casas alemanas sin futuro alguno. Durante la guerra Emmy ha perdido a su madre y a uno de sus hermanos, y pronto, en 1921, morirá también su padre. Pero al menos recibe una buena noticia. El impacto de su trabajo sobre las simetrías es tan fuerte, sacude de tal manera al mundo de la física, que sus detractores en Göttingen pierden la batalla. La universidad le concede, en junio de 1919, el título de *Ausserordentlicher Professorin*, profesora invitada, de manera extraordinaria ¡pero sin derecho a salario! Por fin, a finales de 1920, con 38 años de edad, Emmy cobrará el primer sueldo de su vida, gracias a ser ascendida de golpe a *Lehrauftrag für Algebra*,

---

en este asunto de las simetrías físicas, les recomiendo un libro, *El mundo como obra de arte*, del premio Nobel Frank Wilczek, donde se narra maravillosamente la importancia del concepto en la ciencia actual.

equivalente a jefa de departamento de Álgebra.[21] Aun así, seguirá viviendo en su humilde pensión. Con la hiperinflación el salario no da para mucho, y encima envía cada mes a sus familiares la mitad del dinero.

Pese a las dificultades, la década de 1920 a 1930 es la más productiva de su vida. Ha ganado la batalla gracias a su perseverancia, el resto de profesores la trata con respeto, colabora en trabajos comunes con los mejores matemáticos de su tiempo, ninguno superior a ella. Se siente feliz y se le nota. Puedes observarla sonriente mientras publica sus mejores artículos, uno tras otro, reveladores, revolucionarios, todos los cuales pasarán a la historia de las matemáticas. Investiga, por ejemplo, un nuevo tipo de números, los hipercomplejos, que definen puntos en espacios de más de tres dimensiones. Convierte los anillos conmutativos en una teoría de ideales que abre horizontes desconocidos y servirá posteriormente para la programación de ordenadores. Unifica la teoría de módulos con la teoría de representación de grupos. Crea una formulación inédita para los grupos de anillos, que a partir de entonces se llamarán en su honor *noetherianos*. Incluso se convierte en pionera de la topología abstracta. En fin, no creo que quieras saber los aspectos técnicos de cada una de estas enormes aportaciones. Solo te diré que si le preguntas a cualquier matemático afirmará sin duda que Emmy está entre las diez mentes más brillantes de la historia. Si le preguntas a un físico posiblemente te responda algo parecido.

---

21   Existe cierta discrepancia entre los historiadores sobre si ese cargo equivale al de catedrático. Así que, hablando con la universidad de Göttingen, me aclaran que *Lehrauftrag* supone un cargo inferior. El puesto de catedrático se llama *Ordentlicher Professor*. Emmy, por tanto, nunca tuvo una cátedra.

Si como científica brilla en esta época, la vida social de Emmy no está a la misma altura. Con los años se ha convertido en una persona algo excéntrica, que solo vive para el álgebra. Tiene comportamientos que escandalizan a sus colegas y a las esposas de sus colegas. Acompañémosla a la fiesta de cumpleaños de un compañero de facultad. La doctora Noether habla muy alto y rápido, mientras come con la boca abierta, escupiendo migajas de tarta sin contemplación a la persona que tenga enfrente. Usa el vestido como servilleta, e incluso de vez en cuando se suena los mocos en la blusa como si fuera lo más normal del mundo. Todos la miran con cierta repugnancia, la verdad. Sus ropas están tan pasadas de moda que resultan anacrónicas. Hasta su pelo es un revoltijo denso que necesita un peine con urgencia. Con esta actitud parece normal que no la inviten a muchas veladas sociales. A ella parece darle igual, y ni siquiera da muestras de ser consciente del desaliño y el chasco ante su comportamiento. Se cuenta una anécdota. Hace días, en la universidad, dos alumnas que la admiran y a quienes duele su descuidada manera de ser intentaron aconsejarla al final de la clase. *Herrin Professorin*, pensaban decirle, cómprese mejor ropa, ¿por qué no se hace un moño?, no se limpie los mocos en la camisa, conocemos una estupenda tienda de pañuelos, ¿quiere que la acompañemos a por zapatos que no sean de hombre? Pero casi no pudieron empezar a hablar. Emmy, que estaba sumida en una conversación matemática con un alumno, las cortó sin palabras, con un simple gesto de la mano, amable pero rotundo. No me interesa en absoluto, pareció decirles. Las chicas, por supuesto, desistieron, y la dejaron tranquila en su charla. Con los años su insólito desaliño no hará más que aumentar. Einstein se reirá mucho de eso en el futuro.

Todo lo que tiene de extravagante lo compensa con su amor por la docencia. Sigue ceceando y hablando muy rápido, de manera terriblemente abstracta, hasta el punto de que la mayoría de los nuevos alumnos abandonan el aula en menos de media hora por no entenderla en absoluto. Es además una maestra severa, que no acepta bien los errores. Se salta los horarios lectivos hasta el punto de dar clases hasta la madrugada, con la indignación consiguiente del cuerpo de bedeles. «Son las 12.50 de la noche y parece que la doctora Noether va a acabar su lección. ¡Gracias a Dios!», deja escrito en el margen de sus apuntes un alumno desesperado. Esa noche la clase acabó pasada la una de la madrugada, ¡y había empezado a las siete de la tarde! Ni siquiera respeta las vacaciones, y los veranos se lleva a sus alumnos al bosque o a una cafetería para continuar con las explicaciones. Para colmo, Emmy no sigue un programa lectivo estricto. Se sube al estrado y empieza a hablar del tema que se le pasa por la cabeza, esperando de los jóvenes que sigan sus endiablados razonamientos y participen con aportaciones espontáneas.

Y, sin embargo, pese a esa pesadilla docente, sus lecciones son tan valiosas, su entrega tan grande, sus conocimientos tan reveladores, que los alumnos talentosos que logran superar la barrera de la comprensión la adoran. Llegó a crear un grupo que se conoció como «los chicos de Noether», que imitaban incluso su descuido en el vestir. Doctoró a dieciséis jóvenes y varios futuros matemáticos de primera fila fueron discípulos suyos. Emmy, además, mantenía una relación con ellos «casi maternal», según deja escrito un profesor de la universidad, que continúa: «La doctora es una persona completamente desprendida de cualquier egoísmo y libre de vanidad, jamás pide nada para sí, sino que promueve el trabajo de sus alumnos por encima de todo». Son palabras muy certeras. En el mundo cerrado, egoísta, de la investigación avanzada, Emmy cede con frecuencia ideas a sus discípulos, sin problema, como si fuera algo lógico, renunciando a publicarlas ella.

Sumida en su mundo de álgebra y enseñanza, la doctora Noether no es con todo ajena a la agitación política europea de esos años. Cuando Lenin toma el poder para comenzar la edificación de la Unión Soviética, Emmy manifiesta sus simpatías comunistas. No es que se haga militante ni nada de eso, no creas, se lo toma con cierto desapego, pero sí que parece interesada en el nuevo tipo de sociedad que está naciendo al este de Alemania. Acepta en sus clases a alumnos rusos que, años después, la invitarán a trabajar en la Universidad Estatal de Moscú. La cercanía ideológica que siente con el marxismo la lleva a aceptar. En el invierno que nos conduce de 1928 a 1929 viaja a la capital rusa y durante seis meses imparte clases de Álgebra Abstracta y Geometría Algebraica. Su trabajo conjunto con topólogos rusos da como resultado varias teorías importantes. La fe comunista de Emmy se reafirma: sorprendida por la calidad de las matemáticas soviéticas, lo atribuye al nuevo orden marxista que promueve la investigación teórica y práctica. Y cuando regresa a Göttingen se encuentra una realidad terrible y desconcertante: un tipo llamado Adolf Hitler se está haciendo con el control de la población alemana. En un momento en que cada casa tiene una radio y casi todo el mundo sabe leer, Hitler es el primer político que entiende el poder de la comunicación de masas. El líder nazi usa mensajes sencillos y rotundos, justo lo que esa Alemania sumida en la miseria quiere escuchar. Cuando la democracia falla en aportar soluciones siempre hay un radical mesiánico capaz de armar una tragedia con los trozos del jarrón roto. A la mayoría de los alemanes les repugna un tanto la parafernalia militarista del nacionalsocialismo, pero las clases sociales más pobres votarán a Hitler de manera creciente. Los totalitarismos siempre buscan enemigos sobre los que volcar las culpas y las iras. Los nazis señalan como esos enemigos a los judíos y a los comunistas.

Judía y comunista es precisamente la doctora Noether, quien en 1931 contempla estupefacta el ascenso social del odio. Hitler aún no se ha convertido en canciller de Alemania, pero las calles pertenecen a sus milicianos. En la Universidad de Göttingen se crea una Asociación de Estudiantes Alemanes que exige «profesores arios para estudiantes arios», reclamando incluso con amenazas la expulsión de maestros y alumnos judíos. Esa asociación empieza a acosar a Emmy hasta el punto de plantarse en la pensión en que vive diciéndole a voces que se vaya. «¡No queremos vivir bajo el mismo techo que una judía!», gritan los manifestantes, que en 1932 consiguen que la propietaria de la residencia, para evitar males mayores, ponga a Emmy con las maletas en la calle. Le costará mucho encontrar un nuevo sitio, nadie quiere alojar a una judía señalada, y solo gracias al auxilio de unos amigos podrá alquilar una casita en las afueras de Göttingen. Pero lo malo no es lo peor, porque lo peor está por llegar. En enero de 1933 Hitler gana las elecciones y uno de sus primeros decretos ordena la expulsión del puesto de funcionario de todos los judíos alemanes. A Emmy la carta donde se le anuncia el cese le llega pronto: «En base al párrafo 3 del Código del Servicio Civil del 7 de abril de 1933, por la presente se le retira el derecho de enseñar en la Universidad». Mira la actitud de Emmy ese día. La doctora Noether, reconocida como una eminencia en el mundo científico, recoge los papeles de su despacho y los introduce en una bolsa de plástico. Sale de la universidad bajo las miradas de odio de los estudiantes nazis, que la insultan al pasar. Ella no responde. Se encierra en su casa y sigue trabajando. Pero un futuro más que incierto la acecha: solo alcanzará para comer y pagar el alquiler dando clases particulares, y sin embargo no manifestará el mínimo resentimiento. Un día, por ejemplo, se produce una escena increíble. Uno de los alumnos que van a estudiar a casa de Emmy llega ataviado con un uniforme paramilitar nazi. Ella, en vez de rechazarlo, se muestra amable con él y prosigue la clase como si nada, quizá incluso sonriendo ante la evidente contradicción moral del joven nazi que busca las enseñanzas de una judía. Hermann Weyl, otro profesor represaliado de Göttingen, escribe entonces: «Emmy Noether, por su valor, su franqueza, su despreocupación por su propio destino, su espíritu conciliador a pesar de la desolación que nos rodea, supone un alivio moral para nosotros».

Pero cuando la persecución arrecia, Emmy, como judía y comunista que es, tiene todos los boletos para terminar en un campo de concentración. Los acontecimientos se precipitan. Muchos científicos judíos han abandonado Alemania y los amigos de la doctora buscan desesperadamente sacarla a ella también. En especial Einstein, que ya está en Estados Unidos, se desvive buscándole un visado y un puesto de trabajo. El prestigio de Emmy hace que reciba tres propuestas: una procede de la Universidad Estatal de Moscú, otra de la Universidad de Oxford y la última de la Escuela Bryn Mawr del Instituto de Estudios Avanzados de Princeton, justo donde ya trabaja Albert Einstein. Pero los impedimentos burocráticos resultan enormes porque el antisemitismo no se da solo en Alemania, no creas. Se trata de una epidemia que lleva propagándose decenios por medio mundo. Francia, Inglaterra, Estados Unidos, Rusia, todos esos países han llegado por ejemplo a imponer cuotas de profesores judíos, que con la diáspora están cubiertas al completo. En una lucha contra el tiempo, las gestiones de Einstein tienen por fin éxito: la Fundación Rockefeller otorga una beca extraordinaria a nombre de Amalia Emmy Noether que incluye la nacionalidad norteamericana y una plaza de profesora en Bryn Mawr. En noviembre de 1933 Emmy toma un tren en Berlín con destino a Calais, y de allí un transatlántico hasta Estados Unidos. Solo lleva una muda de ropa porque su única maleta está repleta de libros y apuntes. Es el resumen de su vida. Ha escapado sana y salva, y en Princeton le espera una existencia mejor. Ahora tiene 51 años.

Emmy Noether, en el andén de la estación, antes de tomar el tren para salir de Alemania en noviembre de 1933. La fotografía fue tomada por uno de los pocos amigos que fueron a despedirla. Archivos de P. Roquette, Heidelberg y Clark Kimberling (Foto de Otto Neugebauer).

Pero ese nuevo horizonte no durará mucho por desgracia. El último año y medio de la vida de Emmy transcurre plácido, rodeada del afecto de sus colegas de Princeton, realizando nuevos trabajos con matemáticos de renombre. La supremacía científica se ha trasladado a Estados Unidos, que acoge a muchos de los miles de grandes físicos, ingenieros y matemáticos alemanes expulsados por la demencia de Hitler. Emmy se atreve, gracias a su pasaporte estadounidense, a hacer un breve viaje a Alemania en el verano de 1934 para ayudar a su hermano Fritz, quien finalmente encuentra trabajo en la Unión Soviética y escapa también del nazismo. Nosotros, desde la distancia, la vemos feliz. Sus trabajos sobre álgebra abstracta alcanzan una profundidad excepcional, creando una escuela que perdurará hasta el siglo XXI y seguro que más allá. Y es en su mejor momento vital, en su plenitud personal y profesional, cuando la atrapa la tragedia. El 8 de abril de 1935 los médicos le descubren un cáncer de pelvis muy avanzado, que había crecido sigiloso y traicionero. Los doctores deciden operarla de urgencia y pasa por el quirófano dos días más tarde. Encuentran no uno sino tres tumores, el más grande del tamaño de un melón. Solo extirpan este, preocupados por el alcance de la intervención, y dejan los otros dos para más adelante. Al salir del quirófano todo parece ir bien. Durante tres días la convalecencia se desarrolla con normalidad. El 13 de abril, sin embargo, Emmy sufre un repentino fallo circulatorio y empieza a presentar una fiebre terrorífica, ¡más de 42 grados y medio de temperatura! Su corazón, por supuesto, no aguanta. Fallece al día siguiente de un colapso general. Nunca se sabrá la causa exacta, pero el parecer tuvo una infección en la base del cerebro, la zona que regula la temperatura corporal. El único consuelo que se me ocurre a su muerte prematura es que le evitó presenciar una nueva guerra, peor aún que la anterior, y conocer la matanza de judíos en los campos de concentración europeos.

Sin haber dejado testamento y sin ningún familiar cerca, sus amigos deciden incinerar el cadáver y depositar las cenizas en el claustro de la biblioteca Carey Thomas de Bryn Mawr. Acertaron sin duda, a ella le hubiese gustado saberlo. Es un lugar hermoso. Una columnata baja de estilo victoriano rodea un patio cubierto de césped con una fuente redonda en el centro, donde se respira paz y los estudiantes siguen paseando con su atareado trasiego de libros y apuntes. Una semana después de la muerte de Emmy, Princeton organiza unas jornadas fúnebres en su honor consistentes en una serie de charlas y conferencias. La alocución de Eisnstein resulta especialmente sentida. Conforme la noticia del fallecimiento se va conociendo en el mundo científico las muestras de condolencia llegan de todas partes. Sus antiguos alumnos, diseminados por varios países, escriben artículos en su memoria y reconocen su legado. Es, quizá, el mejor homenaje que Emmy puede recibir. Entonces se crea una tradición. Las mujeres matemáticas organizarán un encuentro en su honor, las Conferencias Noether, que se celebran ahora cada año. Una de sus reivindicaciones en pleno siglo XXI seguirá siendo, fíjate, la igualdad de oportunidades y reconocimiento con sus colegas masculinos.

Nosotros hemos visto la muerte de Emmy desde la distancia, sin movernos de Europa. Porque tenemos que visitar de nuevo París en busca de una mujer que seguro conoces. Se trata de la científica más famosa del mundo, quizá la única cuyo nombre le suena a casi toda la gente. Así que envuélvete en tu capa de viaje espacio/temporal y vuelve la página para encontrarte con ella.

Una de las últimas fotografías de Emmy Noether,
tomada meses antes de su fallecimiento.

CON LA FUERZA DEL RAYO: MARIE CURIE

Como puedes comprobar, estamos en un laboratorio. ¿En qué año, preguntas? Pues es 1896. Ese señor tan serio, con bigote y larga barba, que ves ahí, inclinado sobre una extraña placa fotográfica, se llama Henri Becquerel. Parece un poco agitado. No deja de pasarse la mano por la redonda calva como confuso ante algo. Abre cajones, gira una bolsita, torna a mirar la misteriosa fotografía, se vuelve para contemplar la luz tenue que entra por las ventanas. Su nerviosismo no es en vano. Estamos en el momento en el que acaba de presenciar un fenómeno físico nuevo e inexplicable que se llamará radioactividad. Pero él no entiende qué ocurre y ni siquiera piensa en ponerle un nombre concreto. Solo quiere estar seguro de que no es un error lo que ven sus ojos. Porque parece imposible. La placa fotográfica que observa muestra una imagen inequívoca ¡pese a que no ha sido expuesta a la luz! Estaba envuelta en un grueso papel negro, opaco, y dentro de un cajón cerrado del escritorio. En la oscuridad absoluta no hay fotografía, ya lo sabes, porque una fotografía no es más que la impresión de los niveles de luz que refleja una imagen. Por tanto, lo que presencia este hombre no tiene sentido alguno.

El catedrático de Física Becquerel reservaba la placa junto a una bolsita con sales de uranio para un experimento sobre rayos X. Esa radiación capaz de atravesar muros y enseñar los huesos de una persona sin abrir su cuerpo ha sido descubierta hace apenas un año. No se conoce su naturaleza, pero al menos la forma de obtenerla está clara. Se consigue al hacer pasar una corriente eléctrica por un tubo de vacío. La explicación supuesta es que la energía eléctrica se transforma, mediante un mecanismo desconocido, en rayos muy potentes. Becquerel lleva meses estudiando esos rayos X y, buscando un camino paralelo de obtención de fuentes, expone de vez en cuando a la luz del sol una bolsa con sales de uranio sobre la placa fotográfica envuelta en papel negro: efectivamente, la placa cerrada se impresiona. Él supone que las sales absorben la luz solar y la reemiten en forma de otra energía. Pero en París llevamos dos semanas de lluvia y cielo cubierto, así que Becquerel se ha olvidado por el momento de sus investigaciones esperando a que el sol luzca de nuevo. Sin embargo, ahí está la placa, reflejando la imagen del fondo difuso de la bolsita de sales de uranio, sin necesidad de luz ni electricidad. ¿De dónde extrae la sal la energía que produce tales rayos? ¡Era como si se hubiese generado una fuerza de la nada! ¿Es falso el principio de conservación, según el cual la energía no puede aparecer sin más? ¿De qué está hecha esta radiación insólita? ¿Qué demonios le pasa a la maldita bolsa de sales?

Confuso y excitado, el señor Becquerel reproduce el enigma varias veces y siempre logra imágenes, aún en la oscuridad más absoluta y sin aplicar fuente alguna de energía. Incluso prueba a interponer diversos elementos entre la bolsa de sales y las placas. Un día sitúa una lámina de cobre con forma de cruz de Malta y, pese al grosor del metal, obtiene su imagen. Estos rayos ignotos son por tanto muy potentes, capaces de atravesar cuerpos sólidos y opacos, lo mismo que los rayos X, pero, al contrario de estos, sin necesidad de alimentarse de energía previa. Resulta algo imposible según la física del momento.

Ve un hecho más raro todavía. El flujo de radiación no es ocasional, sino que ocurre constantemente. Los cristales de la sal sueltan energía de forma continua en todas direcciones, sin que su aspecto o su volumen parezcan cambiar. Becquerel tiene fama de buen físico experimental, aunque la teoría no es su fuerte. Incapaz de encontrar una explicación tras meses de pruebas, decide olvidarse de esos rayos fantasmales y dedicarse a cosas que pueda comprender.

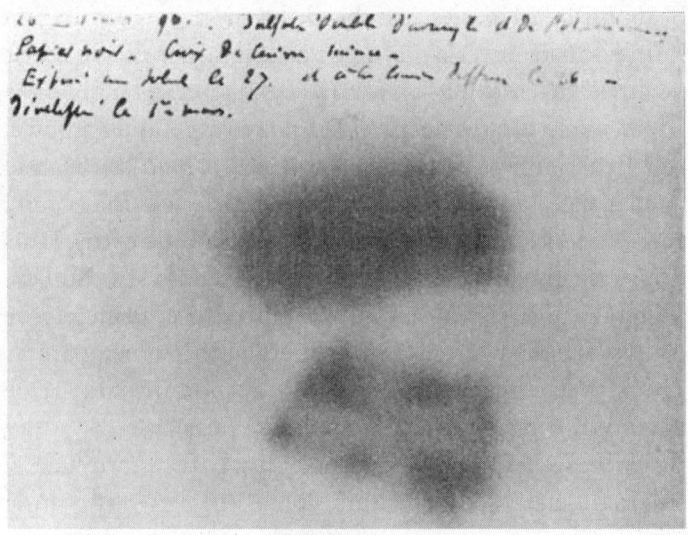

Impresión obtenida por Henri Becquerel en 1896 de un objeto de cobre sometido a sales de uranio. Se observa la forma de cruz de Malta que tenía la pieza.

En esa época anda por la Facultad de Ciencias de la Sorbona de París una estudiante de doctorado de origen polaco llamada Marie Sklodowska, una emigrante que hace meses se ha casado con un francés y ha adoptado el apellido de su marido, Pierre Curie. En la facultad hay mil ochocientos hombres matriculados y solo veintitrés mujeres, y del conjunto la tal Marie parece tener un cerebro excepcional. Se ha graduado como número uno en Física y número dos en Matemáticas de toda su promoción. Becquerel, que por suerte no tiene prejuicios machistas, cree que sería una buena candidata para continuar sus investigaciones sobre la energía de las sales de uranio. La joven parece inclinarse por el estudio del magnetismo, pero al conocer el asunto de los rayos misteriosos se muestra vivamente interesada. Decide que puede suponer un buen tema de tesis doctoral. Pierre, quien también es físico, muy famoso ya por cierto, obtiene un permiso para que su esposa utilice un sórdido almacén de la Escuela de Física y Química Industrial como laboratorio. Es 16 de diciembre de 1897, con un frío que pela en el triste almacén, cuando Marie inicia su nueva tarea. Lo sabemos por su diario de trabajo, donde recogerá cada uno de sus pasos. Empieza por reproducir la radiación obtenida por Becquerel utilizando sulfato de uranilo potásico. Y ese día y esa labor marcarán el inicio de una nueva etapa para la ciencia, abriendo el camino a la física atómica moderna.

¿Sabes? Al contrario que en las mujeres anteriores, cuyas vidas vemos con dificultades pese a nuestro poder mágico de viajar en el tiempo, en el caso de Marie Curie el desafío consiste en el exceso de datos. Bueno, no es que tener muchos datos sea malo, pero nos obligará a un ejercicio estricto de selección para quedarnos con lo esencial. La existencia y el trabajo de esta mujer están excelentemente documentados: tenemos todos sus diarios profesionales y personales, cientos de cartas, decenas de estudios escritos por ella, artículos de prensa, incluso una biografía obra de su propia hija.[22] Marie Curie se convirtió en vida en un mito similar al de Albert Einstein, con una proyección pública excepcional, para lo bueno y para lo malo. También su esposo y su hija mayor, Irene, fueron grandes científicos. Entre los tres ganaron cuatro Premios Nobel, lo que hizo a toda la familia enormemente conocida. Así que intentaremos separar el polvo de la paja y para ello nada mejor que irnos al origen, al nacimiento de la niña Marie Salomea Sklodowska, algo que ocurrió en Varsovia, la capital de Polonia, en noviembre de 1867. Ajustamos nuestra máquina espacio/temporal con las coordenadas correctas y en un abrir y cerrar de ojos partimos para allá.

Son tiempos difíciles para la inmensa mayoría de los polacos y en especial para la familia Sklodowsky. Marie acaba de nacer y es la menor de cinco hermanos. El padre, Wladyslaw, daba clases de Física y Matemáticas en un instituto de enseñanza media. Su madre, Bronislawa Boguska, era directora del mejor colegio privado femenino de Varsovia, además de pianista y cantante. Una familia de clase media en principio normal. Pero, como siempre, la política lo ha estropeado todo. Polonia, casi a punto de desaparecer como nación, está ocupada por las tropas zaristas del Imperio ruso. Situada entre gigantes, pocos países tienen una historia tan desgraciada como Polonia. En esta segunda mitad del siglo XIX, un fracasado levantamiento popular conduce al agravamiento de la

---

22 La biografía que escribió Eva Curie, su segunda hija, lleva por título *Marie Curie, vida y legado*, y fue un éxito de ventas en medio mundo cuando se publicó en 1938. Sin embargo hay que tomarla con pinzas, porque junto a un montón de anécdotas y datos curiosos también aparece una intención excesiva de ensalzar la figura de la madre, dejando un retrato con lagunas importantes y bastantes manipulaciones emocionales.

represión. Los fusilamientos públicos están a la orden del día. Cualquier actitud sospechosa de nacionalismo polaco conlleva duras represalias. Wladyslaw Sklodowsky es una de las víctimas. Acusado, con razón por cierto, de incluir principios nacionalistas en sus clases, le expulsan del instituto y deja de percibir ingresos. La familia tiene que alquilar las habitaciones de su casa para sobrevivir. Ellos, el matrimonio y los cinco hijos, duermen en el salón. Y lo malo, como sabes, siempre puede ir a peor. La madre enferma de tuberculosis en 1870; nunca se recuperará hasta morir en 1878. Pero, pese a todas las dificultades, gracias a su inteligencia y a las enseñanzas del padre, Marie se gradúa antes de su edad, a los quince años, con unas notas excelentes. Y con eso está cerrado su futuro. En Polonia las leyes no permiten la educación superior para las mujeres.

Marie y Pierre Curie con su primogénita, Irene, fotografiados en 1902. Desde esta imagen, cuatro futuros Premios Nobel (Marie ganó dos) nos contemplan.

A Wladyslaw, asfixiado por su situación económica, solo se le ocurre enviar a Marie con unos familiares, miembros de la aristocracia provinciana en un pueblo perdido del este del país. Los pequeños terratenientes son sorprendentemente cultos. Leen a Balzac y a Goethe, celebran veladas con música de Beethoven y Chopin, se relacionan con la nobleza de la región. Marie está feliz y se olvida de los estudios. Sin embargo, percibe que la buena vida de sus parientes no se corresponde con la dureza de la subsistencia de los campesinos. «Esto es un oasis de paz en medio de la brutalidad», escribe a su padre. No tarda en poner en marcha una escuela donde enseña, a cambio de nada, a leer y escribir a los hijos de los jornaleros. Pero esta alucinación bucólica acaba cuando regresa un año más tarde a Varsovia. Comprueba aterrada que su familia está en la ruina, más allá de la pobreza. A sus dieciséis años, Marie empieza a dar clases particulares a cambio de unas pocas monedas. También se apunta a una universidad clandestina donde acude a conferencias a cambio de enseñar a leer a mujeres analfabetas.[23] Y es en estas clases ilegales donde la joven encuentra su vocación. Quiere dedicarse a lo que ella define como la nueva fe: la ciencia. El padre, triste, mueve la cabeza. Solo podrías estudiar en París, le dice desolado, y no tenemos dinero para enviarte allí. Pero Marie no ceja. Su hermana mayor, Bronia, también quiere estudiar, en concreto Medicina. Y hacen un pacto insólito y hermoso entre hermanas. Míralas, en el humilde salón de la vivienda, las cabezas inclinadas una hacia la otra, dos mujeres jóvenes intentando conducir su destino. Acuerdan

---

23   Esta universidad también se conoció como «universidad itinerante», ya que cambiaba con frecuencia sus puntos de reunión para evitar ser desarticulada por la policía rusa.

que Marie trabajará los próximos tres años para pagar los estudios de Bronia, y después Bronia se ocupará de Marie. Ambas, nosotros lo sabemos, cumplirán el trato.

Así que una, la mayor, se marcha a París en el vagón de cuarta clase de un tren a vapor y la otra, la pequeña, entra a servir como institutriz en la casa de los Zorawski, una familia pudiente que vive lejos de Varsovia. Cuida a dos niñas, aunque una no es precisamente una niña, porque tiene la misma edad que Marie, diecisiete años. Más que institutriz es sirvienta. No la tratan mal, con todo. Le dejan tiempo libre para retomar sus estudios por su cuenta. Sabemos que se levanta a las seis de la mañana para poder leer antes de empezar las tareas del día. Y también sabemos por sus cartas los libros que entonces pasan por sus manos.

Marie le narra a su hermana:

> «Ahora me ocupo con la *Física* de Daniel (Fahrenheit), de la que he terminado el primer tomo, y también con la *Sociología* de (Herbert) Spencer en francés, y las *Lecciones de anatomía y fisiología* de Paul Bers en ruso. Cuando no me siento capaz de aprovechar la lectura, trabajo sobre problemas de álgebra y trigonometría, que no permiten perder la concentración y me devuelven al camino correcto.»

No es precisamente la distracción esperada para una adolescente fuera de su horario laboral.

Aunque, como para cualquier jovencita de cualquier parte del mundo, no todo va a ser libros y trabajo. El amor idílico espera a la vuelta de la esquina. Con la llegada del verano aparece por la puerta de la casa Kazimierz, el hijo mayor de los Zorawski. Estudiante de Matemáticas en la

Universidad de Varsovia, un año mayor que Marie, ambos congenian enseguida. Ella lo encuentra muy atractivo e inteligente. Se enamoran, o creen enamorarse, hasta el punto de hablar de matrimonio a escondidas de sus familias. Pero una relación así no puede ocultarse mucho, y durante las siguientes vacaciones del chico, por Navidad, la familia Zorawski se entera del romance. La bronca que recibe el joven resulta monumental. ¿Cómo se le ocurre al heredero de una posición y una pequeña fortuna casarse con una doncella que además no tiene donde caerse muerta? En la Polonia de este tiempo el clasismo es algo dado por hecho. Kazimierz se disculpa con sus padres y rompe con Marie, quien sufre cuando lo sigue viendo por la casa cada vez que el chico vuelve de vacaciones. Será el primero de sus idilios desgraciados. Marie nunca tendrá suerte en el amor. Siempre que lo encuentre tropezará con algo que le impedirá vivirlo en plenitud. Pero jamás dejará entrever sus sentimientos, a veces a costa de largos periodos de depresión. En aquellos años de despecho Marie escribe a su hermana: «Si no les interesa casarse con chicas pobres, ¡que se vayan al infierno!», porque ella estaba dispuesta incluso a renunciar a estudiar, a no ir a París, a cambio de quedarse con él. Ahora sabemos que, tras el gesto adusto, serio, de Marie, tras su descuido por la ropa y la frialdad continua de su expresión, se esconde un alma apasionada. Es curioso, ¿verdad? Nuestras vidas cuelgan de péndulos caprichosos que nos conducen por caminos imprevistos. Si Kazimierz se hubiese casado con Marie, la ciencia habría perdido una mente valiosísima. Aunque, quién sabe, tal vez ella hubiera sido feliz como madre de familia en un pueblecito polaco.

De vuelta a Varsovia Marie debe seguir trabajando, enviando dinero a su hermana y ahorrando lo que puede.

No es hasta 1891 cuando le toca a ella coger el tren, sentarse en un vagón de madera y viajar a París. Tiene veinticuatro años, una edad a la que casi todos los estudiantes han terminado ya sus carreras. Ella va a empezarla. La Ciudad de las Luces recibe a la joven polaca con todo el esplendor de la *Belle Époque*. Es el tiempo de las vanguardias, el París de Mallarmé y Toulouse-Lautrec, del Moulin Rouge y de las mujeres que bailan cancán fumando en largas pipas de marfil. Es el París del *fin de siècle*, de bohemios pobres y de artistas locos o geniales, y Marie, como una protagonista de las óperas de Puccini, se instala en una de esas buhardillas del Barrio Latino, en un diminuto cuartucho frío situado al final de seis plantas de escaleras. Pero ella parece ajena al ajetreo brillante de esa ciudad. Apenas sale a pasear si no es para ir a la biblioteca o visitar a su hermana Bronia, casada ya con un joven médico. Se matricula en la Sorbona. Entregada por completo al estudio, desengañada para el amor, se resigna a comer pan con chocolate día sí y noche también, sufre a veces desmayos por el hambre, lee hasta la madrugada. Marie está completamente sola e identifica soledad con libertad. Pese a las penurias, confesará más tarde: «Esos tiempos son uno de los mejores recuerdos de mi vida».

Tiene suerte con los profesores. La ciencia ilumina París y recibe clase de eminencias como el químico Emile Duclaux, el físico Gabriel Lippmann o el matemático Henri Poincaré. Con esos maestros la inteligencia de Marie vuela. Pasa los exámenes como suspiros, todos con sobresalientes. Y está a punto de acabar su licenciatura cuando se cruza ante ella una nueva historia triste de amor. Le gusta un compañero de facultad, un jovencito algo soso llamado Michel Lamotte. Según cuenta Marie a su hermana, solo hay entre ellos «conversaciones serias sobre problemas científicos», lo que es una mentira como una catedral. Pero, a final de curso, Lamotte la deja. O bien el chico tiene otras expectativas, o bien se ha cansado de esas conversaciones científicas. Se despide de Marie sin previo aviso, enviándole una nota corta y seca. ¡Ahora sí que la joven y pobre estudiante parece una heroína de Puccini! Marie vive su primer periodo de depresión y piensa en volver a Polonia para hacerse maestra. Pero hay una persona que no quiere perder a una científica tan prometedora. Gabriel Lippmann le ofrece un puesto como ayudante en su laboratorio. Le encarga estudiar las propiedades magnéticas del acero. Hay muchas aplicaciones industriales esperando, ahora que la época de la Torre Eiffel y de la construcción en hierro vive su esplendor.

Lippmann, un respetable catedrático ya maduro que pronto ganará un Nobel gracias a su invento de la fotografía en color, también ayuda a Marie a superar su depresión por el simple método de sacarla a pasear. La invita a veladas y a reuniones científicas, y en uno de esos actos la joven licenciada se tropieza con el hombre de su vida. Se llama Pierre Curie y, con treinta y cinco años, es nueve mayor que ella. Serio, callado, tímido, extremadamente inteligente, presumido en su aspecto físico, ambos se atraen en un instante. Como antes, ya da un poco de risa, Marie informa a su hermana de que ha conocido a un caballero con el que mantiene «amistosas conversaciones sobre cuestiones científicas». La fama de Pierre como físico es notable. Junto a su hermano Jacques ha descubierto el efecto piezoeléctrico, por el que algunos cristales desarrollan cargas eléctricas opuestas cuando son sometidos a presión. Los relojes de cuarzo, los micrófonos y montones de aparatos modernos se deben a este hallazgo. Su primera aplicación fue, por ejemplo, ofrecer a los sordos la capacidad de oír gracias a un instrumento nuevo y genial bautizado como audífono. Pese a su juventud, Pierre ocupa el puesto de director experimental de la Escuela de Física y Química Industrial de París. Cuando se entera de que ella trabaja en un laboratorio muy sencillo le ofrece instalarse en la escuela industrial, donde dispondrá de más espacio y mejores instrumentos. Se suele decir una broma: a los Curie los unió el magnetismo. En parte es cierto. Pierre y Marie trabajaron juntos unos meses en la determinación del punto de Curie, la temperatura a partir de la cual un material férrico pierde sus propiedades magnéticas. Fue el primer descubrimiento de la joven física.

Pierre y Marie Curie, con sus bicicletas durante su viaje de novios.

La relación entre ellos evoluciona muy rápido. Pronto Pierre visita la buhardilla del Barrio Latino, y no debemos pecar de indiscretos para imaginarnos la conversaciones de física avanzada que se dan entre sábanas revueltas. Pero ambos valoran tanto su independencia, su necesidad de tiempo propio, que ninguno se decide a dar el paso de pedir una relación estable. Hasta que Pierre, quizá más enamorado que ella, le echa valor. Bueno, solo un poco de valor. No es capaz de decírselo en persona y opta ¡por enviarle una carta! «Me pregunto — escribe textualmente— si te gustaría alquilar conmigo un apartamento con vistas a un jardín en la *rue* Mouffetard. El apartamento —aclara enseguida por si las moscas— está dividido en dos partes independientes». Estamos de acuerdo en que no es la declaración más romántica de la historia, ¿verdad? Pero para el tímido Pierre fue todo un desafío. Marie se hace un poco la remolona; al final acepta. Se casan por lo civil en julio de 1895 en el pueblecito de Sceaux, acompañados de amigos que como regalo les entregan una pequeña cantidad de dinero. Marie se niega a vestirse de blanco, lo cree una costumbre hipócrita y conservadora, y se planta en la ceremonia ataviada con su blusa azul de laboratorio. Tampoco resulta muy convencional lo que el nuevo matrimonio hace con el dinero del regalo. En vez de vajillas o alfombras, se lo gastan todo en dos bicicletas. La *biciclette* es otro invento divino del París *fin de siécle*, y se ha puesto de moda pedalear por los Campos Elíseos o rodar por las campiñas. Los Curie pasarán su viaje de novios recorriendo sin equipaje la Bretaña en sus flamantes vehículos: empieza así la historia de amor más hermosa de los anales de la ciencia. Ambos se entienden perfectamente, en la vida y en la profesión. El sueldo de Pierre no es alto, pero les basta, y sacan tiempo para divertirse. A veces cenan en una taberna del Barrio Latino, se sorprenden con otro invento raro, el cinematógrafo, ven obras teatrales de moda. Lo que más les relaja es escaparse al campo los fines de semana con sus bicicletas. En septiembre de 1897 nace Irene, la primera hija.

Y llegamos así al punto donde tú y yo iniciamos este viaje, en el laboratorio del boquiabierto señor Becquerel. Hasta ahora lo que hemos visto es la biografía de una prometedora científica que lucha por abrirse camino, como tantas otras. Pero lo que veremos a partir de ahora son todo cosas excepcionales. No habrá nada usual en el futuro de Marie Curie: sus investigaciones, sus tragedias, sus actos, saldrán siempre de la normalidad, rozarán lo novelesco, la harán sufrir y convertirse en referente de la ciencia femenina a partes iguales. Cuando Becquerel le propone a Marie que estudie los rayos insólitos, cuando ella lo acepta como su tema de tesis, cuando se enfunda la bata azul aquel 16 de diciembre de 1897 y agarra un paquete de sulfato de uranilo potásico, cuando esos hechos se van encadenando, el mundo se prepara sin saberlo para una revolución científica. El universo de las cosas diminutas, de la realidad última de lo que existe, de los átomos y sus partículas, empezará a proporcionarnos una imagen fantástica y hermosa de la naturaleza. Marie, claro, ignora que todo eso será así. Solo quiere hacer una buena tesis doctoral y averiguar qué son y de dónde proceden los rayos penetrantes descubiertos por Becquerel.

En sus primeros días de labor ella confirma que esa radiación provoca corrientes eléctricas en el aire, y a mayor intensidad de rayos, más electrificación del aire. El fenómeno por tanto en teoría se puede medir, pero son necesarios instrumentos muy sensibles. Y aquí llega otra aplicación práctica del efecto piezoeléctrico descubierto por Pierre. Marie coloca cristales bajo presión a los que aplica una carga hasta que la electrificación del aire cesa. Por tanto, la carga aplicada a los cristales resulta equivalente, pero en sentido inverso, a la electricidad contenida en el aire. Marie es el primer ser humano capaz de medir las emisiones de rayos penetrantes, como entonces se les llama. A continuación, armada ya con su medidor, empieza a calentar, machacar, disolver y purificar las sales de uranio. No observa ningún cambio en la emisión de radiaciones, por lo que deduce que solo es importante la cantidad de uranio de la muestra al margen de sus combinaciones o estados. Los rayos, por tanto, deben provenir del interior del uranio, ser una propiedad intrínseca de ese elemento. Y descubre algo más. Un mineral llamado pechblenda, formado en parte por óxido de uranio, da altas lecturas de radiación, cuatro veces mayores a las del propio uranio puro. En la pechblenda, deduce pues, hay algo mucho más radiante. ¿Existirán diversas sustancias capaces de emitir rayos de la nada? Tras muchas pruebas descubre radiaciones similares también en el torio. Convencida de que más elementos hacen de fuente, llega a la conclusión lógica: la pechblenda contiene una sustancia aún no descubierta y fuertemente activa. Cuando Marie le cuenta a Pierre lo que ocurre, deja su trabajo y se suma a la búsqueda de ese elemento extraño. Añadir un nombre a la tabla periódica es siempre un premio gordo para un físico. O para un matrimonio de físicos.

En abril de 1898 los Curie toman cien gramos de pechblenda, la machacan hasta hacerla un polvo fino y la van depurando sucesivamente mediante cristalización. Desde mediados del siglo XX las sustancias radioactivas se obtendrán en aceleradores de partículas con relativa facilidad, pero en esta época de finales del XIX el proceso resulta agotador. De hecho Marie idea un sistema de destilación que después se aplicará en toda la industria, aunque es complejo y requiere una notable fuerza física. Hay que disolver primero el polvo de pechblenda en una solución de cloro hasta obtener cristales de cloruro más radiantes que la pechblenda misma. Después hay que poner este compuesto en un caldero, calentarlo, removerlo bien con una pala de madera y precipitarlo de nuevo. En cada paso se logran concentraciones que reaccionan más intensamente a las mediciones. Gracias a la espectrografía se pueden ir conociendo los componentes de las sustancias resultantes. Al final, tras procesar varios kilos de pechblenda, los Curie obtienen unas motas de polvo cristalino compuesto por bismuto y ese otro elemento desconocido, muy radiante. Publican su descubrimiento en julio de ese año, en un artículo firmado conjuntamente que titulan *Sobre una sustancia radioactiva contenida en la pechblenda*. Por primera vez el mundo conoce un nuevo término: radioactividad. Es como Marie ha decidido bautizar al misterioso fenómeno. También dan nombre a la sustancia recién descubierta. «Proponemos llamarlo polonio, por el nombre del país de uno de nosotros», dicen en el artículo. Marie podrá vivir toda su vida en Francia, casarse con un francés, publicar sus estudios en francés, pero nunca dejará de considerarse polaca. Con el nombre del nuevo elemento quiso rendir homenaje a su atormentada nación.

Los Curie empiezan a ser famosos, al menos entre la comunidad científica. Las radiaciones están de moda en esta Europa tan dada al futurismo y a las novedades técnicas: se empiezan a hacer radiografías gracias a los rayos X recién descubiertos por Wilhem Röntgen, se acaba de conocer que hay luz invisible más allá de color violeta y más acá del color rojo, Mary Shelley ha dado vida a Frankenstein gracias a los rayos de una tormenta, Guglielmo Marconi inventa la radio, llamada aún telegrafía sin hilos, y se estudian los efectos sobre la salud de las emanaciones eléctricas. Así que la llegada de unas sustancias que emiten radiación continua sin necesidad de energía para ello agita la imaginación popular. «Encontrada la fórmula del movimiento perpetuo», titula un periódico. El movimiento perpetuo era una entelequia con mil años de historia, consistente en construir un aparato que funcionase para siempre sin recibir ninguna alimentación. En opinión del periodista que escribe la noticia en uno de esos diarios precursores de la prensa amarilla, un poco del elemento radioactivo serviría para lograr por fin el hito del *perpetuum mobile*.

Bastante al margen de esta agitación, la vida de Pierre y Marie transcurre entre el laboratorio y su casa, donde Irene no para de crecer. Sabemos que en ese mes de julio de 1898 la niña dice un día «*gogli gogi go*», que el 15 de agosto le sale el séptimo diente o que en otoño su perímetro craneal mide unos infantiles 12,4 centímetros. Y sabemos todo eso no porque caigamos en la indiscreción de nuestra capa de invisibilidad, sino porque la propia Marie lo deja escrito en sus cuadernos, al lado de los espesos apuntes profesionales sobre cristalización de la pechblenda y destilaciones de polvo de bismuto. Marie es científica y madre, corre del laboratorio a la casa para darle el pecho a su hija, atareada hasta el agotamiento, pero disfruta cuidando a la niña, viéndola crecer, aunque a veces mida todos sus parámetros corporales con exactitud de entomólogo. Entre pañal y pañal observa también algo extraño en sus propias manos: tiene las yemas de los dedos inflamadas, rojizas, con una especie de quemaduras que parecen surgir del interior de la piel. Nadie sabe nada en este tiempo de los riesgos de la radioactividad. Marie y su marido suelen llevar en los bolsillos tubos de cristal llenos de sales de uranio, torio u otras sustancias cancerígenas, y manipulan a mano desnuda grandes cantidades de pechblenda y demás minerales peligrosos. La inflamación que Marie observa en sus dedos es el primer síntoma de envenenamiento por radiación. Pronto se verá atormentada por frecuentes e inexplicables dolores de cabeza, ganas de vomitar, continuas sensaciones de súbito cansancio.

Sin saber que sus células empiezan a morirse, Marie está más bien preocupada por otro asunto. Aunque según sus mediciones el polonio es casi cuatrocientas veces más radioactivo que el uranio, aun así sigue sin justificarse el enorme nivel de emisiones registrado en la pechblenda. ¿Es posible, se pregunta ella, que exista otra sustancia aún más radioactiva que el polonio? ¡No un solo elemento, podrían descubrir dos! Así que vueltas a las andadas de calderos al fuego, precipitados de cloro, búsqueda de motitas de cristales y destilaciones tediosas. Ahora es preciso que sepas que para obtener 0,01 miligramos de polonio fue necesario tratar casi sesenta kilos de pechblenda, y que la nueva sustancia, de ser real, debería estar presente en ese mineral en cantidades aún más diminutas. Marie se da cuenta de que necesitará unas mediciones extremadamente precisas para localizar el elemento. Pero ella y Pierre se han convertido en grandes expertos en conseguir cristalizaciones, y además les echan una mano dos espléndidos químicos: Gustave Bèmont, considerado un mago para las precipitaciones de compuestos, y Eugene Demargay, quizá la persona más hábil del mundo en este momento a la hora de comparar espectros atómicos. Esta vez el proceso resulta mucho más complejo que con el polonio, y hay que utilizar incluso ácido sufúrico y sulfuros de amonio. Mejor ni te imagines lo mal que huele el viejo laboratorio y la cantidad de sustancias mortales que andan por allí. Pero al fin, en diciembre de 1898, anuncian al mundo que han aislado un elemento desconocido. Se encuentra presente en cantidades ínfimas en unas motas de polvo de bario, apenas unos picogramos como resultado de tan largo y angustioso proceso de destilación. Marie lo bautiza como radio, por la palabra latina que significa «rayo».

El descubrimiento del radio constituye una proeza técnica mérito de las cuatro personas que participaron en su búsqueda, aunque la autora intelectual además de técnica ha sido Marie. A ella se debió la suposición de su existencia y la consideración de sus cualidades. Mucho más potente que el polonio, un millón de veces más radioctivo que el uranio, el radio prometía ser la clave para desvelar el origen y la naturaleza de esas misteriosas emisiones. Para ello hacía falta una buena cantidad de metal puro, no unas infinitesimales motitas de polvo. Y sería necesario, por tanto, tratar enormes volúmenes de pechblenda, literalmente toneladas. Si hay algo que caracteriza a los grandes científicos es que nunca se rinden, y Marie, como mujer científica, lo sabe mejor que nadie. Ella y Pierre toman dos medidas: la primera es convertir un destartalado cobertizo de la Escuela Industrial en centro de procesado; la segunda es conseguir ingentes cantidades de pechblenda. Tras muchas averiguaciones localizan una mina en Sant Joachimsthal, un pueblo checo, que produce toneladas de escorias de pechblenda como consecuencia de la extracción de plata. El propietario de la mina está encantado. Que ese matrimonio de locos le ofrezca retirar todos los escombros pagando ellos el transporte le parece el negocio del siglo. Y aquí tienes a los Curie empleando todos sus ahorros, todo su tiempo, toda su energía, en organizar convoyes de trenes que les traen hasta París vagones repletos de pechblenda. Moverán decenas de toneladas. La logística, piénsalo, es terrorífica.

Armada con montañas del mineral, Marie convierte el cobertizo, casi en ruinas y lleno de grietas, una mezcla de establo y patatal, según lo describe un amigo del matrimonio, en una especie de hangar industrial lleno de grandes calderos, hornos, cocinas y bidones de líquidos venenosos. Para ir destilando radio puro aplica el mismo sistema complejo usado antes, solo que a escalas enormes. Apunta en su diario los logros, a veces con muchos símbolos de exclamación: «¡¡¡¡Precipitado hoy en cilindro, 4,3!!!!». La mujer apasionada sale a pasear entre sus apuntes científicos. En esas mismas notas escribe de vez en cuando el precio de una camisa para Irene o el salario que hay que pagar a la chica que la cuida mientras ella trabaja. Conocemos además las dificultades a las que se enfrenta. Lo cuenta ella misma en sus cuadernos.

> «Trabajo con hasta veinte kilogramos de material cada vez, así que el hangar está lleno de grandes recipientes repletos de precipitados y líquidos. Es agotador mover los contenedores de aquí para allá para transferir los líquidos y remover durante horas con una barra de hierro la sustancia hirviente en el recipiente de hierro fundido. Las delicadísimas operaciones de las últimas cristalizaciones son extremadamente difíciles de realizar en el laboratorio, donde resulta imposible protegerse del polvo de hierro y de carbón.»

Te recuerdo que todo eso, los líquidos hirvientes, el polvo, los precipitados, la propia pechblenda, son altamente radioactivos.

Pierre y Marie participan mano a mano en la cristalización de radio y en los demás aspectos de su vida, aunque él pasa menos tiempo en el hangar porque no puede descuidar sus obligaciones como director del laboratorio de la Escuela Industrial. Se llevan estupendamente, trabajan tan conjuntados que nosotros solo podemos distinguir las aportaciones concretas de cada uno observando los distintos tipos de letra en los diarios. Pulcra y redonda la de ella, picuda y retorcida la de él. Estos diarios son muy reveladores sobre la tarea de cada uno, y supondrán un arma importante para desmentir en el futuro la calumnia que se cierne sobre Marie: toda la obra del radio y el polonio fue mérito de Pierre, el francés, el físico eminente, el hombre, mientras Marie, la inmigrante, la estudiante de doctorado, la mujer, lo único que hizo fue ayudar su esposo, una especie de asistenta para remover calderos. La infamia se va gestando poco a poco y estallará dentro de pocos años en todo su esplendor. Por suerte, tenemos diarios, testimonios, personas que estaban allí, y también tenemos el trabajo posterior de Marie cuando su marido faltó, para terminar con esa polémica que, pese a todo, de vez en cuando, resurgirá en voces interesadas. Hay un hecho poco conocido que voy a narrarte. Cuando en 1898 Marie le cuenta a Pierre sus sospechas sobre la existencia del polonio, le pide que se una a ella porque teme que muchos científicos no crean que un descubrimiento de tal magnitud sea obra de una mujer. Los prejuicios seculares, de nuevo. No te dejes engañar por cantos de sirenos (no de sirenas): toda la obra de los Curie en este tiempo fue compartida, sin una cabeza más alta que otra. En todo caso Marie se llevaría la palma, pues la idea, la teoría, el diseño y la práctica de la investigación fueron básicamente asunto de ella.

Sí podemos, con todo, atribuir a Pierre un descubrimiento en exclusiva, o eso parece al menos. Aplicando campos electromagnéticos a las radiaciones emitidas por la muestra de polonio, él identifica diferentes comportamientos: una parte de la emisión se desvía hacia el campo magnético, otra parte se desvía en sentido contrario al campo magnético y otra parte más no se altera en absoluto. Por tanto, Pierre llega a la conclusión de que existen tres clases distintas de rayos: unos de carga eléctrica positiva, otros de carga negativa y otros sin carga alguna. Los llama alfa, beta y gamma, las tres primeras letras del alfabeto griego. Acierta de pleno. Dentro de unas décadas se sabrá la naturaleza exacta de cada uno de esos rayos: los alfa son núcleos de helio, formados por tanto por pares de protones positivos; los beta son corrientes de electrones similares a las que llegan a los enchufes de nuestras casas, solo que mucho más energéticas; los gamma, los más poderosos, son simples haces de luz hiperconcentrada e invisible que vibra a una velocidad altísima. Y también se sabrá que toda esa energía procede de procesos de descomposición que ocurren dentro de los átomos. Pero en el momento en que Pierre y Marie hacen sus descubrimientos, nadie está seguro ni siquiera de que los átomos existan realmente. El matrimonio trabaja a oscuras, en el límite mismo de los conocimientos científicos de esta época.

Cruzamos el umbral del siglo y entramos en 1901. Los dolores y las molestias de Marie son cada vez más frecuentes, y también Pierre empieza a presentar quemaduras en las manos y malestar general. Concluyen por tanto que las emisiones radiactivas dañan el cuerpo humano. La única precaución que tomarán consiste en manipular las muestras con guantes de goma, lo cual resulta tan ridículo como ineficaz. En marzo de 1902 Marie logra un cristal marronáceo que pesa una décima de gramo, algo así como unos pocos granitos de azúcar moreno, resultado de machacar y precipitar casi dos toneladas de pechblenda. Es cloruro de radio puro, e inmediatamente empieza a hacer experimentos con él. Determina su peso atómico, 88, y descubre que presenta color blanco al aislarse del aire. Emite una luminiscencia azul extrañísima y un intenso calor. Pierre calculará que un gramo de radio proporciona 140 calorías por hora, suficiente para que hierva un vaso de agua puesto al lado. De ahí vienen las quemaduras de las manos y también el intenso calor que desprende la Tierra. ¿No lo sabías? El interior de nuestro planeta, aislado de los rayos solares, debería estar mucho más frío que el Ártico. Pero sin embargo se parece a un infierno ardiente, tanto como para fundir las piedras que los volcanes expulsan en forma de magma. Como bien padecen los mineros, cada cuarenta metros de profundidad la temperatura se eleva un grado. Pues ese calor procede sobre todo de los procesos de radioactividad natural que se producen constantemente en el corazón de la Tierra. Tanta energía lleva a los Curie a hacer una afirmación rotunda: «Cada átomo de un cuerpo radioactivo funciona como una fuente constante de energía, lo que hace necesario revisar el principio de conservación». Pero el principio de conservación de la energía seguirá siendo cierto. La radioactividad no es eterna ni gratuita. Con el paso del tiempo los átomos radioactivos degeneran y pierden su capacidad de emitir energía, lo que llevará a un hallazgo sorprendente que te contaré más adelante. Pero cuando hacen sus experimentos el matrimonio desconoce ese hecho. La degeneración radioactiva se produce a ritmos tan lentos que para Marie y Pierre resulta absolutamente inapreciable.

Tras un trabajo ímprobo, brillante, que unió la física teórica y el esfuerzo manual, esta madre de 33 años considera que ya puede ponerse a redactar su tesis, aquella que surgiese de la propuesta de Becquerel seis años atrás. En junio de 1903 defendió su doctorado ante un tribunal presidido por su antiguo profesor Gabriel Lippmann. El título era sencillo: *Investigaciones sobre las sustancias radioactivas*. Por supuesto, la aprueban *cum laude*, la máxima calificación, y Marie se convierte en una celebridad mundial. Es la primera mujer en obtener un doctorado en Francia, la primera en descubrir dos nuevos elementos, la primera persona en tratar científicamente el asombroso fenómeno de la radioactividad. Le ofrecen una plaza de profesora en la Escuela Superior de París, los periódicos hablan de ella, en boca de todos los diletantes están las magníficas propiedades del radio. Sobre todo llama la atención una parte de la investigación de Marie. Ella afirma que las células cancerosas mueren antes que las células sanas cuando son expuestas a las radiaciones. Lo dice señalando primero que los rayos son nocivos en cualquier caso y hay que tratarlos con cuidado. Pero la prensa obvia esta advertencia y se queda con lo bueno. ¡Marie ha descubierto una cura para el cáncer! No tardan en surgir artículos sobre el tema y médicos embaucadores ponen anuncios prometiendo acabar con los tumores de un paciente en dos días a base de someterlos a dosis de radiación. Es cierto que la radioterapia salvará millones de vidas en el futuro, bien lo sabes, pero en estos momentos la euforia que se extiende por el mundo resulta excesiva, peligrosa e imprudente. Ignora los detalles claves, las precauciones precisas.

No será difícil que te imagines el revuelo. Empresas farmacéuticas, potentados industriales y conglomerados químicos se lanzan en pos de la producción de la nueva panacea, el radio. Marie sabe que puede hacerse inmensamente rica, pero se niega a patentar el proceso que ha inventado para destilar las sales a partir de la pechblenda. Su situación económica ha mejorado, entre otras cosas porque, además de su nuevo puesto como profesora logra, solo en 1902, casi veinte mil francos por diversos premios científicos que le otorgan. Así que piensa, de acuerdo con Pierre, que la producción de radio debe estar al alcance de todo el mundo. Rechaza hacer una patente y le cuenta a cualquiera que se le acerca las entrañas del proceso de destilación. El primer avispado fue un fabricante de cosméticos llamado Armet de L'Isle, quien recibió de boca de Marie todos los detalles necesarios. No resultó una persona amable. En vez de estarle agradecido, más tarde se enfadó mucho con ella por contarle a otros empresarios la misma información que le había dado gratis a él.

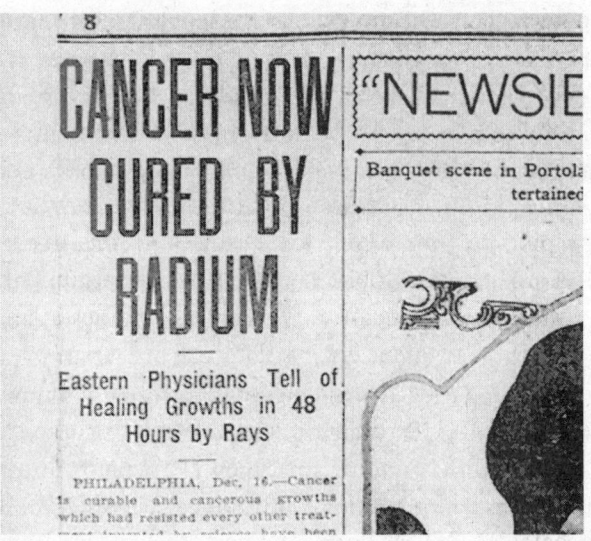

Noticia publicada en el periódico *The San Francisco call and post.*, el 16 de diciembre de 1913. Dice: «El cáncer se cura ahora con el radio. Médicos del este afirman que la salud mejora en 48 horas».

Tú y yo sabemos gracias a nuestros poderes indiscretos que Marie y Pierre llevan bastante mal esta fama repentina. Cada dos por tres se presentan en el hangar periodistas, admiradores o tipos que dicen ser descubridores de la radioactividad acusándoles de haberle robado la primicia. Los carteros depositan en la puerta sacas llenas de cartas de todo pelaje. Incluso en su propia casa de la *rue* de la Glàciere les molestan empresarios en busca de la «fórmula» del radio. Aquello es demasiado para la agotada Marie, quien además sufre cada vez con más intensidad los efectos de las radiaciones. Las quemaduras de su piel empeoran, el malestar se acentúa. También Pierre padece síntomas graves, sobre todo dolores intensos en piernas y brazos. Apenas puede ya vestirse solo y camina con dificultad. Y en medio de ese maremágnum de acontecimientos reciben una carta especial de alguien que ya conocemos. ¿Te acuerdas de Gösta Mittag-Leffler, el matemático sueco que quiso proponer para el Nobel a Henrietta Leavitt? Pues este hombre, que vive en Estocolmo y conoce los intríngulis de los premios, avisa a Pierre de que el comité piensa concederle el Nobel al año siguiente. A él y a Becquerel, pero no a Marie. Según Gösta, quien pide discreción, se trata de una injusticia intolerable que el jurado del Nobel excluya a Marie argumentando únicamente su condición de mujer. Por ello les avisa para que tomen las medidas que consideren necesarias.

Y lo que ellos hacen es agradecer la confidencia y esperar. Cuando por fin llega la carta de Suecia anunciando su candidatura al premio para el año 1903, Pierre comunica que se negará a aceptarlo si su mujer no aparece también. El debate es intenso. La mayor parte del comité, lleno de vejetes trasnochados y machistas, se niega a incluir a Marie y propone otorgárselo solo a Becquerel. Se trata de un disparate tan clamoroso que otros miembros del jurado se resisten. Por fin, los Curie ganan la batalla a distancia. En octubre de 1903 se hace público que Marie y Pierre Curie, junto con Becquerel, son los ganadores del Nobel de Física de ese año. La noticia vuela. ¡Es la primera vez que una mujer recibe el galardón! Y es también la primera vez que el Nobel se concede por un trabajo de tesis doctoral. «El matrimonio que descubrió el movimiento perpetuo en un cobertizo recibe el Nobel», titula un periódico. Si ya eran famosos antes, la concesión del premio los convierte en figuras públicas. La prensa amarilla, que está en sus comienzos, acecha. Los periodistas se abalanzan sobre la peculiar pareja. La mayoría de los artículos desdeñan el papel de Marie, insisten con una pavorosa falta de elegancia en su condición de extranjera, de inmigrante, de polaca, al tiempo que sobreestiman los méritos de Pierre. Se dibuja un retrato terriblemente injusto de ella: una advenediza que se aprovecha de la inteligencia de su esposo, que medra en los laboratorios para atribuirse méritos con el chantaje del amor. La ciencia oficial gala azuza la polémica y el debate se abre a las revistas de sociedad. Marie y Pierre, muy a su pesar, se convierten en comidilla de la prensa sucia. Los lectores quiere saber de su vida privada. Pero, al fin y al cabo, la vida privada de los Curie es muy anodina. Así que durante un tiempo los dejarán en paz. Solo durante un tiempo.

No sabemos si por enfado, por resistencia a una fama que rechazan, por la aversión de Pierre a los actos públicos o por encontrarse enfermos, el hecho es que ni Pierre ni Marie asisten a la ceremonia de entrega del Nobel. Le dan plantón al mismísimo rey de Suecia y se quedan tan tranquilos. Pero como el premio conlleva una dotación económica de quince mil dólares, una cantidad enorme para la época, prometen que irán más tarde, a la ceremonia de 1905. Solo acudirá Pierre, pues Marie se niega a dejar sola a Irene o a llevarla a un viaje tan largo. Un suspiro de alivio debió recorrer las bancadas del palacio de Estocolmo: la mujer no viene, menos mal, comentarían los jurados. Marie se ahorra por otra parte un disgusto. En su discurso, el presidente del comité Nobel le arrea una pulla. Citando al Génesis, dice: «No es bueno que el hombre esté solo, haréle una ayuda idónea para él». Queda claro que sigue considerando a Marie una simple ayudante. Ella, desde París, contesta: «Las mentiras son muy difíciles de matar, pero una mentira que atribuye a un hombre lo que en realidad es el trabajo de una mujer tiene más vidas que un gato». El dinero del premio, por cierto, se lo gastan en contratar un ayudante de laboratorio, en instrumentos científicos y en hacerse un cuarto de baño nuevo en casa.

La concesión del Nobel tiene para Pierre una consecuencia rotunda: la principal universidad de París, la Sorbona, le ofrece la cátedra de Física, un aumento de sueldo y un nuevo laboratorio exclusivo para la investigación con materiales radioactivos. Ello anima a Marie a planificar nuevas investigaciones, pero también dedica más tiempo a la crianza de Irene, a las atenciones de su casa y su familia. Acuerda con Pierre tener otro bebé. Es como si se refugiase, en esa época en que está en boca de todo el mundo, en su familia y su intimidad. En la primavera de 1904 Marie vuelve a sonreír. Está embaraza. Pero aborta en verano, quizá a causa de los estragos que las radiaciones van causando en su organismo. Encaja fatal el trauma. Tiene 37 años, una edad en la que la mayoría de las mujeres de esta época desisten de ser madres. La depresión la atrapa durante unos meses. Pero a principios de 1905 queda embarazada de nuevo. La segunda hija, Eva, nacerá en diciembre de 1905. Una criatura sana, estupenda, que con el tiempo se convertirá en pionera de la cooperación internacional, ayudando desde Cruz Roja al desarrollo de los países pobres. La vida de Marie entra en un ciclo frenético, con dos niñas pequeñas a las que atender, una casa que cuidar, la cocina, la colada, la compra, y una ingente labor de laboratorio esperándola cada día.

Fotografía realizada en 1903 a Marie Curie para incluirla en la documentación del Premio Nobel.

Mientras tanto, muchos científicos han utilizado el descubrimiento de los Curie para abrir investigaciones propias. La gran intriga sigue siendo el origen de los misteriosos rayos radioactivos. En efecto, si surgen de la nada, la ley de la conservación de la energía resulta falsa. Pero ¿y si la estructura atómica del radio explica el fenómeno? Para ello habría que creer primero que los átomos existen. Desde 1804, cuando John Dalton los propuso como una realidad y llegó a medir sus masas diminutas, los átomos protagonizan un debate encendido. Cuesta aceptar que cualquier tipo de materia esté formada por combinaciones de partículas idénticas e indivisibles, el umbral último de la naturaleza.[24] Aún peor: un británico llamado Joseph John Thompson afirma en 1897 que los átomos, si existen, no son indivisibles, sino que están formados por partículas más pequeñas que a veces viajan fuera de ellos. Más raro todavía. Pero las evidencias se acumulan y en 1905 Albert Einstein demuestra sin lugar a dudas que, en efecto, los átomos son reales, tan reales como que solo tocamos átomos cuando ponemos nuestra mano sobre algo. Ernst Rutheford y otros añaden que los átomos tienen una estructura compleja, con partículas positivas en el centro, los protones, y partículas negativas que giran alrededor, los electrones. Un átomo parece un sistema solar diminuto, uniendo en un bucle maravilloso las dimensiones más grandes y más pequeñas de la naturaleza.

En el primer tercio del siglo XX se descubrirá que ese modelo no es del todo correcto y nacerá la mecánica cuántica, que estudia las peculiaridades de la física del átomo. En 1932 James Chadwick encontrará una nueva partícula en el núcleo del átomo, el neutrón, que no tiene carga eléctrica ni positiva ni negativa pero ayuda a la

---

24 El propio nombre de «átomo» procede de una palabra griega que significa «indivisible». Los antiguos griegos ya sospecharon la existencia de los átomos, aunque más de un punto de vista filosófico que científico.

estabilidad del conjunto, y se descubrirá también que los electrones de un átomo no giran como quieren, sino que se atienen a niveles de energía muy estrictos. Un electrón, o muchos electrones, pueden saltar fuera del átomo si son excitados, dando lugar a una corriente eléctrica que dentro de poco iluminará las calles y hará funcionar nuestros electrodomésticos. Muchos átomos, lejos de ser indivisibles, son en realidad bastante frágiles. Sobre todo los más grandes. He ahí el origen de la radioactividad. Los elementos pesados como el uranio, el polonio o el radio son muy inestables y se van desintegrando poco a poco. En ese proceso sueltan pares de protones, que son los rayos alfa, chorros de electrones, que son los rayos beta, y cantidades enormes de energía en forma de luz invisible muy potente, que son los rayos gamma. Todas esas radiaciones interaccionan con la materia y desestabilizan otros átomos con los que se tropiezan, incluidos los que forman las células humanas. Por eso son tan peligrosos, porque nos deshacen por dentro. ¿Cómo es posible, preguntarás, que algo tan diminuto como la desintegración atómica produzca tanta energía? Bueno, seguro que conoces la respuesta. Nos la dio Einstein en la ecuación más famosa del mundo: $e = mc^2$. Al multiplicar cualquier masa por la enorme velocidad de la luz, 300.000 kilómetros por segundo, aparecen gigantescas cantidades de radiación. Cien gramos de tu carne, por ejemplo, encierran 25 millones de kilovatios/hora de energía, suficiente para dar electricidad a 75.000 hogares durante todo un año. La materia no es pues más que energía hiperconcentrada, que al liberarse produce los fenómenos más intensos del universo.

Y, claro, no sale gratis. La energía de los rayos equivale a la masa de protones y electrones que los elementos radioactivos pierden mientras se descomponen poco a poco, transformándose lentamente en otras sustancias más ligeras. El uranio más frecuente, por ejemplo, deviene primero en torio, después en proactinio, más tarde en radón y así sucesivamente en otros materiales, hasta que se estabiliza en forma de plomo transcurridos 4.470 millones de años. La naturaleza, pues, cambia espontáneamente un material en otro. ¡El sueño medieval de la transmutación de la materia hecho realidad! Sí, pero no te hagas ilusiones. Es posible convertir el mercurio en oro, sin ir más lejos, pero el proceso resulta mucho más caro que comprar el oro en una tienda. No sale a cuenta en absoluto. Y la radioactividad, además, es contagiosa. Esto lo descubrió el propio Pierre en 1905 y lo llamó «radioactividad inducida». Cuando un material muy radioactivo entra en contacto con otro no radioactivo, le pega su capacidad de emitir radiaciones. Los rayos alfa, beta y gamma desequilibran la materia que tocan y la convierten en radioctiva. Es una acción fantasmal que explica el concepto de contaminación por radiación, por qué los trajes plásticos de los trabajadores de las centrales nucleares son cancerígenos, por qué en Chernóbil, donde hasta la hierba resulta radioactiva, no podrá vivir nadie en mucho tiempo. Pierre lo descubre al observar que el aparato de acero que utiliza en algunos experimentos sigue presentando radiación cuando las muestras de radio ya no están en su interior. Ocurre con todo. Te cuento una anécdota algo triste. En el siglo XXI del que venimos, los objetos personales de Marie Curie, sus diarios, sus zapatos, su ropa, incluso su libro de recetas de cocina, siguen tan contaminados que pueden ser mortales para quienes los toquen. Los manuscritos de Marie, por ejemplo, se guardan en cajas de plomo en el sótano de la

Biblioteca Nacional de Francia, y si queremos consultarlos deberemos ponernos un equipo protector con escafandra y todo que hará que parezcamos astronautas. Seguirán emitiendo radiación durante unos mil seiscientos años, la vida media del isótopo concreto del uranio con que están impregnados. La verdad es que, tras manipular sustancias radiactivas sin protección durante casi una década, lo raro es que Marie no esté muerta ya en este año de 1905 y hasta sea capaz de dar a luz un bebé sano.

Tras la agitación precedente, con la prensa empezando a olvidar al famoso matrimonio, Marie regresa a su rutina de científica, profesora y madre de dos niñas pequeñas. Se pone como objetivo obtener mayores cantidades de radio experimental. Hasta 1910 procesará más de diez toneladas de pechblenda y logrará ¡un gramo entero de radio! Pero en medio de esta tarea la sacude la tragedia, quizá una de las peores desgracias que ella podía temer. Ocurre el 19 de abril de 1906, un día que, suele pasar en las primaveras parisinas, se presenta lluvioso. Por la mañana Pierre se ha despedido como siempre, rumbo a su aula de la Sorbona. A mediodía tiene previsto almorzar con unos compañeros de la universidad. Y después llegará a casa, donde Marie lo espera con las dos niñas. Eva es demasiado pequeña, tiene catorce meses, y su madre solo trabaja en el laboratorio por las mañanas para poder estar con ella por las tardes. Pero Pierre nunca regresará. Tras su almuerzo en un restaurante del Barrio Latino, avanza por la *rue* Dauphine bajo un denso aguacero. Se distrae durante un momento y su pie pierde la acera. Resbala sobre la calzada húmeda. Y, como en todas las tragedias, la mala fortuna se alía con la fatalidad. En ese instante pasa un vehículo, un enorme carromato cargado con seis toneladas de material militar. Pierre intenta asirse a uno de los caballos para evitar caer, el animal se asusta y se encabrita, el hombre rueda en el suelo sobre un costado, y la rueda trasera izquierda del carro le aplasta la cabeza. Todo ocurre en un suspiro, el resbalón, la caída, el cerebro de un premio Nobel, padre de dos niñas, esparcido sobre los adoquines bajo la lluvia. Esa mente privilegiada que indagaba los secretos del mundo se disuelve en el agua. Pierre ha dejado de existir sin darse cuenta siquiera de que muere. Así de frágil es nuestra naturaleza.

Y así de frágil es la felicidad. A media tarde Marie recibe la noticia: unos hombres traen a la casa el cuerpo inerte del esposo, la cabeza destrozada, el traje manchado de sangre, encéfalo y lodo. Podemos verla en ese instante. No llora, no gesticula, no se mesa los cabellos. Su cara es más bien una expresión de incredulidad, desconcierto, un reflejo del absurdo de las muertes inesperadas. La realidad no es real aún en su percepción de la desgracia. Y desde el instante mismo en que ve el cadáver de su marido, el compañero, el amante, el padre, la pasión por fin correspondida, el hombre con quien esperaba compartir toda una vida y que solo le duró diez años, Marie entra en un estado de letargo silencioso. Apenas habla, no sale de casa, ninguno de sus amigos es capaz de extraerle una gota de confesión o de alivio. El dolor anula la palabra. Durante meses se negará a expresar en público el más mínimo sentimiento. Pero el mismo día del entierro de Pierre inicia un diario que al final tendrá poco más de veinte páginas. Un puñado de folios desnudos para plasmar el dolor de la pérdida. Por las noches, cuando las niñas confusas por la tragedia logran dormir, ella escribe. Le escribe a Pierre, en presente, como si fuese el único tiempo verbal concebible entonces. Y escribe, por ejemplo, esto: «Pierre mío, me levanto después de haber dormido bien, relativamente tranquila, apenas hace un cuarto de hora de todo eso y, fíjate, ya tengo ganas de aullar como una loca». O le confiesa: «Vivo con la idea ridícula de que todo esto es una ilusión y que vas a volver. ¿No tuve ayer, al oír abrirse la puerta, la sensación de que eras tú?». O le entrega el escalofrío de la rendición: «Sigo viviendo sin consuelo y no sé en qué me convertiré ni cómo soportaré la tarea que me queda. Por momentos parece que mi dolor se debilita y se adormece, pero enseguida renace tenaz y poderoso». Incluso ronda la idea de querer morir: «Por la calle camino como hipnotizada, sin percatarme de nada. Yo no me mataré, ni siquiera tengo el deseo de suicidarme. Pero entre todos esos coches, ¿no habrá alguno que me haga compartir la suerte de mi amado?».

Este diario mínimo, estos veintitantos folios, son un testimonio desgarrado de la aflicción. Sabemos cómo le cuenta la terrible noticia a Irene, que tiene seis años: «Abría mucho los ojos, turbada ante la ropa negra que yo llevaba puesta»; o cómo se siente tres semanas después del accidente: «Pierre mío, la vida es atroz sin ti, es una angustia sin nombre, un desamparo sin fondo, una desolación sin límites». Son los peores momentos de la existencia de Marie, la pionera, la infatigable, la luchadora. Hay una escena terrible que debes conocer. Dos meses después de la desgracia recibe la visita de su hermana Bronia y Marie le pide que le ayude a quemar la ropa del difunto; ella ha sido incapaz de hacerlo sola. Sacan del armario el traje, salpicado de sangre y fragmentos de cerebro, que Pierre llevaba puesto al morir. Marie comienza a cortar las ropas con una tijera y va arrojando los trozos a la chimenea. Pero cuando llega al cuello y ve los restos de coágulos y materia encefálica parece enloquecer. Besa el tejido sucio, acaricia entre lamentos las manchas repugnantes. Es Bronia quien debe apartarla y lanzar al fuego lo que queda de las ropas. Tiene que quedarse dos semanas con Marie, tiempo en el apenas le saca una docena de palabras. La soledad íntima del dolor imposible de compartir.

Dejemos que el pesar se asiente. Han pasado seis meses de la muerte de Pierre. Marie ha vuelto al trabajo. Sigue arrancando milésimas de gramo a las montañas de pechblenda, establece el patrón de emisiones radiactivas, que se llamará curie en su honor, y perfila su convicción de que el fenómeno tiene una causa arraigada en la propia estructura profunda de los átomos. Es entonces cuando le ofrecen el puesto que Pierre ocupaba en la Sorbona. Ello equivale a ser la primera mujer profesora en la historia de la universidad parisina, además de la primera catedrática y la primera directora de un laboratorio en el mundo. Como alternativa le proponen una pensión vitalicia que le permita seguir investigando. Opta por lo primero, quiere estar en primera línea docente, en el centro del estudio. El 15 de noviembre de 1906 Marie, pálida y tremendamente seria, sube a la tarima de profesores de un aula de la Sorbona para romper el maleficio: por fin una mujer imparte clase allí tras seis siglos de historia. Desde su nuevo puesto crea el Instituto del Radio, que unificará los trabajos sobre emisiones radiactivas. Y en 1910 un grupo de profesores lanza su candidatura como miembro de la Academia de Ciencias de Francia. Nunca una mujer ha accedido a esa posición. La prensa amarilla vuelve entonces a la carga. Con una vergonzante agresividad muchos panfletos sensacionalistas, y algunos periódicos de los considerados serios, se oponen al nombramiento. ¿Qué argumentos usan, me preguntas? Sobre todo, que Marie es extranjera, atea y judía. Sí, lo de judía es un bulo, pero en esos años del caso Dreyfus el antisemitismo se extiende por una Francia mala heredera de la Revolución y de la Carta de Derechos Humanos. La campaña de difamación resulta triunfante. Por 90 votos contra 85 el consejo de la Academia decide mantener la exclusión de las mujeres. Marie ni se lamenta. Habrá que esperar a 1962 para que la añeja academia acepte a una científica en su seno.

Mientras tanto, la industria del radio marcha fenomenal. ¿Quieres dar un paseo por las Galeries Lafayette, el gran centro comercial que es la envidia de medio mundo? En sus siete plantas, bajo la hermosa cúpula *art déco*, venden de todo: moda, cosméticos, alimentos, medicinas... Uno de los productos estrella de la temporada es el Revigator. Se trata de un recipiente cerámico para agua, que alberga radio y uranio en un doble fondo. El agua radioactiva es buenísima para la salud, afirma el prospecto: «Llene el tarro cada noche. Beba sin límites cuando tenga sed y al levantarse o acostarse, una media de seis o más vasos diarios». Se venderán Revigator a miles, y también agua embotellada con sales de radio. «¡El agua más radioactiva del mundo!», publicita la italiana Lauretia, el remedio para vigorizar, para aliviar la artritis, la senectud, el dolor de barriga. No te espantes. La moda por los nuevos inventos ha convertido la radioactividad en diosa comercial. A todo se le añade radio y uranio, vendiendo los productos como casi mágicos. Mira esa señora, se está comprando un pintalabios Tho-Radia, una crema para la piel DRS, pasta de dientes Doramad, de paso se lleva una caja de chocolates Burkbraun para sus hijos y, medio a escondidas, coge una caja de supositorios Vita Radium para los problemas de erección de su marido, que se está haciendo mayor.

Todos esos productos, y muchos más, se venden con el reclamo de tener sales de radio en su composición. Hasta 1932 no se aceptará lo que Marie Curie grita hasta el cansancio, que la radioactividad, fuera de dosis mínimas, resulta mortal. Será necesario que un multimillonario de Nueva York, Eben Byers, muera intoxicado por su costumbre de beberse ocho botellitas diarias de un agua de radio llamada Radithor. La familia demandará al fabricante y durante el juicio los médicos certificarán el poder mortal y el fraude sanitario de los productos radioactivos. La prensa empezará a mostrar testimonios de enfermos por radiación, con debilidad extrema, dolores, delgadez, parálisis y otras dolencias, a los que llamará «muertos vivientes», ilustrando sus artículos con fotos espantosas de tumores y llagas. No somos capaces de contar cuántas personas padecieron cáncer a raíz de usar esos venenos. Debieron ser cientos de miles, sin duda.

La moda del radio, su fama de sustancia milagrosa, los sucesivos avances en los estudios de Marie y su posición de pionera en la Sorbona han aumentado el prestigio internacional de esta científica seria y callada. En 1911 Suecia anuncia que, «en reconocimiento de sus descubrimientos del polonio y del radio», Marie Curie recibirá ese año el Premio Nobel de Química. Se trata de una decisión revolucionaria, pues ninguna persona ha ganado antes dos Nobel y además quien lo consigue ¡es una mujer! La noticia se publica en la primera página de todos los periódicos del mundo… excepto en los franceses. Desde el asunto de la Academia existe una ruda animadversión, una enemistad chauvinista y misógina contra Marie. Científicos envidiosos, periodistas bucaneros, derechistas xenófobos y un público ávido de escándalos se alían en los salones parisinos para desprestigiar a esa mujer que ha dado dos Nobel a Francia.

Desde el anuncio del premio hasta su entrega la campaña de ataques a Marie avanza enorme, intensa, despiadada. Observa ese periódico llamado *L'Oeuvre*, cuyo editor es un notorio antisemita, Gustave Téry. Te será fácil leerlo al pasear por los Campos Elíseos o en los kioskos de la orilla del Sena, porque se vende a miles. Y antes de que tenga lugar la ceremonia de entrega del Nobel estalla la degradación. Unas cartas enviadas por Marie, robadas nadie sabe cómo, terminan en manos de Téry, quien no duda en publicarlas. Las cartas, redactadas por ella misma, con su letra inconfundible, revelan una relación amorosa con un señor casado, cinco años más joven y padre de cuatro hijos, llamado Paul Langevin. La sociedad bienpensante se lanza ávida sobre las cartas, divertida y escandalizada a la vez.

¿Quién es Paul Langevin, el hombre que sustituye a Pierre en el corazón de Marie? Alto, apuesto, con un cierto toque militar en su porte, Paul es pese a su juventud uno de los mejores físicos de Francia. Antiguo alumno de Pierre, trabaja desde 1908 en el laboratorio de radio que dirige Marie. Las peleas entre Paul y su esposa, plagadas de amenazas de divorcio e incluso esporádicas agresiones a sartenazos, son conocidas por todos los compañeros. La relación entre Paul y Marie avanza dentro de los cauces profesionales, pero en algún momento de 1910 se traspasa la línea. Marie, intensa como siempre en la pasión, entregada a la soledad tras fallecer Pierre, con cuarenta y dos años recién cumplidos, sucumbe al encanto del joven y brillante físico. El flirteo termina en citas fugaces donde ambos se declaran locamente enamorados. Quién sabe qué pasa por el corazón de Marie en ese momento. ¿Tal vez un intento inconsciente de sustituir la figura perdida de Pierre? Es una posibilidad. «¿Qué no podría surgir de este sentimiento mutuo? —dice en una de las cartas vergonzosamente robadas—. Creo que podríamos derivarlo todo de él: un buen trabajo en común, una buena y sólida amistad, coraje para vivir...». Sean cuales sean los motivos emocionales de Marie, que solo atañen a ella, la relación con Paul avanza rápidamente. Incluso, cansados de verse a escondidas en hoteles discretos, alquilan un apartamento cerca de la Sorbona. Un nido de adulterio, dirán los periódicos. «¡Estoy tan impaciente por verte!» o «No puedo dormir sin tus manos acariciando mi cuerpo, tus pies rozando los míos» o «Estuve toda la tarde y noche de ayer pensando en ti, en las horas que pasamos juntos, delicioso recuerdo, la bondad y la ternura de tus ojos, la dulzura de tu presencia»: palabras como estas son arrancadas de la intimidad de las cartas de Marie para llegar a todos los lectores morbosos gracias a *L'Oeuvre*.

Gustave Téry aprovecha bien el filón. Sus artículos tachan a Marie de «rompehogares judía extranjera», califica su puesto en la Sorbona como una «infiltración germano-sionista en nuestras universidades» y considera también que su nombramiento como catedrática supone «un insulto a la hombría» del país. La esposa de Paul demanda a su marido por adulterio, Marie recibe amenazas de muerte por parte de la familia de ella, Paul reta a un duelo de pistolas a Téry (aunque al final, en la madrugada del Bois de Boulogne, no se llegarán a disparar) y el escándalo rinde así nuevos episodios que aseguran ventas y más ventas de periódicos. Te preguntarás cómo es posible tal intromisión en la vida privada de una científica tímida que rehúye la fama, alejada de las frivolidades sociales. La respuesta es triste: todas las envidias, todos los rencores que Marie fue acumulando en su vida de manera involuntaria, explotan ahora. Un nacionalismo francés que rechaza el papel de los extranjeros en la sociedad, un machismo rampante, la rabia de una comunidad de científicos endiosados que nunca ganarán un Nobel, se conjugan para convertir este episodio íntimo en el arma con que hundir el prestigio de Marie. Ya que no pueden vencerla en la ciencia, pretenden vencerla con la humillación. Así tal vez entiendas que las críticas de adulterio sean dirigidas contra ella cuando, en realidad, ¡el adúltero es Paul! Pocas veces en la historia de la ciencia podrás presenciar una campaña de desprestigio tan sucia, tan apabullante como esta.

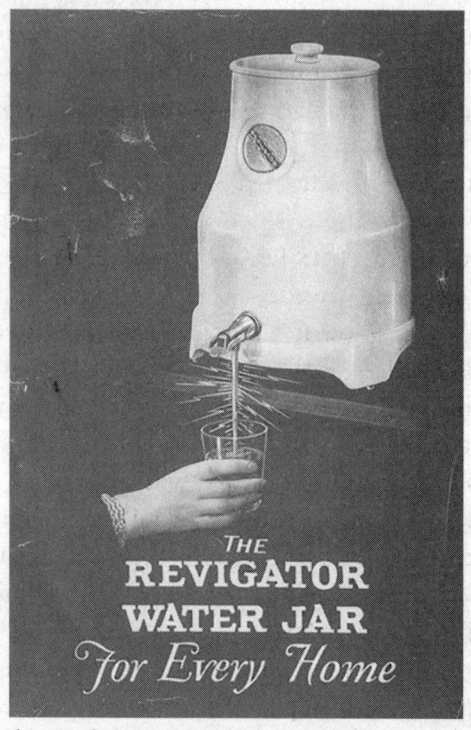

Algunos de los productos de uso cotidiano que en el primer tercio del siglo XX incluían radio en su composición como el recipiente para agua Revigator.

Un día, cuando Marie regresa de una conferencia en Bruselas, encuentra su casa rodeada por una multitud de personas vociferantes que piden linchar a la adúltera judía y extranjera. Amenazan con incendiar su casa y rompen las ventanas a pedradas. Marie debe dar la vuelta y, desolada, se refugia con sus hijas en el domicilio de un amigo. Paul anuncia públicamente que la deja, la prensa especula sobre si la muerte de Pierre fue un accidente («¿Es posible que alguien le empujara?», lanza la duda un periodista) y el comité del Nobel emite una horrenda carta afirmando que, de haber conocido antes el asunto, no le hubiesen concedido a *madame* Curie el galardón de Química. ¡La vida privada como medida del mérito científico! Incluso le piden que no acuda a recoger el Nobel: no será bien recibida. Este insólito linchamiento público no arredra a Marie, quien insistirá en ir a Estocolmo, tomará su premio de manos del rey sueco y dedicará el discurso de aceptación a su querido Pierre. Pero las humillaciones se suceden y el impacto de estos sucesos es enorme para ella. Ver su intimidad expuesta con tal crudeza en los periódicos la lleva finalmente al hospital, víctima de una crisis nerviosa. Allí los médicos descubren los estragos que la radiación ha sembrado en su cuerpo. Literalmente, la piel se le cae a tiras y las heridas se cubren de llagas imposibles de curar. Su sistema inmunitario está muy debilitado. Marie decide desaparecer de la vida pública. Se niega a dar charlas, deja sus clases en la universidad y se dedica a viajar con sus hijas oculta bajo un nombre falso. Tras recoger su segundo Nobel se instala en Inglaterra. Solo después de catorce meses, con las aguas más calmadas, puede volver a sus clases, a su casa, a su vida. Imagínate la renovada desolación de la existencia de Marie. No volverá a conocer el amor, se entregará por entero a sus investigaciones, a la crianza de sus dos hijas, al desarrollo del Instituto del Radio, cada vez más sumida en una soledad intensa y silenciosa. Y sobrelleva ese periodo ácido y gris cuando estalla la Primera Guerra Mundial.

Los jóvenes franceses regresan heridos por millares de las trincheras de Marne o de Verdún. Esa guerra que debía ser corta y elegante se convierte en una carnicería de fantásticas dimensiones. Desde su Instituto de Radio, Marie piensa que debe hacer algo. Aunque Francia la rechaza, aunque parezca odiarla, es el país donde ha residido la mayor parte de su vida. Y recuerda los rayos X, capaces de traspasar la carne para ver el interior de los cuerpos. Entiende que tener imágenes de las lesiones internas, de las fracturas, de los órganos destrozados, sería muy útil para los médicos. El problema consiste en que las máquinas de rayos X son enormes por estas fechas. Y Marie se entrega a la labor de diseñar un sistema de rayos X portátil. Solo tarda un año en lograrlo. Abre una captación de fondos, emplea el dinero de sus premios para comprar bonos de guerra, convence a varios fabricantes de coches para que cedan vehículos capaces de transportar al frente, a los hospitales de campaña, los nuevos aparatos. Renault es el primero en ceder. Una camioneta equipada con la flamante máquina de rayos X de Marie llega a las trincheras en julio de 1915, con ella misma al volante. Se ha sacado el carnet de conducir para poder hacerlo. Es la primera mujer francesa en obtener el permiso; otra vez la primera, como siempre. En 1916 el parque radiológico de Marie consta de veinte ambulancias, conocidas por los soldados como *petites curies* («pequeñas curies»). Irene, a sus dieciocho años, ayuda a su madre enseñando a los médicos el uso de los aparatos. Durante la guerra esas ambulancias realizarán más de un millón de radiografías y salvarán la vida a decenas de miles de heridos. ¡Se me olvidaba! Marie también diseña unas cánulas rellenas de gases radioactivos que se revelan muy eficaces para esterilizar heridas y tratar miembros infectados. Suma en su cuenta de vidas salvadas algunas miles más.

Tras la guerra Marie reanuda sus investigaciones sobre el radio inaugurando un nuevo instituto en París. Enseguida se transforma, bajo su dirección, en el referente mundial de la naciente física del átomo. ¿Quieres verlo? Es un conjunto de edificios blancos de dos plantas y grandes ventanales en torno a un patio. Está muy cerca del viejo cobertizo donde Marie y Pierre empezaron a separar radio de la pechblenda, allá en la *rue* Vaulequin, en la montaña de Santa Genoveva. La planta baja acoge el despacho de la directora, que en el futuro se mantendrá intacto, el Museo Curie visitable por el público. En la planta superior se sitúan los laboratorios más sofisticados, decenas de hornos, calderos, frascos de precipitados, cubetas, instrumentos de medición, todo ello envuelto en un halo de vieja tecnología entonces revolucionaria que las cámaras de niebla y los aceleradores de partículas dejarán pronto obsoleta. En este edificio obtener un gramo de radio cuesta entonces cien mil dólares norteamericanos, una cantidad disparatada para la época. Pero el radio empieza a tener muchas aplicaciones médica reales, al margen de la idiotez comercial de los productos radioactivos. Es aquí donde se afina la radioterapia, la curieterapia como la llaman al principio, y se fijan dosis convenientes para tratar enfermedades como el cáncer o la artritis. Los pacientes reciben el radio inhalando ampollas de gases, bebiendo líquido irradiado, recibiendo inyecciones periódicas o incluso bañándose en agua con sales radiactivas.

Y muchos empiezan a mejorar. Curar el cáncer, al menos en algunos casos, ya no resulta imposible. También en este edificio, bajo la dirección de Marie, se dan los primeros pasos en la comprensión de la radioactividad y se establecen las bases de la estructura interna del átomo. Pero no te engañes, Marie no es una gran teórica. Su trabajo se ciñe a la física experimental, a probar, medir, mezclar, analizar. Las labores teóricas de la gran revolución atómica del siglo XX quedarán en manos de otras personas.

Los últimos años de la vida de Marie estarán dedicados más a la dirección del Instituto que a investigaciones propias. Se encuentra cansada y enferma, con el cáncer corroyéndole los huesos y la sangre. Las anemias recurrentes, los dolores de cabeza, incluso los desvanecimientos, son cada vez más frecuentes. Sufre ceguera parcial por degradación del cristalino. Pese a todo, conseguirá mantener el timón de sus responsabilidades. En 1921 viaja a Estados Unidos y el presidente Warren Harding le regala un gramo de radio puro. En 1922 es nombrada miembro científico de la Sociedad de Naciones. En 1923 saca tiempo para escribir una biografía de Pierre. Desde 1925 recorre el mundo dando conferencias en Polonia, Brasil, Checoslovaquia, Inglaterra, Estados Unidos, Bélgica y tres veces en España. Y en 1932 logra su sueño final, abrir un segundo Instituto del Radio en su ciudad natal, Varsovia. Bronia, la hermana médico que le ayudó a llegar a París, será la directora. Pero tras esos años la salud de Marie llega al límite. Apenas puede salir de casa, el cuerpo destrozado por las continuas emanaciones de radio que ha recibido desde 1897. Aún tiene tiempo para llevarse una alegría postrera: su hija Irene, que ha estudiado Física, descubre junto a su esposo Fréderic Joliot la radioactividad artificial en 1934, demostrando que se puede manipular el corazón de los átomos. Ambos recibirán el Nobel de Química en 1935 por este hallazgo, que abrirá la puerta a la producción de energía mediante fisión nuclear, y también a la bomba atómica.

Pero Marie no llega a saber que su hija figurará, como ella, en el podio de los Nobel. El 4 de julio de 1934, con sesenta y tres años cumplidos, su cuerpo se rinde. Lleva meses ingresada en un hospital de los Alpes, donde se apaga lentamente a causa de una leucemia. La radiación ha envenenado su sangre y los médicos afirman que es un milagro que haya vivido tanto. Fallece convertida en la mujer más importante del siglo XX, en la científica más conocida, en un símbolo del feminismo y de la emancipación, sin que ella, desde luego, lo pretendiera. Sus restos mortales presentan una actividad radiaoctiva tan alta que resultan peligrosos para el medio ambiente. La entierran en un ataúd especial de madera forrado en su interior con una capa de dos centímetros y medio de plomo.

A su muerte, Albert Einstein dijo de ella que era «la única persona dedicada a la ciencia que no se corrompió por la fama». Marie fue sepultada junto a Pierre en el cementerio de Sceaux, el mismo pueblo donde se casaron tantos años atrás. Pero los restos ya no están allí. ¿Quieres visitar su tumba? Acompáñame, no se encuentra lejos. Ese imponente edificio de ahí, con su cúpula y sus columnatas neoclásicas, es el Panteón de Hombres Ilustres de París, donde reposan las glorias intelectuales de Francia. «*Aux grands hommes la patrie reconnaissante*», reza la inscripción del frontispicio: «*A los grandes hombres la patria agradecida*». Sí, puedes escandalizarte, aún sigue llamándose así, de Hombres Ilustres, pese a acoger a tres mujeres que son ilustres sin ser hombres. Una de ellas, la primera en ser trasladada aquí, fue Marie Curie, también pionera en la muerte. Trajeron sus restos con gran boato en 1995, discurso del presidente François Mitterrand incluido. Bajo este sepulcro de mármol blanco reposa el cadáver de esta mujer magnífica, que superó todos los obstáculos con la perseverancia de la inteligencia, que afrontó humillaciones y desprecios, hasta entregar al mundo un nuevo campo completo de las ciencias naturales. Una historia que, como conectada por un hilo invisible y finísimo de mujer a mujer, nos llevará más adelante hasta otra de nuestras protagonistas, cuyo trabajo también tiene mucho que ver con los misterios del átomo.

Pero si te parece quedémonos un ratito aquí, en el Panteón. Se está bien bajo esta cúpula inmensa, en el silencio retumbante de las altas columnas. Y siempre hay flores frescas, normalmente blancas, en la tumba de Marie. La verdad, no sé quién las trae para colocarlas sobre el mármol.

Marie Curie junto a su hija Irene, en un laboratorio
del Instituto del Radio en 1925.

LA HÉLICE DE LA VIDA:
ROSALIND FRANKLIN

Ahora pon tu ojo sobre el microscopio. Observa. Lo que ves es una célula, la unidad básica de la vida. Parece una bolsita llena de líquido espeso y sucio, ¿verdad? De hecho, el nombre de célula viene del latín *cellus*, «hueco», porque recuerda a una membrana vacía que solo encerrase agua. Necesitamos un microscopio potente para verla, ya que las células suelen ser diminutas. De media, en un milímetro caben unas doscientas puestas en fila. Y sin embargo, dentro de su pequeñez, si te fijas bien la verás palpitar. Está viva. Se alimenta, incluso se mueve. Algunos de los grumos que hay en su interior son verdaderos órganos que le sirven para comer, para desplazarse o para respirar. Y ahora observa esa masa gelatinosa agrupada casi en el centro. Es el núcleo de la célula, su parte más importante. ¿Por qué? Porque ahí se encierra el mecanismo clave de la vida, la capacidad de reproducirse, de generar seres semejantes al organismo original. Para dividirse la célula abre su núcleo, se parte por la mitad y, en un proceso maravilloso, fascinante, da lugar a dos copias exactas de sí misma, dos nuevas células que proseguirán la estirpe en futuras generaciones de descendientes. De células como esta que ves en el microscopio derivan todos los seres vivos de la Tierra, la hierba, los árboles, las bacterias, los insectos, los animales, nosotros mismos. Dentro de su enorme diversidad la vida es una, porque todos los organismos funcionamos bajo un único conjunto de instrucciones y con idénticos principios.

Una bacteria y nosotros nos distinguimos por el tamaño y la complejidad, pero en la base de ambas existencias laten los mismos elementos vitales.

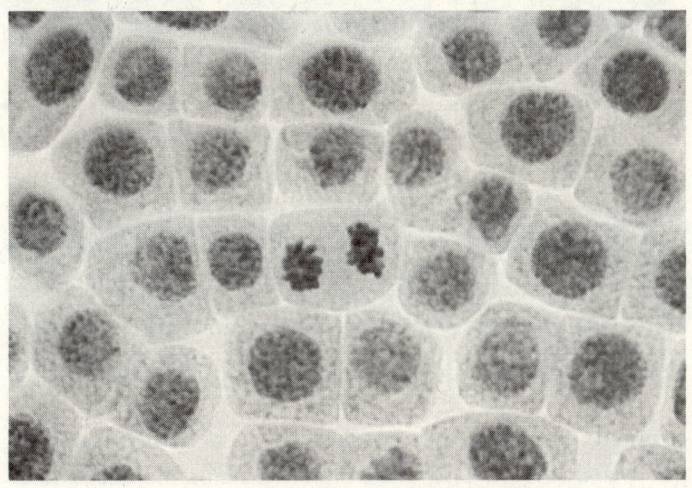

Microfotografía de células donde se observa sus membranas, sus órganos y sus núcleos.

Llegar a saber todo lo anterior le ha costado a la humanidad esfuerzos terribles. El misterio de por qué existe la vida, de qué manera nace un ser a partir de otro, de cómo logra la naturaleza crear un organismo adulto desde el estado de embrión, de por qué los hijos se parecen a los padres, resulta tan tremendo que ha sido uno de los campos más estudiados de la ciencia, y donde más palos de ciego se han dado. Aparte de las explicaciones creacionistas, ya sabes, los dioses crearon a los hombres a partir del barro y esas cosas, durante muchos siglos no hubo manera de desvelar los mecanismos de la biología. Pero al menos existía una ventaja. Aunque la mayoría de las células son pequeñísimas, es posible ver algunas de ellas a simple vista, manosear su interior e incluso comérnoslas. Por ejemplo, un huevo de gallina es una única célula enorme, preparada para dar origen a su pollito si no fuese porque acaba en el aceite de la sartén. Debido a que existen células grandes los científicos pudieron empezar a analizar sus componentes y su funcionamiento. Las mejoras en los aparatos ópticos de aumento ayudaron muchísimo a partir del siglo XVII. Gracias a los primeros microscopios se descubrieron los espermatozoides, unos organismos con colita que se retorcían en el semen, y esta observación condujo a la primera propuesta sobre la procreación, que seguro te dará bastante risa: cada espermatozoide, dijo en 1694 un naturalista llamado Nicolaas Hartsoeker, contiene dentro un hombre perfectamente formado... pero en miniatura. Esos hombrecitos durmientes en el interior del esperma despertaban al contacto con los óvulos y empezaban a crecer. Los óvulos, pues, y según nuestra inagotable tradición machista, solo servían como alimento del nuevo ser. Toda la herencia, dijo Hartsoeker, procedía de la estirpe masculina de Adán, quien ya debía tener contenida en sus espermatozoides a la humanidad entera posterior.

Comprenderás que aquello era un disparate, y sin embargo la idea se mantuvo vigente durante siglos bajo el nombre de preformacionismo. En realidad no había una explicación mejor, e incluso se llegaron a hacer complicadísimos cálculos infinitesimales para averiguar hasta dónde puede miniaturizarse un ser vivo. Hubo que esperar a la investigación sobre los embriones para que la ciencia arrojara algo de luz: los organismos no están formados desde el principio en el vientre materno, sino que se van organizando durante la gestación, partiendo de esquemas simples hasta alcanzar la complejidad del momento de nacer. Ello condujo a una nueva teoría llamada del diseño geminal, que defendía que cada organismo aporta a sus descendientes una serie de planos para construir el nuevo ser. Tales planos debían andar escritos en un lenguaje biológico dentro de los espermatozoides. Se empezó a hablar de código de transmisión, herencia y otros conceptos que ya nos suenan modernos. Pero la teoría del diseño geminal también sufría sus problemillas. Por ejemplo, los niños pueden parecerse, o no, a sus padres, pero en ningún caso son idénticos a ellos. Si el mecanismo biológico de la herencia es un plan prefijado, deberían ser iguales, como los coches que salen de una fábrica construidos en la misma cadena. Así que se pasó a una idea más refinada que se conoce por el divertido nombre de «la receta de cocina». El código de la vida no es un plano inamovible, sino un conjunto de instrucciones que los seres heredan de sus progenitores y que conducen su desarrollo bajo la influencia de probabilidades combinatorias. Igual que una receta en manos de dos cocineros distintos no sabrá igual, porque no usarán exactamente la misma cantidad de ingredientes o idénticos tiempos y temperaturas de cocción, los seres vivos se reproducen gracias a un mecanismo que dirige su estructura pero permite a la vez cierta variación aleatoria.

Esta conclusión, que es la correcta, se aceptó a inicios del siglo XX, así que les ha costado a los científicos miles de años de estudio. Y se trata de uno de los grandes tesoros del conocimiento humano. Explica la variabilidad que conduce a la evolución de las especies demostrada por Charles Darwin, también se ajusta al andamio de la herencia plasmado en las leyes de Georg Mendel, e ilumina el hecho de que desde un único organismo original la vida estalle en la Tierra con la diversidad que puedes ver ahora. Pero para demostrarlo definitivamente y seguir avanzando en el campo de la biología resultaba necesario encontrar la base material, el soporte físico, que transmite la herencia. Los científicos apostaron por buscarlo en las células sanguíneas, identificadas con la fuerza vital, y en las sexuales, por ser las directamente implicadas en la reproducción. Y nos encontramos aquí con una de las paradojas más curiosas de la historia de la ciencia, pues justo en esas células es donde no se encuentra el código genético completo. Sí, no te sorprendas. El soporte de la herencia está en todas las células de nuestros cuerpos, excepto en los glóbulos rojos, en los óvulos y en los espermatozoides. Increíble, ¿verdad? Qué falta de puntería. Los glóbulos rojos carecen de núcleo, y en óvulos y espermatozoides solo está la mitad del código, de forma que al unirse en la concepción den lugar a la secuencia genética completa del nuevo ser. Los científicos andaban, como comprenderás, totalmente despistados. Por suerte un médico suizo que estudiaba la formación de pus, Johann Miescher, dijo que en el núcleo de casi todas las células existía una extraña sustancia en grandes cantidades que parecía no tener función alguna. La llamó nucleína y tímidamente propuso que tal vez tuviese algo que ver con la herencia. Pero otros científicos despreciaron sus conclusiones. Esa nucleína era un ácido formado por pocos elementos, con una estructura repetitiva y monótona, y sin ninguna actividad apreciable. Era casi lo más muerto dentro de la célula. Se consideraba imposible que algo supuestamente tan complejo como nuestro código genético estuviera escrito en una molécula que parecía simple, con una estructura repetida hasta la saciedad. La respuesta, decían los investigadores, debía estar en la proteínas, moléculas mucho más complicadas, variadas e hiperactivas.

No obstante, la nucleína nunca fue del todo olvidada porque tenía aspectos misteriosos, por ejemplo, por qué era tan abundante y se situaba en el núcleo celular. En 1928 un biólogo llamado Frederick Griffith decidió romper el tabú y se dedicó a intercambiar orgánulos, nucleína incluida, entre distintas cepas de bacterias. Logró que especies antes inofensivas provocasen enfermedades. Griffith señaló que las bacterias «buenas» habían copiado los caracteres malignos al ser inyectadas con la nucleína de las bacterias «malas». La búsqueda culminó en 1944 gracias a los experimentos de tres bioquímicos, Olways Avery, Colin MacLeod y Maclyn McCarty, quienes pacientemente descartaron las proteínas, los lípidos y otras moléculas. Al final les quedó como única candidata posible de la transmisión hereditaria la extraña nucleína, que describieron como «una forma viscosa de ácido desoxirribonucleico altamente polimerizado». Fue entonces cuando nuestro querido ADN obtuvo el nombre por el que se le conoce ahora. Y descifraron su fórmula química. Además de azúcares y fosfatos, allí dentro había muchas cantidades de cuatro bases nitrogenadas. Se trataba de sustancias en apariencia muy inocentes y triviales, llamadas citosina, timina, adenina y guanina, a las que se abrevió por sus iniciales: C, T, A y G. Otro investigador, Erwin Chargaff, anunció poco después que en el ADN hay la misma cantidad de guanina que de citosina y de adenina que de timina. Sin embargo, la proporción entre los dos grupos G-C y A-T es variable, oscilando en una horquilla de entre un 36 y un 70 por ciento del total. La precisión era importante e hizo pensar que los secretos de la herencia podrían ocultarse tras una relación combinatoria guardada en el ADN.

Pero el ADN parecía demasiado simple para retener toda la información genética, incluso pensando en largas secuencias combinatorias entre cuatro componentes, así que la mayoría de los biólogos se negaron a aceptar tales conclusiones. Estos incrédulos no tuvieron en cuenta que la complejidad no se deriva únicamente de la variedad. Algo con pocos elementos puede ser muy complejo gracias a situar en posiciones diferentes sus escasos ingredientes. Con las veintisiete letras del alfabeto español se han creado unas 88.000 palabras distintas. Y esa cantidad es baja. El ADN humano, con sus 3.200 millones de combinaciones posibles, puede codificar tantas «palabras» como un uno seguido de tres mil millones de ceros. Es una cifra enorme. Pero para almacenar gran cantidad de datos con pocos elementos no solo son necesarias muchas combinaciones, sino además una estructura que favorezca la conservación y transmisión de la información codificada. La única manera de demostrar que el ADN era la clave de la vida y convencer a la legión de especialistas escépticos consistía en desvelar su forma física. Y ahí encallaban todos los esfuerzos, pues en la primera mitad del siglo XX no existían técnicas para poder ver algo tan pequeño como el ADN. Ni siquiera los microscopios más potentes llegaban a los niveles de detalle precisos para definir las arquitecturas moleculares. La ciencia estaba, pues, en un doloroso punto muerto.

Aquí es donde entra la figura de nuestra siguiente protagonista, una joven británica, judía, millonaria y brillante llamada Rosalind Franklin. En su historia se dan todos los ingredientes que maceran nuestro viaje: la investigación genial, los obstáculos por su condición de mujer, la perseverancia, la inteligencia, la marginación y la apropiación de sus descubrimientos claves por parte de la comunidad académica masculina. La vida de Rosalind Franklin resulta tan triste como apasionante, y tras décadas de ignorancia solo en los últimos años está empezando a reconocerse la importancia de su trabajo. Porque fue ella, y no los hombres que robaron sus conocimientos, quien logró desatascar el embrollo en que se encontraba la biología y demostrar que el ADN es en efecto el arcón que guarda la herencia genética, así como hacer comprensible el maravilloso mecanismo que permite la vida. Debió ganar dos premios Nobel y no le dieron ninguno, murió a los treinta y siete años sin ser debidamente reconocida, e incluso su nombre se ha diluido a propósito durante mucho tiempo en los anales de la ciencia oficial. No se lo pusieron fácil. Realizó sus hallazgos esenciales en el laboratorio más sórdido que puedas imaginarte, un sótano húmedo, pequeño, inhóspito, del centro de Londres, con un techo bajo y abovedado ideal para golpearse la cabeza en cada movimiento, sin ventilación, expuesta a fuertes radiaciones de los aparatos con que trabajaba, y hasta de ese sótano fue expulsada por la traición y las conspiraciones de sus colegas masculinos. Como Marie Curie, la causa de su muerte tan temprana se debió muy probablemente a los experimentos con rayos atómicos. Y, ya te lo adelanto, logró desvelar la estructura del ADN ¡aplicando sus técnicas sobre el estudio del carbón! Sé que suena raro. Ya verás.

Para entender bien esta historia debemos ajustar nuestros diales de espacio y tiempo y viajar juntos a la capital británica, donde Rosalind nace el 25 de julio de 1920. Y no ve la luz en una familia cualquiera. Su padre, Ellis Arthur Franklin, es un banquero muy rico, descendiente de una saga de judíos llegada a Gran Bretaña en el siglo XVIII; según sus amistades, hace tiempo que los Franklin se han convertido en más ingleses que los propios ingleses. Viven en un hermoso palacete blanco del centro de Nothing Hill, defienden las costumbres y valores británicos desde una posición liberal, incluido por supuesto el respeto al té de las cinco, y están fuertemente implicados en la vida social y política. Ellis Arthur, por ejemplo, patrocina una escuela para hijos e hijas de trabajadores pobres, donde incluso da clases en persona sobre electricidad, magnetismo e historia, y promueve con apoyo económico el derecho al sufragio femenino. El tío de Ellis ha llegado a ser nada menos que ministro del Interior con el Partido Liberal, y otro tío será el procurador general británico para Palestina. Así que los Franklin son parte del círculo de poder político y económico. Pertenecen a la élite del Imperio. Pero de ninguna manera olvidan sus orígenes judíos. Aunque sin ser estrictos practicantes religiosos, todos en la familia cumplen con el *kosher* y el *shabat*. Al contrario que la Francia o la Alemania de la época, Gran Bretaña no muestra una abierta hostilidad contra la población judía.

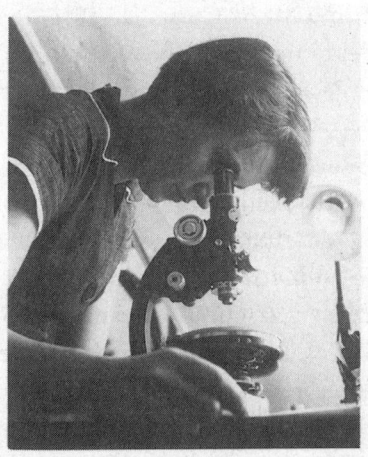

Rosalind Franklin con microscopio en 1955. De la colección personal de Jenifer Glynn.

Cuando Rosalind nace tiene un hermano mayor, David, heredero de los negocios del padre. Después vendrán tres hermanos más, entre ellos otra niña, Jennifer. Pero desde chiquilla Rosalind carece de inclinación por las cosas típicas de la infancia y prefiere estar sola a jugar con sus hermanos. Le gusta construir puzzles y resolver libros de adivinanzas. Demuestra ser muy lista y un poco extraña, tanto que una tía de la familia escribe algo preocupada: «Rosalind es alarmantemente inteligente; a sus siete años, pasa todo el tiempo calculando por placer problemas de aritmética y sus resultados son invariablemente correctos». Los padres la matriculan en un buen colegio privado que no segrega entre chicos y chicas, pero pronto los profesores, dándose cuenta del alto desarrollo intelectual de la niña, les recomiendan un centro más ambicioso. Rosalind pasará por un internado de Sussex hasta estudiar en la Sant Paul´s School, una especie de escuela para niñas superdotadas donde la joven Franklin se convierte año tras año en la primera de la clase. El programa docente tiene como objetivo preparar a las chicas para las carreras universitarias y es muy duro. Incluye, además de las asignaturas usuales de ciencias y letras, Latín, Alemán, Francés y Música. Por cierto que la Música es la única disciplina donde no alcanza el sobresaliente. Rosalind se apasiona además por los deportes. Saca tiempo no se sabe de dónde para inscribirse en equipos femeninos de tenis, *hockey*, *cricket*, fútbol y *lacrosse*, y no de uno en uno, sino en todos a la vez.[25] A lo largo de su vida será muy aficionada

---

25 Por si no lo han oído nunca, como yo hasta ahora, el *lacrosse* es un deporte similar al *hockey* pero donde la pelota, en vez de golpearse, se maneja con una red atada a un palo. Está permitido dar patadas a la bola y también el contacto físico brusco entre los equipos, por lo que tiene elementos del *hockey*, el fútbol y el *rugby*.

al ejercicio, sobre todo a las largas caminatas por la naturaleza. Y acaba de cumplir dieciocho años cuando se gradúa con un expediente impoluto que le permite ganar la beca de mayor dotación económica. Su padre, que siempre muestra una notable conciencia social, le aconseja que ceda la beca a una estudiante sin medios. A ellos les sobra para pagar los estudios.

Pero la buena voluntad del señor Ellis Franklin no se aplica a la elección profesional de su hija. Rosalind quiere estudiar Física, Química y Matemáticas, el llamado *Tripos*, en el Newtham Collegue de Cambridge, y eso a su padre no le gusta nada. Cree que las carreras de ciencias son inadecuadas para las mujeres e intenta convencerla de que elija estudios de letras, Historia por ejemplo. Rosalind se niega, y sale a relucir por primera vez su carácter seguro y obstinado. No se muerde la lengua. Le dice a su padre que su futuro depende solo de ella y que no aceptará intromisiones. Y él, enfadado ante la rebelión, le retira la asignación después de haberla convencido de ceder su beca. Por suerte no hay problemas de dinero en la familia, así que una tía materna se hace cargo de los gastos de estudios de Rosalind. Ambos, padre e hija, mantendrán una relación difícil durante dos años, hasta que en 1940 hacen las paces. Tal vez influye una carta que Rosalind le envía entonces. Nosotros podemos leerla un poco, si te apetece. La joven, en un tono conciliador pero firme, se sincera hasta el punto de declararse atea ante su padre judío.

«Estoy de acuerdo en que la fe es fundamental para tener éxito en la vida, pero no acepto tu definición de fe, la creencia de que hay vida tras la muerte. En mi opinión, lo único que necesita la fe es el convencimiento de que esforzándonos en hacer lo mejor que podemos nos acercaremos al éxito, y que el éxito de nuestros propósitos, la mejora de la humanidad de hoy y del futuro, merece la pena conseguirse.»

El caso es que el señor Ellis se rinde y Rosalind, ya sin la oposición paterna, termina la carrera en 1941 con el premio de honor. Pero Cambridge no reconoce licenciaturas femeninas, así que tener el *Tripos* carece de valor legal. Solo un doctorado sirve. Por tanto busca un tema de tesis. La Universidad de Cambridge limita el número de mujeres en doctorados al 10 por ciento del total de plazas y reserva el 90 por ciento restante para los hombres. Ella, gracias a sus notas, entra en ese 10 por ciento. Y cuatro años más tarde, en 1945, se convierte en doctora en Física y Química gracias a un excelente trabajo sobre las microestructuras del carbón y del grafito. En el futuro esta tesis será la base científica de la moderna industria carbonífera.

Rosalind ha comenzado su investigación de doctorado bajo las bombas. Es el tiempo de la batalla de Inglaterra, de los ataques masivos de la aviación alemana sobre Londres, de la población inglesa refugiada en las paradas del metro y en los sótanos antiaéreos. Cada día cientos de aparatos de la Luftwaffe arrojan una carga masiva de explosivos y agentes químicos venenosos, y combaten con los aviones británicos en el cielo mismo de la capital. La ciudad aparece plagada de cráteres, de edificios en llamas, de civiles muertos. Se calcula, hazte una idea de la violencia, que cada día caen sobre Londres hasta un millón de kilos de bombas. El «sangre, sudor y lágrimas» que había anunciado el primer ministro Winston Churchill se convierte en una terrible realidad más allá de las palabras. Y Rosalind no puede permanecer impasible ante la tragedia. Primero sirve como voluntaria en las patrullas ciudadanas que evacúan a la gente al sonar las sirenas de alerta, pero más tarde, ya que está estudiando las propiedades moleculares del carbón, se ofrece para trabajar como asistente en la Asociación Británica para la Investigación del Uso del Carbón. Cree que puede aportar algo importante. Las máscaras de gas funcionan gracias a filtros de carbón que retienen las partículas tóxicas de los gases de los bombardeos, pero no son muy efectivas. No se conoce la porosidad específica de cada tipo de carbón, y por tanto las máscaras se fabrican sin saber si serán realmente útiles. Rosalind aplica las investigaciones que lleva a cabo en su tesis para calcular la relación entre los poros del carbón y su permeabilidad. Al descubrir que la eficacia del filtro depende del patrón molecular de cada tipo concreto de carbón, logra clasificar las distintas clases de hulla y encuentra la variedad más adecuada para las máscaras antigás. Su hallazgo resulta muy útil para Inglaterra. Ayuda a salvar montones de vidas, de civiles y de soldados.

Ahora quiero llamarte la atención sobre un hecho esencial en esta historia. En la primera mitad del siglo XX la única manera de observar algo tan diminuto como una molécula es a través de los rayos X. La técnica había sido descubierta por un físico llamado William Laurence Bragg, lo que le valió el premio Nobel de Física en 1915. Bragg demostró que los rayos X, además de servir para hacer radiografías, permitían atisbar la estructura interna de los cristales. Un cristal supone una forma natural muy curiosa, donde los átomos se sitúan de forma simétrica y repetitiva en las tres dimensiones del espacio. De toda la naturaleza, el estado cristalino es donde la materia se organiza con mayor orden interno. Los átomos se disponen según un modelo simple y después este modelo resulta copiado continuamente hasta formar una red extensa, dando una homogeneidad absoluta al material. De esta manera la estructura del cristal es la misma lo miremos por donde lo miremos. Un trozo de hielo o un grano de azúcar visto al microscopio resultan buenos ejemplos.[26] Pues bien, Bragg descubrió que cuando se lanzaban haces de rayos X contra cristales se obtenían unas manchas con un patrón diferente según cada tipo de cristal. Lo que ocurría era que algunos rayos X rebotaban sobre los átomos, otros se difractaban y otros pasaban por los espacios vacíos, dejando en conjunto sobre la placa una especie de huella dactilar de la estructura radiada. El orden interno de los cristales facilitaba la toma de imágenes que, una vez analizadas mediante complejos cálculos matemáticos, permitía deducir la disposición de los átomos. En resumen, seguíamos sin poder ver directamente los átomos, pero de forma indirecta ya era posible observar cómo se situaban dentro de una molécula cristalina. La técnica tomó el nombre de cristalografía de rayos X y Rosalind Franklin la conoció gracias a asistir a una conferencia de Bragg en Cambridge en 1939.

Para hacerte una idea de los límites de que estamos

---

26 No puedo resistirme a aclarar un eterno malentendido. El vidrio de las botellas o de las ventanas no es un cristal. Los átomos del vidrio no adoptan la forma ordenada de los cristales, sino una disposición aleatoria de propiedades muy diferentes. De hecho, el vidrio presenta, aunque les parezca increíble, estado líquido y no sólido. No lo vemos moverse como a otros líquidos porque tiene una enorme viscosidad que hace su fluir lentísimo: ni en toda una vida contemplaremos el efecto. Pero se ha convertido en un quebradero de cabeza para los conservadores de la vidrieras de las antiguas catedrales, ya que en cientos de años el vidrio termina resbalando y difumina los colores. Solo los cristales verdaderos eran, pues, susceptibles de ser radiados al inicio de la cristalografía de rayos X.

hablando te diré que la unidad básica de un cristal, que se repite continuamente y se llama celda unitaria, mide de media un angström, es decir, 0,0000000001 metros. En un centímetro caben pues cien millones de angströms. Es algo tan pequeño, tan escondido en la esencia de la materia, que solo a finales del siglo XX llegaremos a contemplarlo gracias al invento del microscopio electrónico. Cuando Rosalind Franklin empieza a trabajar, la cristalografía de rayos X únicamente ofrece manchas borrosas sobre placas fotográficas, de muy escasa calidad y difíciles de interpretar incluso por los cristalógrafos más avezados. En el siglo XXI potentes computadoras calcularán en segundos los datos de una imagen y presentarán la estructura atómica del cristal. Ahora, en la época en que Rosalind se sumerge en la técnica como una pionera, son necesarias decenas de horas de cálculos matemáticos hechos a mano para obtener el dibujo tridimensional derivado de una sola placa. Pero pese al esfuerzo titánico necesario ella sabe que se trata de la única vía para desvelar la composición atómica de la materia, de manera que emplea la técnica en su tesis sobre el carbón y el grafito. Perfecciona instrumentos, refina las herramientas de cálculo y se convierte en experta en interpretar placas bombardeadas con rayos X. Logra entender el universo de lo enormemente pequeño, elabora en su mente esquemas tridimensionales de realidades que casi nadie es capaz siquiera de plantearse. Quizá de este tiempo viene una de las obsesiones de Rosalind: su meticulosidad, su paciencia científica, su obsesión por comprobar una y otra vez los resultados. Cuando trabajas en los límites de la naturaleza, te diría ella, toda precaución es poca. Mantendrá este principio a lo largo de toda su carrera. Y, ya te lo anuncio, lo pagará caro en el futuro.

En 1945 acaba la Segunda Guerra Mundial y Rosalind se queda sin trabajo. Ha terminado su tesis, no le ofrecen ningún puesto docente, rechaza recurrir a las influencias de su familia y además no le apetece continuar estudiando el carbón. Está interesada en un tema mucho más ambicioso: ¿sería posible aplicar la técnica de rayos X al análisis de las cosas vivas? Ella sabe que la estructura cristalina de la materia inorgánica resulta muy compacta y homogénea, y por tanto difracta fácilmente; sin embargo, los compuestos orgánicos que forman las células o las proteínas tienen estructuras quizás, sí, también cristalinas, pero mucho más amorfas, con moléculas aisladas, uniones débiles y presentando en definitiva un lío de átomos amontonados, muy lejos del orden de los cristales minerales. Aun así, el reto le resulta apasionante. La posibilidad de desmenuzar con rayos X la intimidad de la biología, la organización atómica de los organismos, la frontera última entre lo muerto y lo viviente, se convierte en su nuevo objetivo. En 1946 le confiesa esta inquietud a una compañera y amiga de Cambridge, Adriana Weill. De hecho, le pide ayuda. «¿No conocerás —le escribe— una vacante de trabajo para una fisicoquímica que sabe muy poco de fisicoquímica y mucho sobre los hoyos en el carbón?». Weill no es una mujer cualquiera. Se trata de una joven francesa muy brillante, antigua alumna de Marie Curie, y está al corriente de que Francia, gracias al Instituto del Radio, ha avanzado mucho en el estudio de las aplicaciones de los rayos X. Así que un día queda con Rosalind, la lleva a una conferencia y allí, en una estrategia premeditada y valiente, le presenta a Marcel Mathiu, nada menos que el director del Centro Nacional de Investigaciones Científicas de Francia. El encuentro resulta prometedor. Mathiu ya conoce los estudios de Rosalind, está de acuerdo con su hipótesis de aplicar los rayos X a la materia viva, le dice que la llamará. Lo hace meses más tarde. Le ofrece un puesto en el Laboratorio Central de Francia, donde catorce personas trabajan ya en la difracción de rayos sobre moléculas amorfas, no cristalinas. Rosalind, si acepta, será la miembro número quince del equipo.

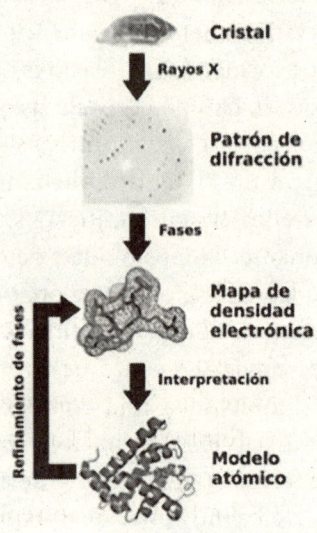

Funcionamiento de la cristalografía de rayos X. Los rayos difractan al chocar con la estructura molecular y dejan una huella de densidad electrónica, de la que se deriva el esquema atómico. Fuente: Thomas Splettstoesser / Wikipedia commons.

¡Por supuesto que acepta! Se desplaza a París, alquila un hermoso apartamento en el centro, al lado de la iglesia de Saint Sulpice, y se incorpora al laboratorio el 14 de febrero de 1947. Menos mal que fue buena estudiante de francés en el colegio. En pocos meses domina el idioma, se adapta rápidamente a las nuevas costumbres, le encanta la ciudad. París se convierte para ella en una revelación, un oasis de alegría lejos de las encorsetadas costumbres británicas. Porque Rosalind se siente libre, quizá por primera vez. Adopta la forma de vestir de las jóvenes francesas, de la nueva mujer activa e independiente: faldas plisadas, gabanes ceñidos, sombreros a la moda de Dior. Adora comprar en los mercados callejeros, aprende cocina tradicional, va al trabajo cada día paseando por las hermosas orillas del Sena, hace un grupo de amigos un tanto bohemios a los que con frecuencia invita a cenar a su casa. Si te fijas, es completamente feliz. Solo hay que verla en estos días de vino, rosas y laboratorios. Tiene la edad magnífica de veintisiete años, cuando todo parece brillar, se enamora de los bistros y los restaurantes de Montmartre, en vacaciones hace largos viajes a pie por los Alpes, escala el Montblanc en 1948. Se vuelve una absoluta afrancesada que declara con pasión su amor por el país que la acoge.

Y, además, descubre que una mujer científica puede ser tratada igual que un hombre. En el Laboratorio Central de Francia no hay ya discriminación por género: allí todos ganan el mismo sueldo, las tareas se reparten equitativamente, a nadie le importa que el compañero sea un señor o un señora. Lo único importante son las investigaciones, y avanzan a buen ritmo. Poco a poco se mejoran las imágenes de las moléculas amorfas que forman la vida, sobre todo de proteínas y lípidos. Perfeccionan los cálculos matemáticos para derivar las estructuras atómicas de las manchas en las placas, afinan los instrumentos, cada día logran un pequeño paso adelante. El director del laboratorio, Jacques Mering, sin reparar en su condición de extranjera, le enseña a Rosalind todos los avances, con generosidad, y ella responde compartiendo sus hallazgos sobre las porosidades del carbón. En París la joven británica enamorada de Francia perfecciona su técnica de difracción de rayos X hasta unos niveles excepcionales y se convierte en un miembro valioso del equipo del laboratorio. Empieza a publicar en revistas científicas, gana prestigio en los círculos especializados, la invitan a dar conferencias por varios países europeos. Antes de cumplir los treinta años Rosalind ya es un referente en el uso experimental de los rayos X. Pasa en el trabajo muchas más horas de las que estipula su contrato. Varias veces la obligan a ausentarse durante semanas, debido a que supera con frecuencia los límites seguros de exposiciones radioactivas. Ella parece minusvalorar el riesgo e incluso se enfada en esas ocasiones. La labor paciente y metódica de los laboratorios, que muchos científicos desprecian por rutinaria, a Rosalind le apasiona. Dice entre risas que no puede vivir sin investigar. En definitiva, en esos años parisinos la muchacha respira ciencia avanzada y saborea la vida, a bocados y en plenitud, durante su tiempo libre.

Tal prestigio, tal fama de joven brillante, la lleva a enfrentarse a un duro dilema. Desde Inglaterra quieren recuperarla. Apelan a su patriotismo, le ofrecen una generosa beca para trabajar en el King´s College de Londres. Quien más insiste es el director de la Unidad de Bioquímica de ese prestigioso centro, John Randall, donde ya están enfrascados en la dificultosa resolución del enigma de la estructura del ADN. Randall sabe que se trata del premio gordo de la biología. Si la composición del ADN revela efectivamente un mecanismo de copia de información genética, será la mayor aportación a las ciencias de la vida desde la teoría de la evolución de Darwin. Pero el laboratorio del King´s

College no le proporciona demasiadas alegrías. Van atrasados respecto a las investigaciones en otros centros. El jefe de cristalografía es un señor taciturno, tímido y algo estirado llamado Maurice Wilkins, quien está muy lejos de la habilidad técnica de Rosalind. Wilkins consigue unas placas poco claras, difusas en exceso, y tampoco es muy hábil en los conocimientos matemáticos imprescindibles para interpretarlas. Aun así, ha logrado intuir que las moléculas de ADN se disponen en una forma retorcida similar a una hélice. Con imágenes más claras se podría confirmar la hipótesis. Por eso Randall necesita a la joven británica que trabaja en París. Incluso se pone en contacto con los padres de Rosalind para que aumenten la presión. Ella en principio se niega. En Francia se siente feliz y realizada, con un buen ambiente de trabajo y excelentes instrumentos a su disposición. «Cambiar las orillas del Sena por un laboratorio en la calle Strand —dice en una carta a un amigo francés— me parece una decisión demencial». Pero al final, tras casi ocho meses de insistencia, termina por aceptar. Abandona París con tristeza. Siempre echará de menos los cuatro años vividos allí.

Es enero de 1951 y Rosalind se incorpora a su nuevo trabajo, donde por primera vez estará en contacto con el ADN. Una enorme decepción se adueña de ella enseguida: el laboratorio de cristalografía del King´s College se ubica en un sótano sin ventilación, húmedo como la cueva de un oso, de techos bajos y abovedados donde hasta cuesta estar de pie, sin apenas recursos y con instrumentos anticuados. Por ejemplo, la cámara que captura las placas de rayos X es un sobrante del material fotográfico del ejército, no hay aparatos para medir la contaminación radioactiva y ni siquiera disponen de soportes para las muestras: para radiar los grumos de ADN deben sostenerlos sobre un clip estirado. Además, el equipo se reduce a un becario llamado Raymond Gosling. Todo ello espanta a Rosalind, que inmediatamente, en vez de echarse a llorar, —lo que, estarás de acuerdo, sería comprensible—, empieza a mejorar el instrumental dentro de sus posibilidades. Y sin embargo ignora lo peor de todo. Randall le ha prometido que ella estará al cargo de las investigaciones de cristalografía, ¡pero no le ha dicho nada a Wilkins! Quizá de forma consciente hace que Rosalind llegue cuando Wilkins está de vacaciones. Y cuando Wilkins regrese, al cabo de tres semanas, se encontrará un laboratorio muy cambiado y a una mujer joven, «demasiado liberal», escribe, que cree estar al frente del experimento. Randall no aclara el malentendido. No sabemos por qué, deja que ambos, Rosalind y Wilkins, se consideren jefes de la investigación. Tú y yo podemos aventurar una explicación: en el anquilosado ámbito de la ciencia inglesa, los hombres seguían teniendo un predominio absoluto. Nada que ver con Francia, aquí el machismo continúa reinando. Es posible que Randall no tuviese el valor de comunicar a Wilkins su sustitución por una muchacha de treinta años. Más fácil, más egoísta, más irresponsable, resultaba mantener el malentendido. Y aquí nace la semilla del futuro desastre para Rosalind, pues como entenderás el enfrentamiento entre ella y Wilkins resulta inevitable e inmediato.

Antes de comenzar a lanzar rayos X contra el ADN, Rosalind comprende que la preparación de las muestras resulta fundamental. Para ello dispone grupos de fibras de ADN hasta alcanzar el grosor de un cabello humano. Después afina con mucho cuidado la hidratación de los grupos y calcula el tiempo de irradiación necesario:

cada fotografía requerirá ¡unas cien horas de exposición permanente! Con la ayuda de Gosling consigue un montón de muestras preparadas. Wilkins se ve arrinconado en el proceso y no entiende nada. Cada vez que intenta preguntar se encuentra con una respuesta a su juicio altiva de la que considera su subordinada. Rosalind, acostumbrada ya al carácter francés, le habla de forma impaciente, directa, visceral, mirándole a los ojos, «con aires —afirmará él más tarde— de tranquila superioridad». Eso pone nervioso al tímido y tradicional Wilkins, lo irrita, se siente ofendido. Termina por abandonar el laboratorio, hablando mal de la joven a quien quiera escucharle. Y muchos compañeros lo escuchan, porque en el King´s College no toleran bien la presencia femenina. Las mujeres que trabajan aquí son tratadas como secretarias por muchos títulos académicos que acumulen, sus jefes no tienen demasiados reparos en apoderarse de sus descubrimientos, e incluso está prohibido que las científicas accedan al comedor del edificio. Reservado solo para caballeros, ellas deben apañarse para almorzar en un cuarto de la planta baja sin ventanas y mal acondicionado. Hasta este punto el machismo sigue imperante en la ciencia británica. No es de extrañar, podrás suponer por tanto, que los colegas masculinos de Wilkins pongan ojos escandalizados al conocer su versión de la historia. Rosalind se gana fama de arisca, prepotente y afrancesada, y tachar de afrancesada a una chica en la Inglaterra de esta época equivale a un feo insulto. Tampoco gustan sus costumbres de mujer independiente al margen de los convencionalismos sociales. Tiene su propio apartamento de soltera e inicia una relación sentimental, abierta y sin necesidad de hablar de matrimonio, con el primer violinista de la Orquesta Filarmónica de Londres, con quien comparte noches de música y diversión. Su vida íntima, que a nadie tiene por qué importarle, se convierte así en otra fuente de maledicencias entre la apolillada comunidad académica que busca desprestigiarla. Le ponen un mote despectivo, Rosy, que ella odiará. De hecho nadie se atreve a llamarla así a la cara, aunque lo utilizan a sus espaldas.

Inmersa en la frialdad de una cotidiana y hostil discriminación, en el King's College Rosalind se protege tras un escudo de dedicación al trabajo. En apenas diez meses consigue decenas de placas de una calidad muy superior a las que Wilkins logró en varios años, y usando un tubo de enfoque fino de rayos X diseñado por ella misma descubre que existen dos formas distintas de ADN. Si la humedad es baja la fibra adopta una figura corta y ancha, a la que llamará forma A. Cuando la muestra está hidratada la molécula de ADN toma la forma B, larga y fina. Deduce que la forma B es la que existe dentro de las células cuando los seres están vivos. La distinción resulta fundamental, porque permite discriminar imágenes que hasta entonces se mostraban mezcladas, contradictorias, como la superposición secreta de dos estados diferentes, lo que despistaba a los cristalógrafos. Y, aunque en un principio descarta que ambas formas tengan aspecto de hélice, tras el verano de 1951 Rosalind se muestra convencida de lo contrario. Descubre que el ADN dispone sus moléculas de manera espiral, con muy pocos elementos situados en secuencias repetitivas anudadas sobre un armazón doble de fosfatos. Anuncia una conferencia en la que expondrá sus resultados. Una vez segura de que ha encontrado el camino correcto, con su permanente cautela científica satisfecha, no le importa hacer públicos sus descubrimientos, compartirlos con el resto de la comunidad de investigadores. Trabaja durante semanas en la preparación de la conferencia y deja escritas unas valiosísimas notas preparatorias. En ellas queda clara no solo la estructura en hélice que tiene en mente, sino la manera escalonada en que se disponen los enlaces de las bases y la consideración de que la molécula de ADN puede disponer de dos cadenas enrolladas. «Conclusión: una gran hélice en muchas de las cadenas, los fosfatos en el exterior, puentes fosfatos-fosfato entre las hélices, interrumpidos por moléculas de agua. Hay enlaces disponibles para proteínas». Eso dice. La descripción que anota se acerca bastante a la verdad.

En realidad, y aunque a ella no parece importarle, Rosalind se encuentra metida de cabeza en una de las carreras científicas más ácidas de la historia. Centros de investigación de todo el mundo ansían el prestigio de ser los primeros en descubrir la estructura del ADN y comprobar de esa manera si la herencia de la vida se sostiene sobre una base física. Uno de estos centros está a solo noventa kilómetros del King´s College, en las afueras de Londres. Se trata del laboratorio Cavendish, dirigido por alguien que ya conocemos, William Laurence Bragg, el inventor de la cristalografía de rayos X. Bragg tiene a un joven físico llamado Francis Crick trabajando en el asunto del ADN, quien en realidad no consigue muchos avances. Más que realizar investigaciones propias, el método de Crick consiste en unificar los descubrimientos que se van conociendo a cuentagotas sobre la escurridiza molécula y utilizar piezas metálicas para elaborar posibles modelos a escala de la misma.

La elaboración de modelos, como puedes imaginarte, tal vez puede aclarar hasta cierto punto las uniones químicas válidas de los átomos en el ADN, pero supone dar palos de ciego. Cualquier modelo químicamente funcional podría ser el verdadero. No hay manera de saberlo. Rosalind opina, con buen criterio, que hacer modelos posibles del ADN no hará avanzar la investigación. Aunque hay un chico de veintitrés años, un norteamericano recién doctorado en zoología y muy ambicioso, que sí considera la elaboración de modelos de ADN una herramienta válida, tanto que abandona su país natal y llega a Gran Bretaña para trabajar con Crick. Ambos son jóvenes, impetuosos, habladores y aficionados a los pubs londinenses. Congenian de inmediato. En su búsqueda de investigaciones y datos ajenos sobre la composición del ADN, contactan con Maurice Wilkins. Y Wilkins, contento de que le hagan caso, les habla sobre el trabajo de Rosalind. No solo les habla. Por las noches, cuando Rosalind no está en el King's College, invita furtivamente a Crick y a Watson, entran como ladrones infames en su despacho para mirar las placas que ella ha conseguido con tanto esfuerzo, registran cajones y archivadores en busca de datos y apuntes. Esta conspiración durará meses, durante los cuales Rosalind no tiene ni idea de que está siendo espiada, de que tres colegas se creen con el derecho de apoderarse sin permiso de todos sus avances.

Como puedes imaginarte, mucho se ha hablado de estos hechos, y aún en el siglo XXI seguirá siendo un debate abierto en el mundo de la ciencia. ¿Realmente se trató de un descarado y traicionero robo de conocimientos? ¿Hasta dónde llegaron los descubrimientos de Rosalind y cuáles fueron las aportaciones propias de Watson y Crick? En su descargo, tanto ellos como Wilkins han alegado numerosas veces que Rosalind «se negaba a colaborar» con el resto de científicos. «Guardaba, con un egoísmo absoluto, los resultados de sus experimentos sin compartirlos con nadie», escribirá más tarde Watson. «Su testarudez —añade— ponía en peligro la investigación sobre el ADN en conjunto». Wilkins también ha aportado una defensa particular, afirmando que las placas obtenidas por Rosalind no eran propiedad suya, sino del King´s College como institución científica. En consecuencia él, como miembro del equipo de cristalografía, tenía derecho a acceder a las imágenes. ¿Crees que debemos tomar postura? Gracias a la capacidad de otear la ciencia que nos depara la historia, y a la aparición de numerosos documentos durante las décadas transcurridas, te aseguro que yo tengo clara mi opinión: sin los hallazgos de Rosalind, ni Watson, ni Crick, ni Wilkins, ni siquiera los tres trabajando juntos, hubiesen aclarado el misterio del ADN. Es más, considero a la luz de las notas profesionales de Rosalind que ella estaba en el camino absolutamente correcto a finales de 1951, año y medio antes de que Watson y Crick hicieran pública la estructura definitiva. En cuanto a las alegaciones de que no compartía sus descubrimientos y que estos eran propiedad del King´s College, no se sostienen en absoluto. Rosalind no solo ofrecía conferencias periódicas exponiendo sus hallazgos, sino que escribía informes mensuales al director del laboratorio, John Randall, explicando los avances. O sea que sí compartía la información que consideraba adecuada. Y sobre el otro argumento, cualquier científico sabe que los resultados de una investigación corresponden al investigador que la lleva a cabo, aunque los derechos de patentes queden en mano del centro donde trabaja. Pero el mérito, el mérito científico, debe ser para quien ha realizado en primera fila la tarea. Si no, los premios no se darían a una persona, sino a una institución. En definitiva, solo hace falta mirar las notas de Rosalind para saber que la verdadera descubridora de la estructura del ADN fue ella, y simplemente le robaron los resultados de su intensa, inteligente e innovadora labor. Muy posiblemente por tratarse de una mujer tratada de forma hostil en un mundo arrogante de hombres, nadie salió en su defensa. Solo Watson y Crick, el dúo de la rapiña, pasarán a la historia.[27]

Llegamos a noviembre de 1951, el día de la conferencia de Rosalind. La sala de seminarios del King´s College está abarrotada de público, en su mayoría cristalógrafos, físicos y biólogos. En el estrado, Rosalind habla de sus avances en la interpretación de las placas, muestra algunas de ellas en una pantalla usando un proyector, indica la posible estructura en hélice de la molécula, explica los aspectos más técnicos de su trabajo. Se centra sobre todo en la descripción de la forma A del ADN, explicando que «con alta probabilidad» consiste en una hélice como la forma B, que ella considera helicoidal sin duda alguna. Pero no hace referencias a sus sospechas de que se trata de una doble hélice, ni tampoco habla de la disposición escalonada de las bases. ¿Por qué? Eso hubiese significado una salvaguarda, una especie de garantía de que ella, antes que nadie, había apostado por esa estructura. No lo hizo porque no estaba segura. Para una científica experi-

---

27   Los documentos que han aparecido más recientemente y que mayor luz arrojan sobre el papel de cada uno de los implicados en esta controversia son: las notas profesionales manuscritas de Rosalind Franklin reunidas por su colaborador Aaron Klug en 2009; las treinta y siete cartas privadas que Francis Crick escribió entre 1951 y 1964, perdidas durante años pero publicadas por la revista *Nature* en 2010; un informe para el *Medical Research Council* escrito por Rosalind a mediados de 1952 y apenas divulgado hasta ahora; y dos artículos de ella redactados para la revista *Acta Cristallografica* en marzo de 1953. Una lectura desapasionada de todos esos documentos deja claro que la historia oficial miente al señalar a Watson y Crick como descubridores de la estructura del ADN y que el mérito clave debe ser atribuido a las investigaciones de Rosalind Franklin. Pero en los colegios se sigue enseñando lo contrario. ¡Qué dura de mollera es la historia de la ciencia!

mental pura y estricta como Rosalind, la ciencia no permite un «creo» o un «quizás». Solo los datos confirmados son válidos. Según su ayudante, el becario Raymond Gosling, la mentalidad de Rosalind era «estrictamente analítica» y por tanto no consideraba aportar afirmaciones sin pruebas contundentes. Su prudencia, su pulcritud, su ansia por comprobar una y otra vez los resultados: una meticulosidad que es la adecuada en la investigación científica, pero que no cuadraba en la competitividad extrema que la carrera por la búsqueda del ADN suponía.

Entre el público de aquella conferencia estaba el joven Watson, enviado por Crick para que le informara de su contenido, a ver si podían sacar tajada de ello. Y, en efecto, Watson toma notas y sale disparado a ver a Crick. Deciden que con las fotografías de Rosalind que ven, aportadas periódicamente por Wilkins con nocturnidad y alevosía, más los datos contenidos en la conferencia, están en disposición de crear un modelo a escala del ADN. Tardan solo una semana en hacerlo y al final tienen un armazón de metal donde bolas de cobre simulan la disposición de los átomos y varillas metálicas los enlaces que los unen. Las bases se disponen en el exterior mientras la cadena de fosfatos se sitúan hacia dentro de la molécula. Justo lo contrario de que ocurre en realidad. Carentes de formación en interpretación cristalográfica, no han sabido leer las placas de Rosalind ni comprender sus explicaciones. En definitiva, no han entendido nada. Bragg pide a Watson y a Crick que inviten a su despacho a especialistas en la materia para que opinen sobre ese modelo. A principios de 1952 se celebra la reunión, y entre los invitados están Rosalind y su becario. La narración que hará Gosling del encuentro es incluso un poco patética:

«Todos los hombres reunidos observaban el modelo y callaban. Pero Rosalind, la única mujer presente, desmontó la propuesta de Watson y Crick con argumentos mordaces. Ella rodeaba el modelo, situado sobre una mesa, y criticaba su estructura sin mostrar pasión alguna. En apenas cinco minutos razonó por qué no era consistente ni con las imágenes ni con los datos empíricos. Así que la reunión duró muy poco. Dimos las gracias y todos nos marchamos enseguida, entre decepcionados y divertidos por el chasco.»

El ridículo de aquellos dos jóvenes impetuosos y ambiciosos conlleva un castigo. Bragg queda tan abochornado que les prohíbe trabajar en más modelos de ADN. Pero ninguno piensa obedecer. A escondidas siguen quedando con Wilkins para que les enseñe más placas de Rosalind, a veces en su propio despacho asaltado durante la noche, otras veces en un bar cercano al Cavendish llamado The Eagle, El Águila. En algunas ocasiones incluso intentan presionarla entre los tres para que les facilite información, a lo que ella lógicamente se niega. La tensión llega a tal punto que la joven y sus colegas masculinos dejan de saludarse cuando se encuentran por los pasillos. Soportando la hostilidad, Rosalind prosigue su trabajo paciente. Y hacia mayo de 1952 logra el premio a su perseverancia. Deja una muestra de ADN tipo B bajo los rayos X durante cuatro días consecutivos y una mañana, al revelarla, se encuentra con la mejor fotografía conseguida hasta la fecha. Inmediatamente, incluso antes de analizarla con sus cálculos matemáticos, entiende su valor. La clasifica como Imagen Número 51 y la reserva dentro de una de sus agendas. Mírala, por favor. Parece poca cosa, pero la Imagen Número 51 es una de las fotografías científicas más importantes de la historia. Se trata de un prodigio técnico e intelectual. La huella en forma de aspa de la placa, con la disposición de las manchas concéntricas, supone el patrón inequívoco de una molécula helicoidal. Además indica el número de elementos presentes por cada vuelta de la hélice e incluso permite calcular una separación de 34 angströms entre giro y giro de la hebra. Es más que suficiente. Por primera vez alguien consigue ver y retratar cómo está conformado nuestro código genético. Franklin lo ha logrado. Pero en vez de lanzar las campanas al vuelo y salir en los periódicos ella, fiel a su minuciosidad, decide estudiar y analizar estrictamente los datos del hallazgo antes de hacerlo público. Su mente metódica y analítica, de nuevo.

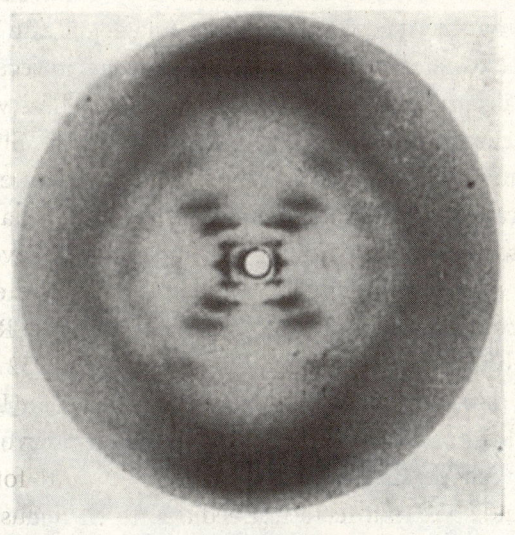

Imagen conocida como Fotografía 51 captada por Franklin y Gosling en el estudio del ADN por medio de la difracción de rayos X. Esta imagen es la que observaron Watson y Crick cuando postularon su modelo de la estructura del ADN. Raymond Gosling / King's College London.

Por esa época Rosalind está cansada de las presiones y los desprecios que recibe en el King´s College por parte de sus colegas masculinos. Decide marcharse. Ha recibido una oferta de un centro humilde, el Birkbeck College, donde estudian estructuras cristalinas orgánicas para el Departamento de Agricultura. Y aunque sabe que el Birkbeck College no posee el prestigio del King´s College, acepta. Se lo explica a Adriane Weill por carta: «Soy infeliz aquí, así que marcharme será como mudarse de un palacio a los barrios bajos, pero más agradable al mismo tiempo. Espero olvidar las lastimosas situaciones personales que he tenido que soportar». Cuando se lo comunica a John Randall llegan a un acuerdo. Ella acabará las interpretaciones de las placas ya tomadas, concretará los datos obtenidos, redactará sus conclusiones, y entonces podrá irse. Ambos se dan de plazo hasta finales de este año de 1952. Pero en diciembre, con Wilkins crecido sabiendo que está a punto de retomar las riendas del laboratorio de cristalografía, el rival de Rosalind accede a la Imagen Número 51. No sabemos si la logró en uno de sus registros nocturnos, si alguien se la entregó, si tal vez el propio ayudante de Rosalind, Gosling, fue un traidor y se la llevó él mismo en un intento de congraciarse con su futuro jefe. No importa, pues en todo caso Wilkins la consigue a espaldas de Rosalind. Y no tarda ni un día en telefonear a Watson y Crick. Quiere mostrarles aquella fotografía cuanto antes, porque es consciente de su crucial contenido científico.

«Al verla se me paró la respiración y sentí mi pulso acelerarse», describirá Watson el instante en que contempla por primera vez la Imagen Número 51 en el despacho de Wilkins. La copia cuidadosamente en el ejemplar del periódico *The Times* que lleva consigo y coge un tren en dirección a Cambridge para hablar con Crick. La nueva fotografía da todas las pistas que faltaban. Más que nervioso, está entusiasmado. Cuando le enseña el dibujo a Crick ambos deciden ponerse manos a la obra y elaborar un nuevo modelo metálico. Obtienen el permiso de Bragg aportando la imagen de Rosalind sin decirle de dónde la han sacado, y empiezan a organizar las investigaciones ajenas de que disponen. Reúnen un trabajo del británico William Astbury en el que se propone que las bases de guanina, citosina, adenina y timina se agrupan por pares dentro del ADN, el estudio del austriaco Edwin Chargaff que revela las proporciones relativas de estas cuatro sustancias dentro de la nucleína, y un artículo donde el norteamericano Jerry Donahue proporciona las fórmulas químicas de enlace entre las bases, demostrando que la guanina siempre se unirá con la citosina y la adenina con la timina: G-C, A-T. En definitiva, Watson y Crick relacionan los principales estudios químicos, biológicos y cristalográficos conocidos en este momento sobre el ADN para, convencidos de cuál es el camino correcto gracias a la imagen de Franklin, intentar combinarlos. Ese es el único mérito que podemos reconocerles: haber sido brillantes en un trabajo de síntesis de investigaciones ajenas, porque ellos, por su parte, no realizaron investigación experimental propia alguna.

Aun así, en enero de 1953 se muestran confusos. Siguen sin entender la manera en que las piezas encajan dentro del modelo. Pero llega de nuevo Wilkins al rescate. Les filtra copias de varios informes confidenciales de Rosalind, escritos para uso interno del King´s College, que aportan datos cruciales. Y, sobre todo, les hace llegar un estudio que la joven ha elaborado para el Medical Research Council, donde presenta el ADN como una molécula de rasgos cristalinos con simetría antiparalela, es decir, formada por dos cadenas espirales orientadas en direcciones opuestas. Una doble hélice antiparalela: junto con la información proporcionada por la Imagen Número 51, está casi todo dicho. Con ese material Watson y Crick se ponen manos a la obra con el fin de elaborar su modelo metálico de la estructura del ADN. Empiezan el 4 de febrero de 1953 en un estado de febril ansiedad. Creen erróneamente que otro laboratorio, en concreto el CalTech de California, está a punto de lograr un modelo funcional de la molécula de ADN. Trabajan casi sin dormir, encerrados en el despacho de Crick, montando piezas metálicas en combinaciones que respeten las uniones químicas y las estructuras físicas que la comunidad científica, sobre todo Rosalind, señalan. Y en solo tres semanas consideran que han alcanzado un modelo válido. Su arquitectura muestra dos hélices de fosfatos en el interior de las cuales se sitúan pares de bases G-C y A-T formando puentes como si fueran peldaños de una escalera. Es su momento «eureka». Además, al montar el modelo comprenden la evidencia. Cada una de las hélices se puede romper por el centro, donde se unen las bases, y quedarán dos hebras simples de ADN que buscarán por afinidades químicas componentes idénticos para hacerse dobles de nuevo y dar lugar así a dos copias exactas. De esta manera funciona la herencia biológica. La misteriosa molécula encerrada en el núcleo de las células es un molde para la vida. No te importe si no lo comprendes ahora, te lo explicaré con detalle en un momento. El caso es que para celebrar el fin de su tarea Watson y Crick se van a beber a The Eagle. Y allí, a voces, entran diciendo que han encontrado «el secreto de la vida». Los parroquianos, vete a saber, quizá los tomaron en serio o tal vez creyeran que ya estaban borrachos. Para la pareja de jóvenes científicos supuso una noche memorable.

Francis Crick y James Watson muestran a la prensa su modelo definitivo de la estructura del ADN en abril de 1953.

Como en el intento anterior, Bragg no se fía del todo de Watson y Crick y pide que se invite a expertos para saber su opinión sobre el nuevo modelo. Otra vez Rosalind está entre los escogidos, y en esta ocasión asiente. Sin acritud examina la construcción metálica, las bolas de colores agrupadas en espiral, y afirma que tal disposición es acorde con las imágenes obtenidas por difracción de rayos X. «Su inmediata aceptación del modelo me sorprendió», confesará Watson. Felicita a sus rivales con elegancia e incluso, al día siguiente, incluye una frase a mano en su informe redactado un mes antes para el Medical Research

Council en la que señala que el modelo de Watson y Crick satisface sus resultados experimentales. ¡Claro que los satisface, está basado en ellos! Rosalind ignora que ese informe confidencial ya ha estado en poder de los dos conspiradores, igual que desconoce que ambos han logrado construir su modelo gracias al conjunto de evidencias que ella ha ido proporcionándoles de manera involuntaria durante dos años. Rosalind, tan inteligente, peca ahora de ingenuidad. Quizá, te propongo como idea, no puede concebir la malicia necesaria para un espionaje sistemático y vulgar sobre el trabajo ajeno de un colega.

Es hora del momento de gloria para Watson y Crick, el día en que publicarán sus resultados, en que el mundo sabrá que ellos han ganado la carrera científica más importante de mediados del siglo XX. Pero hay un problema: no pueden demostrar cómo han llegado a las conclusiones que muestra su modelo. ¡Son incapaces de aportar ni una sola prueba experimental propia! Y nadie se creerá que han llegado a ese descubrimiento mediante revelación divina. La traición silenciosa contra Rosalind alcanza así un nivel superior. Los directores del laboratorio Cavendish y del King´s College, Laurence Bragg y John Randall, se reúnen y acuerdan proponer al editor de la revista *Nature* tres artículos: el primero revelará la forma molecular del ADN según el modelo de Watson y Crick y estará firmado por ellos; el segundo, rubricado por Wilkins y sus colaboradores, expondrá los principios generales de la difracción por rayos X aplicada a los ácidos; el tercero se ofrece a Rosalind y a su becario, Gosling, para que resuman los resultados de sus trabajos sobre la molécula de ADN, incluyendo la Imagen Número 51. De esta manera, al situar el artículo de ella en tercera posición, dará la impresión de que se limita a dar respaldo experimental a un hallazgo preliminar de Watson y Crick. La conspiración funciona de nuevo. Rosalind, que ya trabaja para el Birkbeck College y se ha desligado del King´s College, acepta inocentemente y escribe su texto técnico.

El 25 de abril de 1953 la comunidad científica abre ansiosa el ejemplar de *Nature* donde figuran los tres artículos en el orden previsto. El de Watson y Crick, titulado «Estructura molecular de los ácidos nucleicos», es el que atrae toda la atención. ¡Se ha desentrañado por fin la clave de la herencia! En el texto, de solo una página de extensión, no se reconoce ningún mérito ajeno y se cita a Rosalind apenas de pasada: «Nos ha estimulado un conocimiento general de experimentaciones e ideas no publicadas del doctor Wilkins, de la doctora Franklin y de sus colaboradores». Eso es todo. Con esta mención menor la farsa se ha consumado. Hay muchos casos de injusticia en la ciencia, de personas a las que nunca se les ha atribuido hallazgos propios, de robos impunes de conocimientos, de jefes que se han aprovechado del trabajo de sus subordinados, pero estarás de acuerdo en que el caso de Rosalind Franklin supone uno de los más sangrantes y tristes episodios. Watson y Crick jamás reconocieron los hechos; es más, incluso tras la muerte de Rosalind insistieron en hacer comentarios minusvalorativos sobre ella, no solo en el aspecto profesional, sino también sobre su atractivo físico, su manera de peinarse o su estilo de vestir. Tras publicar el modelo de ADN ambos continuarán sus carreras profesionales. James Watson tiene 90 años y sigue vivo a fecha de junio de 2018. Hasta su jubilación ha sido director de un importante centro de investigación biomédica en Cold Spring Harbour, e incluso se convirtió en el primer director del Proyecto Genoma Humano. Francis Crick, por su parte, hizo valiosas aportaciones científicas sobre la traducción del código genético antes de fallecer en el año 2004.[28]

En un párrafo de su famoso artículo Watson y Crick pretendían dejar claro que la estructura del ADN implica una vía de herencia biológica: «No se nos escapa que el apareamiento específico que hemos postulado (G-C, A-T) sugiere inmediatamente un posible mecanismo de copia del material genético». Porque el ADN, para encerrar de verdad la clave de la vida, debe cumplir dos funciones paralelas: almacenar la información genética que hace que un ser sea como es y permitir la copia de toda esa información de los progenitores a los descendientes. Nadie tenía idea de cómo la naturaleza podía hacer a la vez dos cosas tan distintas en una sola molécula. Parecía algo mágico. Pero el hecho es que ocurre, como comprobamos cada vez que miramos un bebé. Tras confirmarse que el modelo de doble hélice descrito por Watson y Crick era el correcto, la investigación sobre el funcionamiento del ADN ha avanzado a gran velocidad. Hoy sabemos cómo ocurre todo. ¿Quieres que te invite al viaje más alucinante de este libro? Pues vamos a miniaturizarnos muchísimo, hasta una escala que nos permita acceder al corazón de una célula. Usando nuestros poderes imaginarios ya podemos contemplar con

---

28 · No quiero obviar el dato de que en 1968 Watson escribió un libro, *The double hélix*, dando su visión personal del descubrimiento. En el texto el autor se otorga la mayor de las importancias en la investigación a base de presentar hechos sesgados y mentiras, tanto que todos los implicados rechazaron el original y la editorial científica Havard University Press se negó a publicarlo. Lanzado finalmente por una editorial popular, se convirtió en un enorme éxito de ventas. El libro se refiere a Rosalind como Rosy, está lleno de ataques contra ella y contiene gran cantidad de expresiones machistas sobre su persona y su trabajo. Lógicamente Rosalind, ya fallecida, no podía defenderse.

nuestros ojos una gran molécula de ADN. Fíjate, parece un gel viscoso y transparente. Su arquitectura recuerda a una escalera de cuerda retorcida. Las dos cuerdas largas donde nos agarramos con las manos son la estructura de soporte, hechas de fosfatos y azúcares, y cada cuerda corta donde colocamos los pies es un par de bases A-T y G-C. Si cogemos esa escala de cuerda y la partimos longitudinalmente por la mitad tendremos un solo pasamanos y medio peldaño. Eso es lo que en biología se llama hebra simple de ADN. Y está unida por enlaces fuertes, por lo que no es fácil disolverla. Sin embargo, las uniones entre las dos hebras en mitad de los peldaños contienen hidrógeno y no son tan resistentes. Una molécula de ADN puede abrirse fácilmente por la mitad, como si fuera una cremallera, dejando libres a las dos hebras simples. Y este es el mecanismo por el que el ADN se replica a sí mismo. Vamos a verlo con un poco de detalle. Acércate, porque ahora mismo una célula se está dividiendo. Va a nacer un nuevo ser.

El proceso arranca con la activación de unas proteínas que rompen los enlaces de hidrógeno del ADN y separan las dos hebras. Como la adenina busca timina y la guanina desea pegarse a una citosina, otro grupo de proteínas no tiene más que elegir estas bases de entre todas las sustancias que flotan en el interior de la célula y acercarlas a la cadena. Las afinidades químicas completarán los pares de bases. Pongamos una secuencia de ADN, por ejemplo C-T-T-T-A-T-G-G-T-A. ¿Cuál será su cadena complementaria? Pues solo es posible una, ya que la citosina se pega con guanina y la adenina con timina: G-A-A-A-T-A-C-C-A-T. Al unirse darán exactamente la misma composición que existía en la doble hélice original. Este proceso se produce increíblemente rápido, en cuestión de segundos, y por duplicado, ya

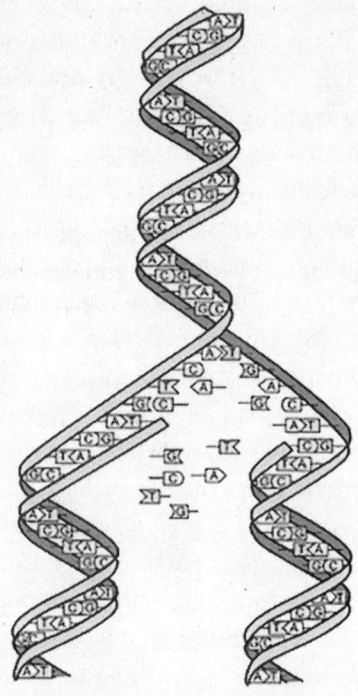

Esquema del proceso básico de replicación de ADN. Las afinidades químicas de cada elemento proporcionan un molde para la creación de cadenas idénticas a la secuencia originaria.

que cada hebra simple de ADN forma su complementaria al mismo tiempo que la otra. Conforme el proceso avanza la cremallera abierta se va cerrando, se añade la estructura de ácido fosfórico y azúcares, y ya tenemos dos moléculas de ADN partiendo de una sola. Gracias a este mecanismo, tan simple y tan maravilloso a la vez, la vida se copia a sí misma, los seres se extienden de generación en generación. Pero el proceso encierra otra sorpresa: no es del todo exacto. En cada duplicación del ADN ocurre por término medio un error por millón de bases copiadas. Es muy poco, pero quiere decir que por ejemplo en el código genético humano, con sus 3.200 millones de pares de bases, existe una media de 3.200 errores, 3.200 diferencias por tanto, en cada descendiente. Eso es lo que hace que los hijos no sean idénticos a los progenitores, y también hace posible que la vida evolucione. Los errores de copia, en biología, se llaman mutaciones. La mayoría de las mutaciones tienen efectos inofensivos para el metabolismo, y algunas pocas son malas porque producen enfermedades. Pero ha habido otras mutaciones buenas para la vida, ya que proporcionaron a los seres primitivos nuevas capacidades como, por ejemplo, respirar oxígeno o acumular calcio con que hacer huesos. Las nuevas especies han ido surgiendo gracias a la acumulación lenta pero progresiva de errores de copia positivos.

¿Y cómo ejerce el ADN su segunda función, la construcción de organismos? Pues resulta fácil de decir y complejo de imaginar. La información contenida en cada molécula de ADN se llama código genético, e incluye un conjunto de instrucciones para fabricar proteínas. Las proteínas se crean acumulando aminoácidos, unos elementos químicos muy simples y muy frecuentes en la naturaleza. Te parecerá increíble, pero todos los seres vivos estamos formados por cantidades inmensas de solo 22 aminoácidos distintos. Pues bien, cada grupo de tres pares de bases provoca, cuando el ADN no se está replicando, la aparición de un aminoácido concreto. Vamos con un ejemplo. La secuencia CAA (citosina, adenina, adenina) sintetiza un aminoácido llamado glutamina. La glutamina es uno de los componentes de la proteína glucacón, que regula el nivel de azúcar en la sangre. El glucacón está formado por un total de 29 aminoácidos, entre los que hay tres glutaminas situadas en las posiciones moleculares 3, 20 y 24.

Por tanto, el código hereditario del glucacón posee 87 pares de bases (29 aminoácidos multiplicado por tres pares de bases por aminoácido), en los que la secuencia CAA aparece en los pares de bases 7-9, 57-59 y 72-74. Conforme se va expresando el ADN, cada trío de pares de bases añadirá un aminoácido hasta completar la proteína glucacón. Y una vez creado, el glucacón empezará a controlar los niveles de azúcar de la célula que lo contiene. Las proteínas de un ser vivo son moléculas enormemente activas capaces de desarrollar y organizar un organismo desde el momento de la concepción. Todo el proceso es algo tan magnífico que llegar a entenderlo supone una de las joyas del conocimiento humano. Por decirlo en una frase rotundamente simplista, los seres vivos estamos formados por proteínas, y las proteínas por aminoácidos, y los aminoácidos se unen siguiendo una secuencia química escrita en el ADN. La vida funciona con una especie de concepción modular.

Reflexionando sobre todo esto quizá no te sorprenda que Watson, Crick y Wilkins ganaran el Nobel de Fisiología y Medicina en 1962. Ellos tres, pero no Rosalind. Ya estaba muerta, y el Nobel solo se otorga a personas vivas. ¡Pero es que ni siquiera la mencionaron en los discursos de entrega del premio! Si no hubiese sido tan cuidadosa, tan estricta en la investigación, si hubiese publicado sus resultados, nadie podría haberle quitado el mérito, porque fue ella quien llegó a las conclusiones correctas gracias a su trabajo. Sin embargo, ajena a la traición a sus espaldas, quiso tomarse un tiempo del que no disponía. Y aunque lo consideres increíble, ni siquiera se lamentó. Parece que unos años después fue consciente de que sus datos habían sido obtenidos de forma ilegítima por Watson, Crick y Wilkins, pero jamás expresó algún tipo de rencor. Simplemente prosiguió con su tarea en el Birkbeck College, donde recibió una cálida acogida y cuyo director, John Desmond Bernal, era un comunista irlandés empeñado en terminar con la marginación de las mujeres en el mundo de la ciencia. Allí ofreció a Rosalind un equipo propio de investigación, formado por dos estudiantes de doctorado más un asistente y un joven muy capaz, Aaron Klug, que acababa de recibir su flamante título de doctor en Biofísica. Y de este equipo de cinco personas Bernal esperaba un trabajo concreto. En esa época los cultivos resultaban atacados con frecuencia por plagas de virus que diezmaban las cosechas. El Departamento de Agricultura deseaba combatir los virus, pero nadie sabía qué eran esas cosas ni cómo funcionaban. El encargo de Bernal a Rosalind fue, pues, utilizar la difracción de rayos X para descubrir qué son los virus y cómo es su estructura. Así tal vez se podría acabar con ellos. Debían empezar, sugirió Bernal, con el virus del mosaico del tabaco, que causaba grandes pérdidas a los tabaqueros de todo el mundo.

Prefiero dejártelo claro desde el principio: nunca podremos acabar con los virus. Son las entidades orgánicas más abundantes del planeta, los hay por billones de billones, y no seremos capaces de matarlos a todos porque ni siquiera sabemos si están vivos. Constituyen, de hecho, un alucinante estado entre lo biológico y lo mineral. En esencia un virus es un trozo de código genético encerrado en una cápsula formada por proteínas y, a veces, rodeado por un envoltorio de lípidos. Eso es todo. No tiene funciones vitales ni metabolismo, no se alimenta, no crece, nada de nada. Por tanto su existencia es similar a la de un pequeñísimo grano de arena. Un virus puede estar así millones de años, encapsulado y muerto. Pero colócalo cerca de algo con verdadera vida, una bacteria, una planta, un hongo, un animal, lo que sea, y despertará. Utilizará las escasas proteínas que es capaz de producir para introducirse en las células de su víctima. Una vez dentro ligará su código genético al ADN del huésped y lo hará trabajar para él. Literalmente lo secuestra, haciendo que el ADN de la célula infectada olvide su programación biológica y empiece a producir copias del propio virus. Parece algo digno de una película de terror, ¿no es cierto? Además, los virus se reproducen frenéticamente, de forma ciega, sin objeto ni sentido, y en la mayoría de los casos terminan matando a sus huéspedes. De hecho tienen muy bien puesto el nombre; en latín, *virus* significa «toxina» o «veneno». Son algo verdaderamente diabólico, un eslabón crucial del paso de la materia inerte a la vida, simples cadenas minerales convertidas en protoorganismos gracias a tomar de las células las sustancias químicas necesarias para replicarse de forma automática.

Entregada a esta nueva labor, Rosalind vive su etapa de plenitud profesional y personal. Nadie en el Birkbeck College discute su liderazgo ni su valía. El laboratorio deja mucho que desear, tiene tantas goteras que todos deben trabajar con los paraguas abiertos para proteger los papeles y las muestras, pero al poco tiempo fluyen generosas becas para apoyar las investigaciones. Viaja con frecuencia a muchos países europeos, entre ellos España, y también a Estados Unidos, para ofrecer seminarios y conferencias. Se siente reconocida y hace nuevos amigos. Sobre todo se entiende particularmente bien con su colaborador Aaron Klug, con quien inicia una afectuosa amistad. Y en este ambiente estimulante los éxitos no tardan en llegar. Rosalind es quizá ya la mejor cristalógrafa del mundo. Los virus del tabaco bombardeados con rayos X empiezan a desvelar sus diminutos secretos. En 1955 ella y Aaron publican en *Nature* un artículo clave, donde señalan los componentes internos de ese virus. Describen la insólita naturaleza viva-muerta de las partículas virales y el mundo científico se asombra. Gracias a la estructura cristalina de los virus, que son cristales orgánicos en esencia, el equipo de Rosalind obtiene placas de una calidad pasmosa. En el destartalado laboratorio con goteras descubren que los virus son huecos, que sus cubiertas están formada por proteínas acopladas en forma de hélice, que su código genético se adhiere al interior de esas cubiertas, y localizan la posición de las moléculas individuales. Solo los microscopios electrónicos mejorarán en el futuro el conocimiento de esas entidades que tanto afectan a nuestra salud. Los hallazgos de Franklin y el equipo que dirige permitirán diseñar los primeros fármacos que inhiben la acción de los virus mediante el bloqueo de parte de su código genético. Ciertamente nunca podremos acabar con ellos, pero por primera vez los virus empezarán a ser combatidos. Se salvarán vidas. Y se salvarán cosechas de tabaco, también. Dos años después desvelan la estructuras de otros virus, como los que atacan las plantaciones de pepinos, nabos, tomate, patatas y judías. En el Departamento de Agricultura están más que satisfechos.

Aunque todo el mundo sigue ignorando las aportaciones de Rosalind a la comprensión del ADN, su estudio de los virus la convierte en una respetada científica. Tiene solo treinta y seis años y ya ha logrado ser la primera persona que ve las raíces de la vida. Con motivo de la Exposición Internacional de Bruselas, prevista para 1958, le encargan que construya un modelo de virus de dos metros de alto. Y ahí está ella, enfrascada en esa tarea, utilizando pelotas de *ping-pong* y cinchas de plástico para dar forma a su virus gigantesco, de manera que cualquier persona pueda entender cómo están hechos esos malditos patógenos. Pero, aunque lo termina a tiempo, no podrá ver su modelo en la inauguración. En 1956, mientras estaba de viaje profesional por Estados Unidos, donde aprovechó por cierto para escalar los montes Apalaches, había sentido una extraña hinchazón en el vientre. Aunque no le faltaba la regla creyó que podía estar embarazada. Al regresar a Londres una visita a su ginecóloga le reveló la horrible verdad: un tumor de notable tamaño crecía en su abdomen. Muy posiblemente, anotaron los médicos, la causa era la casi diaria exposición a rayos X durante sus investigaciones. Una cirugía urgente y un duro tratamiento contra el cáncer fueron las primeras consecuencias. Parte de la convalencia, fíjate la ironía, la pasó en casa de Francis Crick, de cuya mujer, Odile, se había hecho buena amiga. Y apenas dejó de trabajar. Dos meses más tarde, tomando todavía sus pastillas antitumorales, se incorporó al laboratorio. Le dio tiempo a escribir trece artículos científicos con nuevos descubrimientos antes de la recaída definitiva. Estaba comenzando a estudiar su primer virus humano, el que causa la poliomielitis.

En noviembre de 1957 hace un frío horrible en Londres. Rosalind ha ido a pasar unos días con sus padres cuando los dolores reaparecen y debe ser hospitalizada de urgencia. Los doctores le anuncian que está sentenciada: el cáncer ha avanzado demasiado y se ha extendido a los pulmones, los ovarios y el estómago. Con una tranquilidad sorprendente comunica la desgraciada noticia a sus allegados. Resignada, el 2 de diciembre dicta testamento. Podemos verlo si quieres. Su familia es muy rica, así que nada hay para los padres o los hermanos. Deja dos mil libras a sus amigas Mair Livingstone y Anne Piper, y doscientas cincuenta libras a la enfermera que la cuida, la señorita Griffith. Su inseparable y fiel compañero Aaron Klug recibe tres mil libras y un coche Austin Minor, la más preciada posesión de Rosalind, con el que amaba recorrer los fines de semana las campiñas inglesas. El resto del dinero, la mayor cantidad, la asigna a obras de caridad. ¿Crees que entonces dejó de trabajar? Ni mucho menos. Una ligera mejoría, de esas que a veces preceden a la fase final del cáncer, le permite incorporarse de nuevo a su querido laboratorio en enero. Trabajará hasta el treinta de marzo, cuando los dolores resultan ya insoportables. Rodeada de sus amigos y su familia Rosalind fallece el 16 de abril de 1958, con solo treinta y siete años de edad, en el hospital Chelsea de Londres. Pese a declararse atea la entierran en el cementerio judío de Willesden. El epitafio de su tumba reza: «Rosalind Elsie Franklin. Científica. Su investigación y sus descubrimientos en materia de virus quedan como un beneficio para la humanidad». Como ves, ni una palabra de su gran legado, el ADN. Pero al menos habla de beneficio para la humanidad. Recuerda las palabras que Rosalind escribió a su padre cuando era adolescente: «La mejora de la humanidad de hoy y del futuro merece la pena conseguirse». Esa frase que cierra el bucle de su vida le hace justicia y le habría gustado. El mismo día de su entierro se inaugura la Exposición Internacional de Bruselas. Los visitantes pueden ver el modelo que ella hizo de un virus gigante justo en la puerta principal, en un lugar de honor. Eso también le habría gustado.

Hagamos un salto de veinticuatro años y vayamos a Estocolmo, ajustando nuestro dial al 8 de diciembre de 1982. Aaron Klug, ya un hombre maduro y hoy vestido de frac, está recogiendo de manos del rey de Suecia el Premio Nobel de Química. Como explica el programa,

Klug merece la distinción por sus trabajos sobre la estructura de las proteínas en los ácidos nucleicos de los virus. El público del Palacio de Conciertos aplaude al galardonado, que sonríe y sube a pronunciar su discurso. Ante toda la audiencia tarda muy poco en mencionar un nombre que ya conocemos bien. «Fue Rosalind Franklin —afirma levantando la vista— quien me introdujo en el estudio de los virus y quien me mostró las técnicas de cristalografía, y fue Rosalind Franklin quien me enseñó a solucionar largos y complicados problemas. Si su vida no hubiese sido trágicamente corta, debería ser ella quien estuviese ahora aquí en mi puesto». Y tampoco olvida mencionarla cuando habla del desvelamiento de la estructura del ADN, que abre todo el camino de la actual biotecnología, de la medicina genética, de la ingeniería biológica. Klug se comporta como un amigo fiel, como un hombre justo, cuando apela al recuerdo de Rosalind para evitar su olvido. Una vez que acabe el discurso y se incline en el saludo, los ojos de Aaron Klug brillarán con dos lágrimas emocionadas tras las gafas de montura negra que usa desde joven.

UN ENIGMA EN EL ESPEJO: CHIEN-SHIUNG WU

Voces lejanas de niños que juegan en el patio del colegio, una algarabía infantil en un lenguaje extraño, redondo. Un pueblo diminuto de casas bajas, pobres, construidas con tablones de madera. Una naturaleza dura, con unos cuantos abetos tristes, y la nieve que nos llega por las rodillas. Frío, humildad, lejanía, incluso abandono. Algunas ancianas de rasgos asiáticos se cruzan con nosotros murmurando quién sabe qué mientras se protegen del viento gélido con mantas de lana. No nos ven, claro, porque somos invisibles.

—Vaya, esto sí que no me lo esperaba —confiesas con un tono de fastidio—. Hemos saltado de repente a un lugar en la nada. ¿Estamos en Japón? ¿En qué año?

—No es Japón, es China. En concreto, un pequeño pueblo llamado Liu He, no demasiado lejos de Shanghái. Pero tampoco demasiado cerca. Sigue siendo la China tradicional, hermética, de antes de la revolución comunista. Hemos llegado al año 1920.

Observas la desolación de un mundo rural aún anclado en edades antiguas. Un animal raro, como un buey cubierto de pelaje espeso, arrastra un carro cuyo conductor se cubre hasta las cejas.

—Ya —contestas simplemente mientras los dientes te castañetean—. ¿Y se puede saber qué hacemos aquí?

—¿Recuerdas el final de nuestro viaje por la vida de Marie Curie? Te dije entonces que existe un hilo finísimo que lleva de mujer a mujer, que enlaza dos descubrimientos claves de la ciencia del siglo XX. Pues es ese hilo el que nos ha traído. Una línea que sale de la Universidad de París y cuyo otro extremo termina en este sitio, en Liu He.

—Pues vaya. Quién diría que de una de las mejores universidades del mundo íbamos a llegar a este sitio miserable.

—Bueno —protesto yo ahora—, no te dejes guiar por las apariencias. En Occidente tendemos a minusvalorar las culturas asiáticas, y eso no es justo. China ha sido una de las civilizaciones más avanzadas de la historia y aún tiene mucho que aportar. Incluso aquí, en este pueblucho, existe una minoría cultivada que promueve la ciencia y la educación. Por ejemplo, fíjate en esa escuela.

Nos acercamos y las voces infantiles se hacen más presentes. Una chiquillería se persigue por un prado situado ante el colegio, rodeado por una valla pequeña. Son todas niñas y parecen sanas, fuertes, alegres. Se tapan la cabeza con grandes gorros tejidos con franjas de colores alternos: amarillos, rojos, verdes y azules.

—Esta escuela se llama Ming De, y es solo para niñas. La fundó un hombre culto, el ingeniero y maestro de primaria Wu Zhong-Yi. No puede soportar que las jovencitas no tengan acceso a los estudios y dio el paso de crear un centro para ellas. Entran a los seis años y aprenden a leer, a escribir, les enseñan Aritmética, Historia, Ciencias Naturales, en fin, un programa similar al que estudian los niños occidentales. Pero solo durante cuatro cursos, los medios del colegio no dan para más. Las mejores alumnas, cuando cumplan once años, quizá vayan a la escuela secundaria de Suzhou, a ochenta kilómetros de aquí. Pocas lo hacen porque sus familias no pueden pagar la estancia y la matrícula. Pero al menos las mujeres de Liu He ya no serán analfabetas.

—Es una iniciativa loable la de este señor Wu Zhong-Yi
— admites—. Un hombre muy avanzado para la China de
esta época.

—No creas. Wu Zhong-Yi es efectivamente una
persona cultivada, y su esposa, Fanhua Fan, también
trabaja como maestra. La casa familiar está siempre llena
de revistas, periódicos y libros de ciencia e historia. Una
biblioteca estupenda. Pero no resulta algo insólito. China
está viviendo una época de inquietudes culturales y se
llevan a cabo reformas educativas incluso más avanzadas
y ambiciosas que en Europa. Hay mucha gente con ideas
progresistas, también en pueblos como este.

Miras a las niñas corretear mientras el frío te azota
la cara. De repente sale una señorita y grita algo en ese
lenguaje curvo, pulido. Inmediatamente, con una obedien-
cia admirable, las chiquillas cesan sus juegos, se alinean y
entran al edificio de madera. El recreo ha acabado. A través
de los cristales empañados podemos observar a las alumnas
con las cabezas inclinadas sobre unos pupitres largos y
compartidos. Escuchan y escriben.

—¿Has visto a esa criatura de allí, la última de la fila
de la izquierda? Se llama Chien-Shiung Wu y es la única
hija de Wu Zhong-Yi. La niña de sus ojos. Tiene además
dos varones, y el padre se ha empeñado en que estudie lo
mismo que los hermanos. Se diría que ha creado la escuela
solo para ella. Ha sido un acierto. Chien-Shiung Wu tiene
ahora ocho años, dos menos que el resto de sus compañeras,
porque la matricularon antes que a las demás. Pero pese a la
diferencia de edad está en la misma clase y ha demostrado
ser muy lista. Aprende con una facilidad pasmosa. No se
cansa de leer ante la sorpresa de la familia. En casa se sienta
junto al padre y tienen conversaciones increíbles para una

cría tan pequeña. Lo devora todo, los libros, las revistas, los programas de la radio. La hija y el padre estarán siempre orgullosos uno del otro. Y la abuela también. La abuela de Chien-Shiung Wu es una señora inquieta que ha aprendido a leer en casa, por su cuenta, en una época en la que a las mujeres aún se les vendaban los pies para que no crecieran demasiado. Unos pies pequeños son aquí garantía de belleza femenina, fíjate qué cosas.

—Me empieza a gustar este viaje a China, es interesante — afirmas—. Pero si te parece me sigues contando en un sitio calentito. Se me están congelando las orejas.

Con el paso de los años aquella niña inteligente nacida en un pueblo perdido de China se convertirá en la mejor física experimental del siglo XX. La trayectoria de Chien-Shiung Wu es una de las más hermosas de la historia de la ciencia, pues nos hace entender que una persona de origen absolutamente humilde puede encerrar una mente privilegiada, y al mismo tiempo nos lleva a considerar cuántas genialidades se estarán perdiendo por falta de apoyo y oportunidades. Tal vez un criador de cabras de Mongolia o una ama de casa africana tengan una capacidad científica excepcional y de haber accedido a estudios hubieran descubierto cosas importantes para mejorar la vida de todos. Nunca lo sabremos, ni siquiera ellos pueden saberlo. Por eso es tan importante la garantía de una educación para todos los seres humanos del mundo. Por derecho individual y por interés social.

Observo tu cara de alivio ahora que estás ante el fuego de una chimenea, calentando tus huesos helados tras la caminata por la nieve. Ser invisibles no nos exime de pasar frío, o hambre, o sueño. Y mientras te frotas las manos me preguntas:

—Según lo que cuentas, la pequeña Chien-Shiung acaba los cursos de la escuela el año que viene. ¿Qué pasará entonces? Su familia parece demasiado pobre como para enviarla al colegio de la capital.

En efecto, la primavera siguiente la chiquilla termina, a sus nueve años, el programa de estudios que sus compañeras acaban a los once. Las notas han sido brillantes, la primera de la clase, y tanto el padre como la madre adivinan el potencial intelectual de su hija. Hay que tomar una decisión. Para que Chien-Shiung prosiga sus estudios debe trasladarse a Suzhou, ella sola, en la gran ciudad, viviendo en un internado, ¡y no es más que una niña pequeña! Además el precio del internado, de la matrícula y de los libros es muy caro para los medios de la familia Wu. Quizá podrían pagarlo recortando sus gastos en muchos otros aspectos y haciendo un gran esfuerzo de economía. El debate en la casa es intenso, los padres no saben qué hacer. Llega el verano y aún no han tomado una decisión. Y entonces sale a colación la abuela para decir la última palabra. En la China rural la tradición ordena que se obedezca lo que manden las personas más mayores de la casa. Y la persona más mayor en casa de los Wu es la abuela autodidacta, la mujer que aprendió a leer y escribir ella sola. Encantada con su nieta, ordena que la familia se apriete el cinturón y que envíen a la niña a estudiar al mejor colegio posible, esté en Suzhou o en cualquier otro sitio. Todos aceptan. Una mañana de principios de septiembre, tras pagar por correo las tasas de la escuela, una jovencita de nueve años arrastra una maleta de cartón con libros y ropa hasta el carro de pasajeros que tres veces por semana une Liu He con la capital. Chien-Shiung ya no vivirá más en el lugar donde nació, excepto durante las temporadas escolares de vacaciones.[29]

No sabemos cómo puede una niña pueblerina de nueve años afrontar un hecho así, verse de repente sola, en una ciudad grande, apartada de su familia día tras día, sin sus hermanos, las caricias de los padres y los juegos. Sin duda, a una edad tan temprana, tiene que ser muy duro para ella. Por suerte el internado es cálido, con empleados amables, y el colegio posee un buen nivel. Se llama Soochow Girls School y ofrece dos programas de estudios. Uno recoge la enseñanza primaria y secundaria general, la misma que en las escuelas para niños. Otro es mucho más exigente y se centra en preparar a las jóvenes para ser futuras maestras. Como China crece desmesuradamente y necesita profesores con urgencia, este segundo programa resulta gratuito y además el gobierno garantiza un trabajo al terminar. Chien-Shiung opta por esta última opción, no tanto por su deseo de dedicarse a la enseñanza (¡quién sabe de verdad lo que quiere ser de mayor a los nueve años!) sino por descargar de gastos a la familia. Así, en vez de la matrícula y el internado solo deberán pagarle el internado. El caso es que aprovecha los estudios con una aplicación absoluta. Sus compañeras se sorprenden de verla estudiar cada noche

---

29   En las escasas biografías que existen de Chien-Shiung Wu, todas ellas escritas en inglés o en chino, hay divergencias sobre algunos aspectos de su infancia. Por ejemplo, si Suzhou se encuentra a cincuenta o a ochenta kilómetros de Liu He, o si ella tenía once o nueve años cuando partió a la ciudad. Para aclarar estas cuestiones menores he contado con la ayuda de Sato Oumimo, una amiga japonesa que vive desde hace muchos años en Pekín. Ella me ha ayudado a encontrar los datos correctos. Por tanto, desde aquí envío un rotundo agradecimiento a mi querida Sato, siempre atenta y amable ante mis insólitas peticiones.

hasta muy tarde, y apenas sale a jugar o a pasear. Toda su vida son los libros. Durante siete cursos termina primaria, secundaria y los preparativos de acceso a la universidad. Las notas son excelentes en todo, aunque a ella le gustan más las ciencias que las letras. En concreto una asignatura le encanta: se llama Física. Devora los libros de la biblioteca sobre física fundamental e incluso con mucho esfuerzo adquiere algunos manuales avanzados. Y se enamora intelectualmente de una mujer extranjera llamada Marie Curie, que estudia un fenómeno impactante bautizado como radioactividad. Chien-Shiung sigue al dedillo la vida de Marie, analiza todos sus experimentos, e incluso intenta reproducir algunos en el laboratorio de la Soochow Girls School, que por supuesto se le queda corto enseguida. Así es, la atracción por la figura de Marie Curie lleva a esta joven china al ámbito de la física. Ella misma lo contará en el futuro.

En esta época el mundo descubre, como ya sabes, que el átomo no solo es una realidad verdadera, valga la redundancia, sino que además se van conociendo detalles prodigiosos sobre su funcionamiento. Chien-Shiung, recién licenciada, no desea ser maestra en una escuela rural. Quiere subirse al carro de la experimentación atómica, ponerse a la vanguardia de un terreno científico casi virgen. Y aunque su familia no puede pagarle estudios superiores tiene una oportunidad, porque se acaba de graduar con la nota más alta de entre las once mil licenciadas nacionales de su promoción. Es la número uno, la superempollona, la mejor alumna, lo que le garantiza una beca universitaria. Pero antes el gobierno le recuerda que es obligatorio trabajar al menos un año de maestra para compensar que estudiase gratis, así que ejerce como asistente en Hangzhou. Hasta que un día recibe una carta. La prestigiosa Universidad Central de Nankín, una de las mejores de China, le ofrece una plaza como alumna de Matemáticas y Física. Pero entonces a Chien-Shiung le tiemblan las piernas. Cree que no está preparada, que no tiene el nivel adecuado para una facultad tan famosa y exigente. A principios del verano de 1930 la joven entra en un estado de terror, piensa incluso olvidar su vocación y conformarse con el trabajo de maestra. Es su padre quien la saca del marasmo. Mientras pasean por las praderas de Liu He la convence de que puede hacerlo, de que posee cualidades de sobra y de que dispone de tiempo para prepararse. Al día siguiente Wu Zhong-Yi se presenta en casa con un paquete que contiene tres libros de muy alto nivel, uno de física, otro de química y otro de matemáticas. Se los da a su hija y le dice que estudie. Apela a su orgullo, le recuerda las escasas oportunidades que tienen las mujeres para cursar estudios superiores. El cambio resulta instantáneo. La joven pasa todo el verano entregada a comprender aquellos difíciles manuales profesionales. Y en septiembre está decidida, segura de sí misma: irá a Nankín y lo hará bien. Más tarde le dirá a un periodista: «Si no hubiera sido por el aliento de mi padre, ahora estaría enseñando en una pequeña escuela en cualquier parte de China».

Nankín es una ciudad hermosa, y lo seguirá siendo en el futuro. No muy lejos de Shanghái, disfruta en China del sobrenombre de Capital de la Ciencia gracias a su notable universidad. Se trata de una gran metrópoli situada a las orillas del río Yangtsé que, cuando Chien-Shiung llega, tiene más de dos millones de habitantes. Sus jardines, sus templos y sus calles son espléndidos, y muestra la herencia de un pasado glorioso como capital de diez dinastías de emperadores. Además el clima no es tan frío como en Liu

He o en Suzhou, aquí la nieve escasea y predominan los días soleados y apacibles. Nankín acoge a la recién llegada de dieciocho años apenas cumplidos con una sorpresa. Uno de los profesores, concretamente el de Cristalografía, ha trabajado en el Instituto del Radio de París y acaba de volver con muchos conocimientos que enseñar. ¡La larga mano de Marie Curie llega hasta China! Ese profesor se llama Shi Shiyuan, y es quien le enseña a Chien-Shiung las técnicas de difracción de rayos X y los estudios más avanzados de Europa sobre estructuras atómicas y moleculares. Al final será su director de tesina, que Chien-Shiung dedicará al potencial de los rayos X para desvelar la forma en que se disponen electrones y protones dentro del átomo.

Durante su carrera la joven aplicada saca a relucir una notable inquietud social, incluso política. China vive una etapa confusa. El presidente Chian Kai-shek apenas controla el país. La mayor parte del territorio está en manos de potentados ricos y poderosos, señores casi feudales que no obedecen las órdenes de Pekín. Para colmo, Japón comienza a desarrollar sus ambiciones imperiales y la amenaza de una invasión japonesa, que ya ha ocupado Manchuria, pesa inminente en China. En ese contexto los estudiantes de la Universidad de Nankín se organizan para pedir mano dura en las relaciones con Japón. Creen que así, y no con el apaciguamiento, se evitará la guerra. Y proponen a la brillante Chien-Shiung como líder de su movimiento. La razón, le dicen, resulta evidente: ella es la mejor alumna y con sus notas la universidad no se atreverá a expulsarla. La joven acepta tanto por convencimiento político como personal, pero pide añadir exigencias educativas a las demandas de los estudiantes, entre ellas la igualdad en el acceso docente para hombres y mujeres. Con una larga lista de peticiones, Chien-Shiung organiza una acción rotunda, consistente en acceder al palacio presidencial en Pekín y ocuparlo hasta que Chian Kai-shek hable con ellos. Parece un disparate, pero su ímpetu juvenil lo logra. Varias decenas de estudiantes entran al palacio, se sientan en el suelo y al poco consiguen que el presidente les reciba. Chien-Shiung lleva la voz cantante en el encuentro. Por suerte todo se desarrolla de forma amable. La joven Chien-Shiung le cae tan bien al líder del país que llegan a hacerse amigos, hasta el punto de que en el futuro la nombrará embajadora de Taiwán, cuando la revolución comunista triunfe y Chian Kai-shek se refugie en esa isla donde fundará un nuevo país, una parte escindida de China que rechaza el comunismo de Mao. Pero todo eso es otra historia. Si te cuento este episodio es para que veas dos características del carácter de Chien-Shiung: una audacia vital, que le llevará a afrontar desafíos aparentemente imposibles, y una defensa rotunda del papel de las mujeres en la sociedad. Ella se convertirá en una feminista convencida en los años venideros y dirá que la lucha de las mujeres por sus derechos es una lucha por la dignidad igualitaria de todas las personas.

Este revuelto capítulo político no la aparta ni lo más mínimo de sus estudios, que acaba con un brillante doctorado *cum laude*. En 1934 ya es profesora asistente del Departamento de Física de la universidad. Descubre entonces tres cosas: una, que no le apasiona la enseñanza ni la física teórica; dos, que lo que verdad le gusta es hacer experimentos, el contacto cotidiano con los laboratorios; y tres, conoce a una doctora llamada Jing-Wei Gu que acaba de volver de Estados Unidos. Esta mujer le narra los avances en física atómica que ha presenciado en la Universidad de Míchigan y le anima a ir allí. En China, le dice, no hay quien pueda enseñarte más de lo que ya sabes. Le da direcciones, contactos, consejos. Chien-Shiung se lo piensa. ¡Es una decisión tan difícil, alejarse tanto de su familia y de su país! Casi por probar, envía una carta a Míchigan solicitando un puesto de estudiante de doctorado. Adjunta su impecable currículum y una presentación de sus trabajos. Seguramente no cree que vayan a contestarle, hay tantos buenos estudiantes en Occidente. Pero se equivoca. Apenas unas semanas después recibe la respuesta. Sin muchos preámbulos le anuncian que están interesados con contar con ella, que la admiten en el Departamento de Física, y que podrá dedicarse a hacer su tesis en la especialidad que desee. No te sorprendas. Así es como Estados Unidos llegará a ser la primera potencia científica del mundo: atrayendo y acogiendo a los mejores cerebros, vengan de donde vengan.

Ahora el problema es que Chien-Shiung no puede pagarse el viaje en barco. Cuesta muchísimo dinero una plaza en un buque transpacífico. Por suerte uno de sus tíos, con más medios económicos que su padre y su madre, le hace un préstamo que cubre el billete y una provisión de gastos. Con una mezcla confusa de alegría, aprensión y nerviosismo la joven física zarpa desde Shanghái rumbo a Míchigan una tarde de agosto de 1936. En el muelle la despiden sus padres. Ella no lo sabe, pero no volverá a verlos vivos. Acodada a la borda se aleja de ellos diciendo adiós con la mano, podemos suponer que con el corazón en un puño. Después toma posesión de su camarote en el buque de línea *USS President Hoover* de la compañía Dollar Steamship, compartido con otra mujer china que estudia Química en Estados Unidos, y al poco verá deslizarse el perfil de la costa hasta desaparecer tras el horizonte. Chien-Shiung Wu tiene solo veinticuatro años. ¿Qué pensamientos pasarán por su cabeza en este momento, cuando deja atrás su tierra buscando un sueño? Lo cierto es que nunca llegará a Míchigan. El azar de la vida, ese que muchas veces marca nuestras existencias, la atrapará en lo inesperado.

Fotografía de Chien-Shiung Wu tomada justo antes de su viaje a Estados Unidos, en 1936, a los veinticuatro años de edad.

Mientras el gran barco se desliza por la superficie del Pacífico, nosotros vamos a aprovechar la travesía para ponernos al tanto de cómo va entonces la investigación en física. En 1936 está en marcha, a pleno gas, una revolución científica que marcará el futuro, y que tiene dos patas: una se llama teoría de la relatividad y otra mecánica cuántica. La primera ya está bastante aceptada después de que la insólita propuesta de Einstein para describir el universo haya sido comprobada en numerosos experimentos. El cosmos se llena de pliegues espaciales, ondas gravitatorias, agujeros negros, tiempo menguante y asuntos extrañísimos por el estilo.

Empieza a abrirse una imagen magnífica de la naturaleza que estimula la imaginación de físicos y astrónomos. En cuanto a la segunda, la mecánica cuántica, es igual de insólita e incluso más ardua. Resulta que los átomos existen, y que no son indivisibles, sino que están compuestos por partículas aún menores, nuestros conocidos electrones, neutrones y protones. Pero esas partículas no son en realidad partículas al estilo de puntos o granos minúsculos de materia, sino que más bien se comportan como ondas caprichosas, con leyes propias que parecen desafiar al sentido común. Es como si unificaran el movimiento de una onda con las propiedades de las partículas puntuales. El átomo resulta ser un mundo apasionante regido por normas que hay que ir descubriendo, como si la naturaleza, en sus medidas más pequeñas, tuviese características distintas del mundo grande. Por ejemplo, no se puede saber al mismo tiempo dónde está una partícula y cómo se mueve, o no hay manera de prever el devenir exacto de un componente atómico: como mucho podemos calcular las probabilidades de que en el futuro haga esto o aquello. Es un desafío intelectual complemente nuevo, el ser humano nunca antes se ha enfrentado a conceptos tan alejados de nuestra percepción cotidiana, pero aun así los físicos van descubriendo poco a poco que sí existen normas estrictas que guían ese indeterminismo, y que se puede descifrar la forma en que el mundo diminuto de partículas se organiza para crear átomos y el universo que conocemos. En 1936 la física elemental vibra entusiasmada con un amplio campo de incógnitas asombrosas por desvelar. Y, como es un ámbito nuevo y casi inaccesible a las observaciones, la mayoría de los avances se producen gracias a las matemáticas, que se desarrollan enormemente a falta de instrumentos experimentales con que medir la certeza de todas las ecuaciones que van saliendo de las pizarras de los físicos teóricos.

—Vale, eso lo entiendo —me dices impaciente—. Después de nuestra visita a Marie Curie algo sabemos ya de mecánica cuántica, de los estrictos niveles de energía con que los electrones giran en torno al núcleo del átomo o de la transformación espontánea de unas partículas en otras. Pero me tienes en ascuas. Quiero enterarme ya de por qué Chien-Shiung no llegó a Míchigan. ¿Se hundió el barco o qué?

No, el barco no se hunde. Atraca tranquilamente en el puerto de San Francisco dos semanas después de su salida de Shangai. Es el final del viaje para el buque, pero no para la joven china. Ahora tiene que emprender un larguísimo trayecto por carretera hasta Míchigan. Pero como le sobra tiempo decide pasar unos días visitando San Francisco. Debe ser muy emocionante para ella arribar a un país nuevo, prometedor y desconocido. La compañera de camarote de Chien-Shiung, la estudiante de Química Dong Ruo-Fen, la convence para que hagan una visita a la famosa Universidad de Berkeley, que está cerca de San Francisco. Tiene allí algunos amigos que podrán enseñarle los alucinantes laboratorios experimentales de que disponen. Y sin dudarlo un instante Chien-Shiung acepta la propuesta. Nada más llegar al campus las recibe un hombre joven, de origen también chino, que vive en Estados Unidos hace apenas unos meses. El chico se llama Luke Chia-Liu Yuang, tiene veinticuatro años, ha estudiado Física, ha venido a Berkeley para hacer su tesis doctoral y es uno de los amigos de Dong Ruo-Feng. Y a Chien-Shiung le parece tremendamente guapo. A lo largo del día, mientras su anfitrión les enseña los laboratorios y las instalaciones de la universidad, ella descubrirá que además de guapo es muy inteligente. De hecho uno de los mayores físicos del mundo, el premio Nobel Robert Millikan, ha aceptado dirigirle la tesis, que irá… ¡sobre estructuras atómicas! O sea que Luke tiene la misma titulación, la misma edad y las mismas inquietudes intelectuales que Chien-Shiung. ¿Lo adivinas? Exacto. La atracción entre ambos resulta inmediata. Un amor a primera vista, si eso existe, o al menos lo más parecido. Dong Ruo-Feng se debió divertir mucho ese día.

Ciclotrón de 27 pulgadas instalado la Universidad de Berkeley, con diseño de Ernest Lawrence. En la imagen aparece M. Stanley Livingston (izquierda) y Ernest O. Lawrence en 1934.

Un día que para Chien-Shiung no es solo el del encuentro con su futuro esposo. Queda deslumbrada también por la potencia de los laboratorios de Berkeley. A cargo de ellos está el famoso Ernest Lawrence, quien unos años antes ha inventado nada menos que el primer ciclotrón. Perdona, ¿no sabes lo que es un ciclotrón? Pues es el antecedente de los modernos aceleradores de partículas. Hacemos una pausa y te explico. Para investigar algo tan inaccesible y diminuto como el interior del átomo, la mejor manera es bombardear materiales con protones y ver qué partículas salen de los choques. Parece un tanto bruto, porque supone algo así como tirar un coche por un barranco para destrozarlo y poder estudiar las piezas sueltas con que está hecho. Y sin embargo es el método que seguiremos usando, porque es el único que nos permite romper el núcleo de los átomos y acceder así a sus componentes más escondidos. El problema reside en que hay que acelerar mucho los protones que se usan como proyectiles, lo más cerca posible de la velocidad de la luz, para que los choques sean lo bastante potentes. Y acelerar tanto los protones sale caro, sobre todo en energía. Hay que emplear cantidades terroríficas de electricidad. Pues el primero en crear un acelerador de protones de energías manejables y capaz de desintegrar átomos fue el tal Ernest Lawrence, quien lo logra en 1929 y lo llama ciclotrón. El modelo original empleaba 1.800 voltios de energía y producía protones de 80.000 electronvoltios, que no está mal. Tras sucesivas mejoras, en 1936 el aparato pesa ochenta y cuatro toneladas, requiere doce mil voltios de corriente continua y produce protones muy energéticos, de treinta y cuatro millones de electronvoltios o, dicho como suelen hacerlo los físicos, de 3,4 MeV de potencia. Acaba de nacer la física de altas energías o *Big Science*, «Gran Ciencia», llamada así no solo por la capacidad de las máquinas sino también por lo carísimas que resulta construirlas.[30]

El ciclotrón de Lawrence está instalado, por supuesto, en Berkeley, y Chien-Shiung casi se muere de la emoción al verlo. Con esa máquina se están logrando cosas como trasmutar litio en helio, buscar partículas desconocidas y exóticas, disolver núcleos de deuterio en componentes elementales y asuntos por el estilo. Chien-Shiung quiere hacer todo eso ella también. Le dicen que Míchigan está muy por detrás de Berkeley en medios de investigación atómica, y le cuentan además que allí las mujeres tienen prohibido acceder por la puerta principal de la universidad: deben usar una puerta lateral, pues la frontal está reservada a los hombres. Eso indigna a una joven consciente de su género como ella. No sabemos si por ambición científica, por rechazo de una costumbre machista, por atracción juvenil hacia Luke o por todo a la vez, el caso es que ese mismo día Chien-Shiung decide que no quiere ir a Míchigan y prefiere quedarse en Berkeley. Luke ve el cielo abierto y lleva a la joven, sin pedir cita y sin mucho protocolo, a conocer a Raymond Birge, el jefe del Departamento de Física de la universidad. Cuando Birge observa el currículum y la historia de esa muchacha china, le ofrece de inmediato un puesto como profesora, con

---

30   Los actuales aceleradores de partículas siguen las líneas maestras de estos primeros ciclotrones, pero a escalas gigantescas. El mayor acelerador del mundo se encuentra en Ginebra, se llama Gran Colisionador de Hadrones o LHC por sus siglas en inglés. Mide veintisiete kilómetros de circunferencia, costó 2.450 millones de euros, emplea a tres mil científicos y acelera los protones al 99,99 por ciento de la velocidad de la luz, cargados con 14 TeV, o 14 billones de electronvoltios, de energía. Con él se están consiguiendo hazañas como por ejemplo confirmar la existencia del bosón de Higgs, recrear las condiciones físicas del *Big Bang* o construir microagujeros negros.

acceso además a los equipos de investigación para que haga una tesis. Sé que resulta sorprendente tal agilidad, no hay ni bolsas de trabajo, ni concursos de oposiciones, ni reservas de puesto, ni apenas trámites de papeleo: así se hacen las cosas en las universidades norteamericanas de esta época. Se contrata a quien se cree más adecuado. Y, eso sí, se esperan resultados. Sin resultados el despido es tan fácil como el contrato.

Chien-Shiung parece encantada. Ha usado el idioma inglés en sus estudios en China y no tiene problemas para perfeccionarlo rápidamente. Sus clases son un éxito, e inicia una relación formal con Luke. Estudia el funcionamiento de los aparatos más complejos del laboratorio de Física, incluidas por supuesto las entrañas del ciclotrón. En solo unos meses se convierte en una experta en el manejo técnico del aparato, pero además su prodigioso instinto natural le indica maneras de mejorar la precisión de los experimentos. Parece tener un sexto sentido sobre qué sustancia es más adecuada para tal o cual proceso, qué cantidades de energía son las más productivas, calcula con una precisión apabullante los parámetros para cada búsqueda. Más que una teórica que desarrolla nuevas ideas, Chien-Shiung muestra un desbordante talento natural para la acción práctica. A ella no le importa lo que busca el físico teórico. Solo se atiene a una planificación rigurosa de cada experimento y a una lectura más rigurosa todavía de los resultados. Si la naturaleza no cumple lo que esperamos de ella, es problema de los teóricos, no de la naturaleza. Porque la naturaleza, si sabemos interpretarla, nunca mentirá. Es su filosofía científica, que mantendrá toda la vida. A lo largo de su carrera destrozará muchas teorías y confirmará muchas otras. Y en ambos casos lo hará sin pasión, con la firmeza que da tener en la mano datos contrastados.

Solo los datos, los más exactos posibles, permiten a las ciencias físicas saber que se marcha por el camino correcto.

Esta época de felicidad se ve interrumpida por una súbita oleada de racismo que surge en Estados Unidos a raíz de los conflictos con Japón. Conforme los dos países se aproximan a su enfrentamiento de la Segunda Guerra Mundial, crece el sentimiento antiasiático en la sociedad norteamericana. Y, por desgracia, no se distingue entre japoneses y cualquier otro tipo de asiático. En esos tiempos prebélicos cualquier extranjero de ojos rasgados es un enemigo potencial. Las presiones políticas contra las universidades obligan a reducir el peso de los estudiantes y enseñantes procedentes de Asia. La marea xenófoba se lleva por delante tanto a Chien-Shiung como a Luke nada más terminar su primer curso como profesores. Ambos ven rescindidos sus contratos y solo se les ofrece, en compensación, sendas plazas de lectores asistentes con sueldos mucho más bajos. Los dos deciden aceptar la mala época y aguantar. Ella se centra sobre todo en la investigación. Trabaja en dos campos concretos: el cálculo de las radiaciones que emiten las partículas aceleradas cuando se desaceleran bruscamente y la emisión de partículas beta por el fósforo radioactivo, un fenómeno que Lawrence cree que puede aplicarse para el tratamiento contra el cáncer.

Y aquí llega, mi paciente acompañante, la hora de explicarte cierta peculiaridad del mundo atómico que resultará ser el gran logro de Chien-Shiung y una de las cosas más extrañas que pasan en la naturaleza a nivel elemental. Te acabo de decir que ella estudia la emisión de partículas beta, lo cual debe sonarte tras haber viajado por la vida de Marie Curie. Si lo recuerdas, la radioactividad consiste en la emisión de tres tipos de radiaciones: las alfa, las beta y las gamma. Vamos a repasar un poco: los rayos alfa son pares de protones de alta potencia; los rayos gamma son chorros de emisiones electromagnéticas muy energéticas en forma de luz invisible; los rayos beta consisten, simplemente, en electrones que sobran de algunas reacciones atómicas. ¿Simplemente electrones? Ni mucho menos. El estudio de las emisiones beta llevará a algunas de las mayores sorpresas de la física del siglo XX. Su origen ya es una maravilla. Cuando un átomo es muy grande o posee un desequilibrio entre el número de protones y neutrones en su núcleo, se produce de forma espontánea una insólita mutación. Algunos protones se transforman en neutrones, o viceversa, algunos neutrones se convierten, como en una alquimia mágica, en protones. Durante el proceso el protón pierde su carga eléctrica positiva y transmuta en un neutrón. O el neutrón toma una repentina carga eléctrica positiva y se convierte en un protón. Dos partículas diferentes son capaces, de manera espontánea, de mudar sus identidades con una facilidad pasmosa. Eso ocurre continuamente en los núcleos atómicos inestables, que gracias a este mecanismo se van convirtiendo en más estables. Pero según las leyes de conservación cualquier reacción natural debe preservar las masas y las cargas eléctricas. Así que cada vez que un protón deviene en neutrón debe liberarse de su carga positiva: emite por tanto un positrón, que es un electrón de antimateria, es decir, con la carga positiva que le sobra al protón. Y cuando el neutrón se convierte en protón debe compensar su nueva carga positiva, lo que hace que surja un electrón normal, negativo, en el proceso.[31] Así que de protón a neutrón se emite un positrón

---

31   Hay que recordar, lo hemos contado anteriormente, que la carga eléctrica de protones y electrones son idénticas, solo que de signo contrario. El protón es positivo y el electrón, negativo.

y de neutrón a protón se emite un electrón. Los positrones no cuentan mucho, ya que al ser antimateria se destruyen de inmediato al contacto con la materia ordinaria y frecuente de nuestro universo. Pero los electrones nacidos de esa forma tan peculiar, como productos de desecho, sí se difunden por nuestro entorno: son las radiaciones beta, potentes y mortales en cantidades altas. Por tanto la desintegración beta que nos interesa es [neutrón → protón + electrón que sale volando]. En el proceso se crea también un neutrino, que es una partícula sin carga eléctrica y solo un poquito de masa. El neutrino se produce porque el neutrón es algo más pesado que el protón y el electrón juntos. Esa diferencia de masa es la que se lleva el neutrino, al que en adelante podemos olvidar por ser demasiado insignificante, el pobre.

En ambos casos, la desintegración beta supone cambiar una materia por otra. Ya sabes que un elemento se caracteriza por el número de protones en su átomo. Por ejemplo, el carbono tiene siempre seis protones. Lo normal es que tenga también seis neutrones, aunque a veces puede poseer otro número cercano; al fin y al cabo, los neutrones carecen de carga eléctrica y no afectan por tanto a la entidad del átomo. Los átomos con un número desequilibrado de neutrones se llaman isótopos. Así que existe sin ir más lejos el isótopo carbono 14, famoso porque sirve, quizá lo recuerdes, para datar la antigüedad de cosas como momias o fósiles. El carbono 14 tiene ocho neutrones en vez de seis, y se llama C-14 por el número total de partículas en su núcleo: seis protones que le caracterizan como carbono, más ocho neutrones. Resulta que el carbono 14 no se siente cómodo y para liberarse del exceso de neutrones tiende a ser radioactivo, es decir, sufre desintegraciones beta. Pero el remedio es peor que la enfermedad. Si el carbono

14 transmuta un neutrón en protón, ¿qué tendremos? ¡Tendremos nitrógeno, no carbono, porque entonces habrá siete protones! Un átomo con siete protones siempre es nitrógeno, en este caso nitrógeno 14, es decir, formado por siete protones y siete neutrones, ahora contentos con su equilibrio. Como excedentes de ambos procesos se habrán emitido el correspondiente electrón y esa menudencia del neutrino. Pues, fíjate, esto pasa todo el rato en la naturaleza. Es como si tú, de repente, te transformaras en tu madre, o tu madre en ti, y además ocurriera con frecuencia. Qué confusión para parientes y amigos.

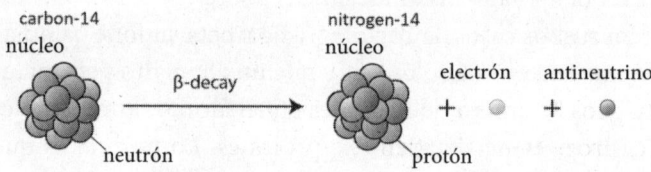

Desintegración beta negativa, en este caso del carbono 14. Uno de los neutrones muta en protón y emite un electrón en forma de radiación beta negativa más el neutrino que conserva la masa en el proceso. La desintegración del C-14 se produce a un ritmo estable por el que cada 5.568 años se convierte en nitrógeno la mitad de una muestra. Como los seres vivos absorben una cantidad fija de carbono 14 de la atmósfera, solo hay que calcular el porcentaje de este isótopo en un tejido orgánico para saber con certeza lo antiguo que es.

La primera gran sorpresa que nos deparó el estudio de la desintegración beta fue descubrir por qué ocurría. ¿A cuento de qué la naturaleza transmuta continuamente protones en neutrones, y al revés? Pues ya sabemos la razón, y resulta que el mundo existe gracias a ese proceso. Te lo explico de manera simple. En el núcleo de los átomos los protones se apiñan en un espacio diminuto, todos ellos con su carga eléctrica negativa. ¿Y qué ocurre con las cargas eléctricas del mismo signo? ¡Que se repelen unas a otras! Volvamos al colegio: las cargas iguales se repelen y las contrarias se atraen. Así se entiende que los electrones negativos giren en torno al núcleo positivo de protones, ya que se atraen mutuamente. Pero no se entiende en absoluto cómo es posible que los protones positivos puedan estar juntos, codo con codo, en el núcleo. Las matemáticas nos dicen que deberían salir huyendo unos de otros a toda velocidad y además con una monstruosa fuerza de repulsión. De esa manera solo podría existir una única sustancia, el hidrógeno, cuyo núcleo está compuesto por un solitario protón. El estudio de la desintegración beta nos hizo entender que los núcleos más grandes que el hidrógeno se mantienen estables gracias a la transmutación continua de protones en neutrones, y viceversa. Por eso, ahora lo sabemos, existe algo en principio tan poco útil como los neutrones. En el núcleo del átomo los protones se convierten en neutrones y de nuevo en protones y de nuevo en neutrones a una velocidad fantástica, tan alta que simplemente no da tiempo a que actúen las fuerzas electrónicas repulsivas. Cuando leas que el núcleo de un átomo tiene tantos protones y tantos neutrones, debes saber que es una cuenta intermedia, y que nunca sabemos qué partícula es en un momento concreto protón o neutrón. Puedes concebir el núcleo de los átomos como una nube de probabilidad cuántica cuya estadística indica que de media hay tantos protones y tantos neutrones, oscilando frenéticamente entre ellos. Y gracias a este mecanismo podemos existir nosotros. Sin esa fuerza interna de intercambio los protones nunca podrían estar juntos para formar oxígeno y carbono y hierro y cualquier sustancia. Sería un universo aburridísimo compuesto solo de hidrógeno puro. ¡Un hurra por la desintegración beta!

A lo largo de sus primeros años en Berkeley, Chien-Shiung se convierte en una de las grandes expertas mundiales en estudiar, aclarar y demostrar estos procesos esenciales. Además empieza a trabajar con isótopos de uranio en el ciclotrón y produce gas xenón gracias al bombardeo de neutrones acelerados sobre el uranio. En este proceso se produce la fisión nuclear, que pocos años después dará lugar a la bomba atómica. Chien-Shiung presenta este trabajo para obtener su título de doctorado y lo logra en 1940. Pero, a pesar de la recomendación de Ernest Lawrence, que está encantado con ella, no consigue ningún puesto en la Universidad de Berkeley. Los prejuicios sobre su origen asiático pesan más que su espléndido expediente. Y ella decide de nuevo tener paciencia, seguir trabajando como asistente del laboratorio. Eso sí, aprovecha para casarse con Luke. Tendrán un único hijo y estarán juntos una larga vida. Ella morirá a los 84 años y él le sobrevivirá seis más. Nunca se separaron, excepto durante breves temporadas por motivos profesionales. Pero el salario de ambos, inferior al de cualquier profesor adjunto, ni siquiera les alcanza para comprar una casa. Al final deciden abandonar Berkeley, que tan mal se ha portado con ellos. Se trasladan al otro lado del país, a la costa este de Estados Unidos, en concreto a Norhampton, una ciudad de Massachussets. Allí Luke encuentra trabajo en la empresa de electrónica RCA, que está intentando desarrollar el radar, y Chien-Shiung se resigna a dar clases en un colegio femenino de secundaria. Es, sin duda, la etapa más frustrante de su vida. Por suerte durará poco. Un año después la Universidad de Princeton la contrata, pero no como investigadora, sino como formadora de oficiales de la Marina. Al menos vuelve a un sitio donde hay laboratorios.

Sus trabajos anteriores con el uranio la sacarán de ese paréntesis. En Los Álamos, un lugar perdido en mitad del desierto de Nuevo México, una enorme maquinaria investigadora trabaja en secreto en el desarrollo de la bomba atómica. El nombre en clave es Proyecto Manhattan y hay implicados cientos de científicos de primer nivel, cada uno en su campo concreto. Mientras Niels Böhr, Enrico Fermi, Robert Oppenheimer o Richard Feymann buscan el proceso de fisión de los núcleos que permite liberar la energía, Ernest Lawrence se encarga de obtener un isótopo específico del uranio, el más reactivo. Se llama U-235 y es muy raro en la naturaleza. El mineral de uranio normal está formado por un 99,2 por ciento de uranio U-238 y por solo un 0,72 por ciento de uranio U-235. Pero si queremos que un arma atómica funcione, la proporción debe ser casi la inversa, con un 90 por ciento de U-235. Eso se llama enriquecimiento del uranio, y no se trata de un proceso fácil, sobre todo porque nunca antes se ha hecho. Con la presión del Ejército en la nuca, Lawrence pide reclutar a los mejores técnicos que conoce, y lanza el nombre de Chien-Shiung Wu. Ella conoce bien el uranio y es una de las personas más capacitadas para avanzar en el proceso de enriquecimiento. ¡Pero si es asiática!, le contestan. Mucho tiene que pelear Lawrence para vencer las reticencias de los militares al frente del proyecto. Es el 12 de marzo de 1944 cuando la joven física se incorpora al Proyecto Manhattan desde un despacho de la Universidad de Columbia. Y pronto, tras estudiar el problema, propone un sistema para enriquecer más rápidamente el uranio: filtrar un gas llamado hexafloruro de uranio a través de membranas semipermeables, que acumulan y depositan aparte los isótopos U-235. El invento funciona y se convertirá en una técnica llamada enriquecimento por difusión gaseosa. Otra aportación clave de Chien-Shiung al Proyecto Manhattan fue confirmar que el xenón producido por los reactores paralizaba las fisiones del uranio. Eliminando el xenón los laboratorios nucleares podían trabajar sin pausas y a mayor ritmo.

El 6 de agosto de 1945 el mundo se estremece al conocer el bombardeo nuclear de Hiroshima, y tres días después el de Nagasaki. Todo el talento de algunas de las mentes más brillantes de la humanidad se han puesto al servicio de la muerte y de la destrucción, y han ganado. La bomba funciona. Casi un cuarto de millón de personas mueren en el mismo instante de las explosiones, cientos de miles más a lo largo de los años futuros. Los enormes avances de la física atómica de la primera mitad del siglo XX se ven confirmados en la práctica de la manera más horrenda posible. El ser humano no solo ha logrado entender las increíbles fuerzas del átomo, sino que puede manipularlas a su voluntad. La mayoría de los científicos que trabajaron en el Proyecto Manhattan declararán su arrepentimiento, esgrimirán excusas y disculpas, algunos incluso pasarán largos periodos de depresión o se harán activistas del pacifismo. Pero Chien-Shiung no. Ella jamás hizo una declaración pública de contrición. Pese a ser una persona de convicciones políticas, parece asumir sin traumas su parte de responsabilidad en la bomba. Nunca se referirá a ello, ni siquiera entre su círculo más íntimo. ¿Qué sentiría por dentro? Nuestros poderes de viajeros en el tiempo, de historiadores de las cosas, no nos permiten saberlo, porque ella no quiso que se supiera. Quizá, me atrevo a pensar, su inagotable curiosidad científica fue más fuerte que los remordimientos.

Por supuesto, al acabar la guerra el Proyecto Manhattan se clausura, pero Chien-Shiung permanecerá en Columbia para siempre. Esa gran universidad será su casa en el futuro. Le ofrecen un puesto de profesora-investigadora y será temida por sus alumnos, que le pondrán el sobrenombre de *Dragon Lady*, la Dama Dragón, por su carácter duro y sus exigencias académicas. Los jóvenes muy inteligentes tienen una enseñanza privilegiada con ella, los que no llegan a la excelencia evitan sus clases y sus dificilísimos exámenes. En 1950 intenta viajar a China para despedirse de sus padres ancianos, pero el régimen de Mao se lo impide. Después de un calvario burocrático de visados, pasaportes y papeleos, le deniegan el permiso para entrar en su país. Ello le causa una tremenda decepción y en 1954, con sus padres ya fallecidos, adopta la nacionalidad norteamericana. Solo conseguirá visitar China en 1973, y el viaje será muy triste para ella. Encontrará que los Guardias Revolucionarios han destruido la tumba de sus padres, de su tío y de uno de sus hermanos. Ellos no fueron maoístas y los represaliaron incluso después de la muerte. Como resultado de todo esto, Chien-Shiung será siempre una anticomunista convencida. Ya anciana, en 1989, protagonizará una serie de protestas a raíz de la matanza de la plaza de Tiananmen, donde el Ejército Popular masacró a cientos de personas que pedían el fin del régimen del Partido Comunista Chino.

Regresemos a la década de 1950 y a nuestros asuntos científicos. El Proyecto Manhattan ha puesto a Chien-Shiung en contacto con los mejores físicos del siglo

XX y todos ellos reconocen su valía como experimentadora. Enrico Fermi, por ejemplo, la llama «*The Autority*», La Autoridad, porque cuando ella pone sus manos sobre una teoría sabe la forma de desmentirla o confirmarla. Así que no es extraño que le lleguen peticiones de todas partes. La física está explorando caminos nunca antes transitados y las fórmulas matemáticas se han convertido en la base de la investigación. Por primera vez en la historia se altera la forma de hacer ciencia. Si antes se analizaban los hechos y después se intentaba explicarlos, ahora se teorizan posibilidades antes incluso de que se observe el fenómeno. Por ejemplo, Paul Dirac predice la existencia de la antimateria, igual a la materia normal pero de signo eléctrico opuesto, con protones negativos y electrones positivos, antes de que nadie haya visto nada parecido. O Ernest Rutherford propondrá que el neutrón debe estar ahí pese a que nunca se había observado algo semejante. Es el poder de las matemáticas, capaces mediante ecuaciones de revelar gran parte del mundo escondido del átomo. De las pizarras de los físicos teóricos salen a borbotones fórmulas que indican que tal partícula o tal otra debe existir para que las cuentas cuadren, o deben interactuar entre unas y otras de manera determinada. Pero no hay nada que sustituya a un buen experimento. La antimateria y el neutrón no fueron aceptados del todo hasta que se les pudo aislar en los laboratorios y, al revés, muchas de las propuestas de los teóricos no han tenido ninguna confirmación práctica. Por tanto el papel de Chien-Shiung resulta fundamental en esta etapa. Apenas hay en el mundo científicos experimentales de su valía. Puedes imaginarte lo complejo que resulta diseñar experimentos donde medir comportamientos que están en el límite de la existencia, reacciones de partículas de una pequeñez que escapa a nuestra imaginación. Hace falta una maquinaria técnica dificilísima de construir y manejar, utilizar los elementos precisos en cantidades absolutamente exactas, ser capaz de deducir a partir de datos arcanos realidades ínfimas y alejadas del mundo cotidiano. Hace falta ser un verdadero genio para probar todo lo concerniente al universo de las partículas atómicas, y ese trabajo Chien-Shiung lo hace mejor que nadie.

Un ejemplo. En 1953 una serie de experimentos parecen demostrar que la desintegración beta no ocurre de la forma predicha. Los electrones no surgen con la potencia calculada, así que toda la teoría está en cuestión. El parón es preocupante. Nadie sabe cómo hacer cuadrar los datos ni cómo seguir avanzando. Enrico Fermi es el padre de la teoría cuestionada y pide ayuda a Chien-Shiung, quien se remanga y estudia los experimentos previos. Cree que ha habido un error en los laboratorios, no en la teoría. Como fuente de radiación se ha empleado una capa finísima de sulfato de cobre, pero la capa no es idéntica en toda su extensión. Ella rehace el experimento construyendo una nueva capa que sí tiene una superficie absolutamente pulida. Y los electrones surgen con la potencia exacta que anunciaba la teoría. Era la capa de sulfato de cobre lo que estaba mal, no las ecuaciones de Fermi. Con logros como ese el prestigio de Chien-Shiung va creciendo. Se convierte en la mayor experta mundial en decaimientos beta. Pero su gran desafío, que deparará uno de los hechos más sorprendentes de la física del siglo XX, le llega en 1956. La historia te va a gustar.

Verás. Debemos recordar ahora a Emmy Noether y su principio de conservación de las leyes naturales. Ya sabes, la naturaleza conserva simetrías que se reflejan en leyes estables e inamovibles. Te refresco un poco la memoria. Los trabajos de Emmy permitieron saber que existen tres tipos de simetrías, cantidades que deben conservarse en todo proceso natural: T, la simetría en el tiempo, dice que una reacción se produce exactamente igual en un momento que en otro, hacia el futuro que hacia el pasado; P, la simetría espacial o paridad, asegura que un cambio de coordenadas, como ver algo en un espejo o probar en sitios diferentes, no altera el resultado; y C, la simetría de carga, confirma que la energía ni se crea ni se destruye dentro de un sistema, y debe conservarse proporcionalmente sin variar a lo largo de un proceso. Por tanto, si hacemos un experimento hoy y aquí, tendremos los mismos resultados que si lo hacemos mañana y allí, y en todos los casos se equipararán las cargas de masa y energías implicadas. Hasta aquí llegamos. Todas las observaciones señalaban que la naturaleza se comporta así, respetando esas leyes fundamentales de simetría. Lo hemos llegado a entender incluso como algo ligado al puro sentido común. Pues bien, asómbrate: en la década de los años cincuenta del siglo XX, todo eso no parece ya tan claro.

La culpa la tienen dos partículas descubiertas en 1947, bautizadas como theta y tau. Ambas son exactamente iguales, del mismo peso, la misma carga y la misma vida media, tan corta como 10^{-8} segundos. La diferencia estriba en que theta, al desintegrarse, da lugar a otras dos partículas llamadas mesones pi, mientras que tau produce tres mesones pi. Bueno, podemos pensar que dos mesones pi equivalen a tres mesones pi más pequeños, pero no es cierto. Los mesones resultantes son iguales, excepto que unos se producen en número par y otros en impar. ¡Eso no puede ser! Es como aceptar que la suma de los mismos números da a veces números pares y a veces números impares, algo matemáticamente imposible. La misteriosa cuestión se llamó enigma tau-theta y los físicos lo resolvieron un poco a la ligera diciendo que la partícula theta era idéntica a la tau pero con paridad par y la tau idéntica a la theta pero con paridad impar. Eso no le gustaba a nadie, en realidad. Al fin y al cabo theta y tau son iguales. De hecho, excepto por su forma de decaer, resultan exactas una a la otra. Mientras están vivas resulta imposible saber si tratamos con una theta o una tau. No parecía lógico atribuir paridades diferentes a dos partículas por lo demás idénticas.

En esa confusión andaban los físicos cuando dos jóvenes chinos de la Universidad de Columbia, Chen Ning Yang y Tsung Dao Lee, tienen una idea. ¿Y si no resultara cierta la ley universal de conservación de la paridad? ¿Y si una misma partícula puede descomponerse en números pares o impares en función de su orientación en el espacio? Entonces theta y tau no serían dos partículas diferentes, sino una misma partícula que varía su forma de desintegración según esté situada. La llamaron mesón K. Un mesón K, proponen, muere como dos mesones pi cuando aparece a un lado del espejo, y el mismo mesón K, al otro lado del espejo, muere como tres mesones pi. Es extrañísimo, pero recuerda una cosa: la conservación de paridad, que vemos continuamente en nuestra vida cotidiana, no había sido observada directamente en las desintegraciones beta. ¡Y tanto theta como tau surgen, precisamente, en procesos de desintegración beta! Lo que Yang y Lee querían decir es que habíamos dado por cierta una característica del mundo atómico guiados por nuestra experiencia en el mundo cotidiano. Para que se conserve la paridad el universo no debe preferir la dirección izquierda o derecha. Ambas deben ser tratadas como iguales, y eso es lo que vemos habitualmente en la física. Pero estos jóvenes chinos postulaban que no, que el universo sí distingue entre derecha e izquierda, al menos en lo que al átomo se refiere. Quizá las cosas diminutas no se comportan igual a un lado o a otro del espejo.

La propuesta de Yang y Lee fue muy debatida. Casi nadie quería aceptar que la naturaleza no conserva la paridad. Ello supondría, por ejemplo, la existencia de leyes diferentes para el lado izquierdo o derecho de las cosas. Una partícula situada ante un espejo resultaría distinguible de su imagen, puesto que podría hacer cosas que la imagen del otro lado no puede hacer, y viceversa. ¿Es eso tan grave? Para la física de mediados del siglo XX, sí. Quería decir, criticaban los expertos, que las normas del cosmos no son iguales en todos los lugares del espacio. Según la orientación de una partícula, se obtendrán unos resultados u otros. ¡El fin de las leyes universales inamovibles! ¿Es eso posible? En realidad, lo sabremos más tarde, la simetría de paridad no supone un rasgo esencial, por sí sola, del universo. Y averiguaremos que las consecuencias del fin de la paridad no son terroríficas porque la naturaleza sigue manteniendo sus simetrías elementales, aunque de modo más sutil. A veces tenemos ante los ojos la prueba y no la vemos. Piensa, por ejemplo, en un zapato o un guante. La ruptura de la simetría especular se observa simplemente al intentar poner un guante o un zapato derecho en la mano o el pie izquierdo, y al revés. O recuerda el dramático caso de la talidomida, que provocó miles de malformaciones en recién nacidos: todas las pastillas estaban hechas con la misma molécula, aunque unas salían de los laboratorios siendo la imagen especular de otras. Las que giraban hacia la derecha causaban el efecto positivo de calmar los vómitos de las embarazadas, mientras que las moléculas idénticas pero configuradas hacia la izquierda provocaban que nacieran niños sin extremidades. Sin embargo, en la década de los cincuenta romper el dogma de la conservación de la paridad era demasiado. Nadie quería creerse la propuesta de Yang y Lee.

Nadie excepto una mente abierta a las pruebas, la de Chien-Shiung, que además, recuérdalo, trabaja en la misma universidad que los dos jóvenes chinos y comparte con ellos un origen cultural. Se llevan bien, y decide echarles una mano. O una condena, dependiendo del resultado del experimento. Chien-Shiung concibe una forma de descubrir si la paridad se conserva en las desintegraciones beta. Sigamos su razonamiento, porque te aseguro que se trata de una obra maestra de la experimentación científica. El núcleo del átomo, piensa Chien-Shiung, puede considerarse un cuerpo con simetría norte-sur y este-oeste, y produce campos magnéticos muy pequeños en su entorno marcados por el eje norte-sur, como ocurre en todos los objetos giratorios cargados eléctricamente. El campo magnético de la Tierra, al fin y al cabo, se produce por el mismo principio. Como un campo magnético provoca una orientación determinada de las cargas, los electrones producidos por una desintegración beta, si la paridad se conserva, deberán salir en cantidades iguales tanto del polo norte del núcleo atómico como del polo sur, y tendrán un giro interno tanto a derechas como a izquierdas en proporciones iguales. Pero si la paridad no se conserva, si el universo distingue de alguna manera entre el lado derecho y el izquierdo, las fuerzas magnéticas harían brotan los electrones únicamente desde uno de los polos del núcleo, y los electrones solo girarían en un sentido, a derechas o a izquierdas. Así que esta es la base del experimento: hallar la zona de emisión de los electrones en relación al campo magnético del núcleo y medir el sentido de giro de los mismos.

¡Pero estamos hablando de algo tan tremendamente pequeño como el átomo! Por tanto, una cosa es pensarlo y otra lograr hacerlo. Chien-Shiung se vuelca en la preparación del experimento, que será el más importante de su vida. La primera dificultad estriba en que los núcleos atómicos se cuentan por trillones en cada muestra de un material, y están orientados en cualquier dirección del espacio. No se disponen de manera uniforme en sentido norte-sur, sino que presentan todas las inclinaciones de eje posibles, con lo que aparentemente disparan electrones hacia cualquier lado del espacio por igual. No hay manera de saber por dónde han salido los electrones en conjunto, si del polo norte o del polo sur o de ambos, al superponerse unos sobre otros. La única manera de averiguarlo es situar todos los núcleos atómicos en la misma orientación, es decir, que los polos norte de todos los átomos estén paralelos. ¿Cómo conseguir esa hazaña? Chien-Shiung se da cuenta de que los núcleos se pueden orientar mediante un fuerte campo magnético que les obligue a disponerse así. Pero existe otro problema: hay que enfriar el material hasta muy cerca del cero absoluto para detener la vibración interna de los átomos. Cuando algo está caliente vibra; de hecho, el calor es precisamente la medida de la vibración del átomo. Y esa vibración haría imposible una alineación duradera de los núcleos. Por tanto, el aparato de medición debe funcionar a casi -273 grados bajo cero, que es la temperatura más baja posible, cuando los átomos ya no vibran nada de nada y están absolutamente fríos. Por último, debe identificarse el material radioactivo más adecuado para que el proceso de emisión de electrones sea limpio y satisfactorio.

Manos a la obra. Primero, el material. Chien-Shiung aplica su experiencia con los átomos radioactivos y decide usar cobalto-60 como fuente. Todo un acierto, porque este isótopo resulta altamente polarizable y por tanto facilita la toma de muestras. Después hay que encontrar la máquina. Un aparato tan preciso escapa de las capacidades del laboratorio de Columbia, así que Chien-Shiung recurre a un lugar donde sí lo tienen, la Oficina Nacional de Medidas de Estados Unidos. En sus instalaciones existe un polarizador de bajas temperaturas que funciona con helio líquido. Y después hay que alinear los núcleos de cobalto, lo que Chien-Shiung logra inyectando una corriente eléctrica circular por un solenoide coaxial que rodea el trocito de cobalto-60. Incluso logra aprovechar la radiación gamma que se emite en el proceso para controlar la polarización de los átomos y su uniformidad. A continuación viene algo más complejo todavía: construir un detector de partículas que funcione a temperaturas bajísimas y entre campos magnéticos intensos. Chien-Shiung se devana los sesos hasta que idea un diseño que cree que puede funcionar. El instrumento consiste en un cristal de antraceno de 9,52 milímetros de diámetro y 1,59 milímetros de espesor situado en el interior de una cámara de vacío, colocado todo ello dos milímetros por encima de una capa muy fina de cobalto-60, de unas 60 micras de espesor, sobre un cristal de nitrato de cesio y magnesio. Las chispas producidas por los electrones al chocar con el antraceno llegan hasta un amplificador y a un analizador de impulsos que finalmente detectan la dirección de giro y la procedencia magnética de los electrones creados.

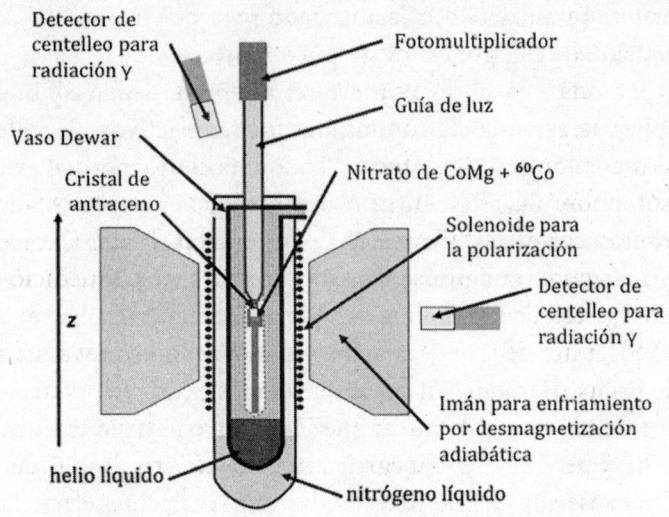

Esquema del instrumento utilizado en el experimento de paridad en la desintegración beta dirigido en 1956 por Chien-Shiung Wu. El diseño fue realizado por ella misma con la ayuda de los técnicos Ernest Ambler, Raymond Hayward, Dale Hoppes y Ralph Hudson, de la Oficina Nacional de Medidas de los Estados Unidos.

—Espero que no te quejes demasiado —sonrío yo ahora—. Sé que hay muchos términos técnicos en lo que acabo de contarte. Pero si te lo he explicado con tanto detalle ha sido para que, al menos por una vez, puedas valorar el tremendo mérito del trabajo de Chien-Shiung. De hecho todo el mundo de la física mantuvo la respiración mientras realizaba las mediciones. Y la mayoría de sus colegas pensaban que nunca lograría un resultado suficientemente claro.

—No me quejo—contestas—, ha sido curioso ver en primera línea el diseño de un aparato capaz de medir cosas tan extraordinarias como hacia dónde gira un electrón.

Pero estoy deseando saber el resultado. ¿Al final la paridad se conserva o no? ¿La ley de simetría espacial de Noether es correcta? ¿De dónde narices salen los electrones? ¿Van a derechas, a izquierdas, a todos lados?

Chien-Shiung obtiene sus primeros resultados en septiembre de 1956. Y pese a que muchos expertos los esperan con ansiedad, decide no hacerlos públicos. Quiere estar segura, ser rigurosa, repetir una y otra vez las mediciones. En esa época su carácter duro, un tanto intolerante, sale a la luz. Exige a sus subordinados terribles esfuerzos en horas de trabajo y en resultados. No admite excusas ni errores. Se gana otro apodo: la Tirana. Ella espera que todo el personal se entregue a su tarea como si nada más importase. De esa época es su frase más célebre, que revela su pasión por el trabajo: «Solo hay una cosa peor que llegar a casa y tener una pila de platos que lavar, y es no poder estar en mi laboratorio». Ahí queda eso. Con tal filosofía de vida y tales exigencias no es de extrañar que aparezcan tensiones en el equipo, que por suerte no empañan el análisis de los datos. Por fin, en febrero de 1957 Chien-Shiung está absolutamente segura de que todas las mediciones son correctas. Publica entonces los datos del imponente experimento en la revista *Physical Review*. Hélos aquí, resumidos: todos los electrones detectados surgen de los polos sur de los núcleos atómicos y giran hacia la izquierda. Por tanto, la ley de conservación de la paridad, la simetría P, es falsa. En las desintegraciones beta el universo prefiere la izquierda a la derecha. Las partículas theta y tau son una sola, el mesón K, que se comporta de forma diferente según su orientación en el espacio y deviene en dos o tres mesones pi según presente en ese instante giro derecho o izquierdo, rompiendo la simetría de paridad al igual que hacen los electrones. A primera vista esta conclusión resulta demoledora para quienes buscan una unificación absoluta de las leyes naturales. El impacto es tan grande que Yang y Lee reciben el Premio Nobel de Física ese mismo año. Chien-Shiung, sin embargo, queda excluida. Nadie se lo explica. La única razón posible de dejarla fuera a ella son los prejuicios de género que el comité que concede los galardones ha demostrado una y otra vez a lo largo de la historia. Hay físicos que protestan por la injusticia. Chien-Shiung, sin embargo, no hace declaración alguna. Ni siquiera en el círculo de su universidad se lamenta por no recibir un premio que merecía tanto como los otros.

El experimento rompe un tabú de la mente de los físicos, y la ley de conservación de la paridad no puede ya considerarse una norma absoluta. Casi, pero no del todo. Vamos a verlo con un poco más de detalle. Cualquier cosa que ocurre en el universo se debe a la acción de cuatro fuerzas: la gravedad, el electromagnetismo, la interacción nuclear fuerte y la interacción nuclear débil. Las dos primeras actúan sobre todos los objetos, y las otras dos únicamente afectan al corazón de los átomos y son las responsables de su estabilidad.[32] Pues bien, de las cuatro solo la interacción débil viola la simetría P. Ello, creemos, se debe a que es la única que transmuta la materia, dando lugar a nuevos

---

[32] La interacción nuclear fuerte es la que da entidad a protones y neutrones. Ambas partículas no son elementales, sino que están compuestas por partículas aún más pequeñas llamadas *quarks*, descubiertas en 1973. Para que los *quarks* se combinen y originen un protón o un neutrón es necesaria la actuación de la fuerza nuclear fuerte. O sea, que la interacción fuerte mantiene unidos a los *quarks* dentro de protones y neutrones, y la interacción débil mantiene unidos a los protones y neutrones en el núcleo de los átomos. Ambas fuerzas se complementan estupendamente.

elementos. Los científicos se preguntan entonces si la simetría C, la de carga, también se rompe en las desintegraciones beta. Chien-Shiung se pone manos a la obra, y una serie de experimentos suyos indican que C tampoco se conserva. Los resultados definitivos serán logrados en 1964 por James Cronin y Val Fitch, quienes también ganan gracias a ello el Premio Nobel en 1980. Demuestran que el mesón K, bautizado a estas alturas como kaón, se puede transformar en su antipartícula, es decir, cambiar el signo de su carga eléctrica para formar un kaón de antimateria, y ese antikaón también puede convertirse en un kaón «normal». Pero estos procesos de transformaciones no ocurren con la misma probabilidad: se aleja un tanto de la proporción esperada de un 50 por ciento en cada caso. Hay más antikaones que devienen en kaones que kaones que mutan en antikaones. El universo, pues, trata de manera distinta a los objetos según su orientación espacial y también trata de forma diferente a las cargas eléctricas, prefiriendo la combinación que da lugar a la materia frente a la antimateria. De hecho, viola no solo las simetrías C y P por separado, sino incluso las dos a la vez. La desintegración beta es capaz, pues, de romper en un mismo proceso las leyes de conservación de la carga y de la paridad. Eso se llama violación CP y cuando se descubrió supuso una tremenda sorpresa.

¿Estamos pues al borde del caos, te preguntarás? ¿Emmy Noether y todos los demás estaban equivocados? ¿El universo no tiene leyes verdaderas que podamos conocer y se cumplan siempre? Pues por fortuna no, porque pronto se descubrió que la integridad de las leyes universales se conserva, en todos los casos, al añadir la simetría T, el tiempo, a la ecuación. En vez de ser tratadas como tres simetrías independientes, lo que sabemos ahora es que las leyes del cosmos poseen una única simetría CPT, esencial y compacta, que se cumple rígidamente en la naturaleza. La simetría CPT puede ser violada a veces en sus componentes de carga y de paridad, pero nunca si aplicamos las tres referencias a la vez. Así es como las leyes del universo se mantienen firmes y dan lugar al mundo en que vivimos. Esa revelación de una identidad entre las tres simetrías es muy poderosa y los físicos del siglo XXI siguen buscando sus consecuencias, que llevarán, seguramente, a un modelo donde todos los parámetros y todas las realidades de la naturaleza se unifiquen en una ley última que determina el funcionamiento de la existencia al completo. Ese modelo se llama Teoría del Todo, escrito así con mayúsculas para resaltar su evidente importancia, y con ese nombre puedes adivinar que es el objetivo declarado de la física de cara al futuro. La Teoría del Todo deberá describir, con una sola ecuación o en un conjunto de ecuaciones, la totalidad de los procesos físicos del universo. Es algo tan ambicioso que parece ciencia-ficción, pero lo cierto es que la búsqueda avanza poco a poco. Por el momento, la violación CP en los procesos de desintegración beta puede ayudarnos a explicar un misterio importante: por qué hay tanta materia en el cosmos y tan poca antimateria. Prácticamente todos los átomos que conocemos poseen electrones negativos y protones positivos, y solo unos pocos presentan electrones positivos y protones negativos. Antes no se entendía por qué, ya que se pensaba que las leyes de conservación daban a ambos tipos de átomos las mismas posibilidades de creación. Y lo malo es que un cosmos formado por igual de materia y de antimateria no hubiese podido existir, ya que ambas se destruyen inmediatamente al entrar en contacto, dando lugar a enormes cantidades de energía pero nada de masa. Si el universo se hubiese formado por igual con materia y antimateria al 50 por ciento no habría ni un único átomo. Por lo tanto, resulta que la «indeseable» ruptura de la simetría CP, al favorecer un tipo de carga y paridad sobre otra, es finalmente la feliz causa de que existamos nosotros y todo lo demás.[33]

Pese a sus logros Chien-Shiung nunca logrará ser una física famosa, al estilo de Einstein o Marie Curie. Pero entre los especialistas se convierte, gracias a sus experimentos sobre las desintegraciones beta, en un personaje clave de la ciencia del siglo XX. Tras sus éxitos se atreve con investigaciones aún más difíciles. En 1966 decide estudiar los neutrinos, esas partículas tan insignificantes que antes hemos mencionado, sin carga y casi sin masa, y consigue tomar las primeras medidas de su naturaleza y sus interacciones. Gracias a ello la física descubre que los neutrinos tienen cosas interesantes que decirnos, por ejemplo que algunos proceden del mismísimo *Big Bang* y que, por tanto, pueden servir para «leer» los primeros instantes del cosmos. Después escoge arrancar con el estudio de los átomos exóticos, artificialmente formados por partículas distintas a las normales, por ejemplo un átomo de hidrógeno donde el electrón ha sido sustituido por otra partícula de carga negativa. Como puedes imaginarte, esos átomos tan raros tienen vidas cortísimas, del orden de centésimas de centésimas de centésimas de segundo, que hacen muy difícil tomar mediciones; pero los

---

33 La violación CP es muy débil y es posible que no pueda explicar por sí sola la enorme desproporción entre materia y antimateria en el universo actual. Pero sí sirve, eso seguro, para entender que la simetría absoluta no existe y por tanto para que podamos concebir mecanismos que arrojen luz sobre la primacía de la materia.

diseños experimentales de Chien-Shiung lo consiguen y logra así comprobar, por ejemplo, que la antimateria pesa lo mismo que la materia, algo de lo que antes no se estaba muy seguro. Y en sus últimos años en activo, ya sexagenaria, se pasa al campo de la biología. Decide aplicar sus conocimientos sobre el comportamiento de los átomos para estudiar los cambios moleculares que producen malformaciones en la hemoglobina. La hemoglobina es la proteína encargada de algo tan importante como transportar el oxígeno a las células y que proporciona a la sangre su característico color rojo. En algunas personas un error genético hace que la hemoglobina no se forme bien y los enfermos padecen una forma especialmente grave de anemia. Los estudios de Chien-Shiung ayudan a los médicos a entender el proceso por el que los átomos que componen la hemoglobina se distribuyen mal y crean moléculas no funcionales. Hasta aquí, fíjate, llega la curiosidad científica de esta mujer incluso al final de su carrera profesional.

En 1981, a punto de cumplir los setenta años, Chien-Shiung se retira junto a su marido. Logrará disfrutar de una vejez larga y apacible, y aunque nunca gana un merecido Premio Nobel sí se ve rodeada de reconocimientos. Recibe tantos galardones, honores y nombramientos que resulta larguísimo enumerarlos todos. El que más orgullo le causa es ser nombrada la primera mujer que preside la Sociedad Norteamericana de Física, porque dedica sus últimos años de vida a promover con conferencias, charlas y entrevistas el acceso de las mujeres a la ciencia. De esa época llegan frases suyas que han perdurado. Por ejemplo, en una comparecencia en el Instituto de Tecnología de Massachussets critica la escasez de mujeres en esa prestigiosa institución diciendo: «Ni los átomos, ni los núcleos, ni los símbolos matemáticos o las moléculas de ADN, tienen alguna preferencia por el tratamiento masculino o femenino». O también: «En China hay muchas mujeres dedicadas a la física. Existe un concepto erróneo en América de que las mujeres científicas son todas solteras. Esto es culpa de los hombres. En la sociedad china, una mujer es valorada por lo que es y los hombres la animan a logros, pero ella permanece eternamente femenina». Nunca aceptó que la llamaran «doctora Yuan» por el apellido de su esposo, como era costumbre en la época. Ella exigía el uso de «doctora Wu». Al final su lucha tiene un resultado práctico cargado de simbolismo. Consigue que la Universidad de Columbia, donde ha trabajado tantos años, sea la primera institución del mundo en aprobar normas internas que garanticen la equiparación de sueldos para hombres y mujeres a igualdad de puesto laboral.

Nosotros hemos seguido la vida de Chien-Shiung Wu sin movernos de China, porque su historia acaba aquí. El 16 de febrero de 1997 su buena salud se quiebra con un repentino ictus. Diminutas venas de ese cerebro privilegiado y anciano se rompen de golpe cuando está en casa con su marido. Luke llama desesperado a una ambulancia pero el médico, al llegar, solo puede certificar su fallecimiento. Chien-Shiung apenas se ha enterado de que moría, y morir sin dolor ni consciencia no deja de ser un alivio cuando el fin acecha. El testamento depara una sorpresa a la familia: pide ser incinerada y que las cenizas se arrojen en el patio de la escuela Ming De, en Liu He, aquel colegio para niñas que fundó su padre tantísimos años atrás. A pesar de toda una vida fuera de su tierra, Chien-Shiung no ha olvidado sus orígenes y quiere descansar para siempre en ese pueblo perdido que la vio nacer, en ese patio de una escuela humilde de madera donde jugó y estudió hasta los nueve años de edad. Dicen que cuando somos viejos los recuerdos de la infancia se presentan más cristalinos que nunca. Su deseo se cumple. Un día lluvioso de principios de marzo de 1997 todo el pueblo se reúne para ver cómo la cenizas de la hija más brillante del lugar oscilan con el viento en el viejo patio de tierra de la escuela. Hoy día, una estatua de bronce frente a la puerta de Ming De con la figura de Chien-Shiung recuerda a todas las alumnas hasta dónde pueden llegar si tienen talento, energía y perseverancia.

Fotografía de Chien-Shiung Wu tomada en 1963 en el laboratorio de Física de la Universidad de Columbia, donde trabajaba. Smithsonian Institution Archivess

AHÍ HAY ALGO INVISIBLE Y EXTRAÑO: VERA RUBIN

Me parece muy curioso, te lo confieso, que para examinar el mundo pequeñísimo del átomo haya que fabricar aparatos gigantescos. Solo con enormes laboratorios nucleares y con edificios de dimensiones desmesuradas podemos acceder a la intimidad de lo más diminuto. Fíjate en un ejemplo de lo que digo: para estudiar los neutrinos, esas partículas que no son casi nada, ha sido necesario fabricar en Japón el Super-Kamiokande, un cilindro de cincuenta mil toneladas de agua pura rodeado de once mil tubos fotomultiplicadores y millones de metros de cable, situado todo a un kilómetro bajo tierra. Pero incluso esa instalación palidece frente a nuestro Gran Colisionador de Hadrones, la mayor máquina jamás construida por el hombre, con su túnel de veintisiete kilómetros de largo y sus mil seiscientos imanes del tamaño de un bloque de pisos cada uno. Chien-Shiung se mostraría entusiasmada, como es lógico. Pues lo mismo ocurre, con más razón, para estudiar el otro extremo de la naturaleza, lo más grande, las inmensas estructuras cósmicas como galaxias, nebulosas y cúmulos de estrellas. Hemos diseñado y fabricado telescopios de fábula, con lentes de decenas de metros de diámetro, y hasta hemos puesto en órbita algunos de ellos para que la atmósfera terrestre no enturbie las observaciones del cosmos. Al final la ciencia del siglo XXI se basa en dos herramientas: unas matemáticas muy avanzadas que permiten derivar teorías de la naturaleza, y unos aparatos carísimos y enormes que poco a poco recolectan datos para confirmar o desmentir esas teorías. No hay más. En realidad lo que los aparatos científicos hacen es extender las capacidades de nuestros pobres sentidos naturales. Nuestros ojos o nuestros oídos son muy limitados. Los aceleradores de partículas, los gigantescos telescopios, no son más que desmesuradas gafas de aumento o audífonos monstruosos. Aumentan nuestras posibilidades de ver y escuchar, más lejos y más profundo.

En 1942 una niña de solo catorce años es consciente de eso y se afana en construir su propio telescopio. En su cuarto, en la mesa de estudio, la chiquilla toma una cartulina, la corta en dos trozos, enrolla los trozos en dos tubos de distinto diámetro, pega ahora las lentes de aumento de dos lupas en los extremos de los tubos, introduce el cilindro pequeño dentro del grande, y resulta que al cabo de un rato de trabajo tiene su sueño, un telescopio casero que ella misma ha diseñado. Y funciona. La niña se llama Vera Cooper y muchos años más tarde recordará a un periodista aquella hazaña infantil. «No podía dejar de mirar las estrellas —dirá entonces—. Es más, me parecía inconcebible que todo el mundo no estuviese tan fascinado como yo ante ese espectáculo de lucecitas girando en la noche. Las estrellas me capturaron ya de pequeña. Mi telescopio me sirvió para contemplarlas más de cerca». Desde luego, si la palabra vocación tiene un sentido, es el que se puede aplicar a la joven Vera. Nunca quiso ser médico, ni artista, ni criadora de dragones o cosas fantásticas por el estilo: quería ser astrónoma. Desde pequeña se lo decía a sus padres. Y, como pasa casi siempre en la vida, la vocación le llega por un hecho insignificante. Aunque nació en Filadelfia, su familia se mudó a Washington cuando ella cumplió diez años. El nuevo dormitorio de la niña tenía la cama situada frente a la ventana, y lo último que Vera veía cada noche antes de dormirse era la danza lenta de las estrellas ante sus ojos somnolientos. Los astros la atraparon así, ya de muy niña. La sugestión de la duermevela.

Por tanto, para conocer a nuestra siguiente protagonista debemos viajar a Estados Unidos. Vera Cooper es una chiquilla despierta e inquieta que nace un año antes del *crack* del 1929, esa crisis espantosa que hundió la economía norteamericana y provocó miles de suicidios. La niña se cría en plena recesión, pero por suerte su familia no pasa demasiadas dificultades. El padre, Philip Cooper, es un inmigrante judío de origen lituano diplomado en ingeniería eléctrica, y la madre, Rose Applebaum, llegó de joven desde Moldavia y se graduó en cálculo. Ambos trabajan en la Bell Company, la principal empresa telefónica de entonces, con unos sueldos estables que les permiten capear el temporal de la crisis. Los recuerdos de infancia de Vera son felices. Tiene unos padres modernos e inteligentes, una hermana mayor, Ruth, que la adora, y una curiosidad innata que le proporciona excelentes notas escolares. En esa época traumática para la sociedad norteamericana, la familia Cooper no se ve demasiado afectada por las dificultades.

A los doce años Vera presencia un espectáculo que reafirma su pasión por los enigmas del cielo. Los periódicos anuncian una lluvia de estrellas, y ella, por supuesto, se queda despierta esa noche. No quiere perderse detalle. Cuando hay una lluvia de estrellas en realidad no llueven estrellas, son solo restos procedentes de un cometa. Los cometas, en su deambular por el universo, van dejando una estela de trocitos de hielo y rocas pequeñas. Cuando la Tierra se cruza con una de esas estelas atrae a los restos, que se incendian al entrar en la atmósfera terrestre. El fuego les hace parecer estrellas que caen desde lo alto hasta desvanecerse. Pero la pequeña Vera cree que se trata de estrellas de verdad que llueven sobre su casa. Acodada sobre el pretil del ventanal, con la luz apagada para no despertar a su hermana, que comparte cuarto con ella, el espectáculo de las líneas brillantes atravesando el firmamento le parece un misterio magnífico. Coge un mapa del cielo nocturno y dibuja de memoria las estrellas que según ella se han perdido en la lluvia. Quiere contar cuántas quedan aún para hacerle compañía antes de dormir. Ve que hay muchas, muchísimas, que el número de estrellas en el cielo es enorme. Feliz, se lo cuenta a sus padres, quienes se ríen de las conclusiones de su hija. Se ríen con cariño y también con un poco de admiración. Aunque Vera ha interpretado mal lo que es una lluvia de estrellas, sus datos numéricos obtenidos del mapa estelar resultan correctos y ha situado con precisión el nombre de las constelaciones. Recuérdalo, tiene doce años. Siempre, en el futuro, la familia apoyará su deseo de ser astrónoma. Su padre la acompaña una vez al mes a las reuniones del Club de Astronomía Amateur de Washington, del que la niña se ha hecho socia por su cuenta y riesgo. Es muy pequeña para ir sola. Allí escucharán conferencias de muy alto nivel. Por ejemplo, de nuestro ya conocido Harlow Shapley, el último jefe de Henrietta Leavitt, que hablará de cómo calcular las distancias de la Vía Láctea.

Pero frente al apoyo de los padres, en la escuela ocurre lo contrario. Vera está matriculada en el Vassar College, un centro para niñas de gran calidad docente pero en absoluto ajeno a los prejuicios machistas. Pese a que saca muy buenas notas, sobre todo en Física y Matemáticas,

los profesores la desaniman. Una señorita no debe preten-
der tener un trabajo de hombres, le dicen. Ser astrónoma
resulta demasiado difícil, no lo conseguirá, no es adecuado.
Su profesor de Física en concreto le presiona para que
escoja una profesión de letras. «Mientras esté usted alejada
de las ciencias, todo le irá bien, señorita», le advierte con
seriedad el día que Vera se gradúa de secundaria con
dieciséis años. Una profesora también tercia en el asunto
y le sugiere que, si le gusta la astronomía, podría dedicarse
a pintar escenas astronómicas decorativas. Ella no les hace
ni caso, por supuesto. Tiene la vocación tan clara que su
madre arma un lío tremendo en las oficinas del colegio y
logra matricular a su hija en los cursos de Astronomía de
la Vassar University. La persona que Vera admira entonces
es Maria Mitchell, la primera mujer titulada en Astronomía
en Estados Unidos, que enseñó precisamente en Vassar a
mediados del siglo XIX y utilizó el pequeño telescopio de
quince pulgadas del centro para descubrir cometas y otras
cosas maravillosas.

En fin, que Vera se sale con la suya y es la única chica que
accede a la promoción universitaria, rodeada de cientos de
muchachos que la tratan con desprecio o como mínimo con
desdén. ¿Qué hace esta aquí?, parecen preguntarse ante sus
faldas plisadas de vuelo y su pelo cortado a la moda mientras
trabaja en el laboratorio de Óptica o emplea sus horas de
telescopio. Apenas se comunican con la intrusa, la ignoran.
Más tarde ella recordará aquel tiempo de rechazo y de
marginación diciendo que en realidad no le afectó demasiado.
Tras un doloroso periodo de crisis profesional que después te
contaré, Vera se fortaleció y siempre manifestará una cierta
indiferencia hacia lo que los demás piensen de su persona.
Eso será importante para su futura carrera, pues se convertirá

en una astrónoma intensamente rebelde. Se dedicará desde el principio a poner en cuestión ideas consideradas en su tiempo inamovibles, lo que la obligará a afrontar desaires académicos y ataques personales. Pero continuamente demostrará que la astronomía oficial se equivocaba en asuntos claves. De esta manera llevará a la cosmología por el camino correcto, abrirá nuevas formas de ver la naturaleza. Aunque siempre le costará mucho esfuerzo que la crean. Al fin y al cabo, es una mujer. ¡Cómo van a confiar los pulcros catedráticos en una señora que dice que el universo no es en absoluto como ellos lo han calculado!

Vera Cooper Rubin en 1948, a los diecinueve años de edad, en la Vassar University de Washington.

Eso lo veremos después. Por de pronto viajemos a 1948, un año clave en la vida de Vera. En junio, un mes antes de cumplir los veinte años, obtiene su licenciatura en Astronomía. En septiembre se casa con Robert Rubin, un físico-químico inteligente y simpático con quien ha mantenido un tranquilo romance de apenas un año. Los padres de Robert eran amigos de los padres de Vera y los habían presentado ellos mismos, con la esperanza de que el amor surgiese entre sus vástagos. Así ocurrió, y por lo tanto celebraron la boda todos contentos. Será un matrimonio largo y feliz, con cuatro hijos, tres niños y una niña, como descendencia. La joven esposa adopta el apellido del marido, como es costumbre en Norteamérica, y siempre firmará sus trabajos en adelante como Vera C. Rubin. Pero casarse no la aleja de sus aspiraciones científicas. Quiere hacer un doctorado y elige la prestigiosa Universidad de Princeton. Así que rellena la solicitud y la envía por correo. La respuesta llega enseguida: ni hablar. En Princeton no aceptan mujeres en programas de doctorado. La carta no incluye más explicación ni motivo, aparte del hecho vergonzoso y entonces socialmente aceptado de considerar a las mujeres personas no adecuadas para convertirse en doctoras en Ciencias. Y ya está. De hecho, y aunque te parezca un dato increíble, Princeton no aceptará a estudiantes femeninas de doctorado hasta 1975. Pese al rechazo Vera no se desanima. Ya que no la dejan hacer la tesis y como su marido ha encontrado trabajo en Nueva York, se matricula en un máster de Astronomía en la Universidad neoyorquina de Cornell. Y ese centro es, por entonces, uno de los mejores del mundo. Entre su profesorado figuran eminencias como Philip Morrison, Richard Feynman o Hans Bethe. Cornell será un auténtico semillero de futuros premios Nobel de Física y, aunque no sabemos qué nivel académico hubiese vivido Vera en Princeton, lo cierto es que en Cornell recibe enseñanzas de los mejores maestros. Tanto Feynman como Bethe reconocen pronto el talento natural de esa joven licenciada y la miman en sus clases. Estudiar física cuántica con Feynman o cosmología estelar con Bethe es como estudiar pintura directamente con Miguel Ángel o Picasso. Bueno, es una comparación que me ha ocurrido así de pronto, no te rías demasiado de mí. Pero, sin duda, el contacto con tales profesores y el interés que ponen en enseñarla aumenta mucho la autoestima científica de Vera.

De todos las asignaturas que componen el plan del master astronómico de Cornell hay una que la apasiona: se llama Dinámica Galáctica y la imparte una señora seria e imponente, Martha Stahr Carpenter, una astrónoma prestigiosa, dura, curtida en un mundo masculino. La materia trata de cómo se mueven por el universo las mayores estructuras cósmicas conocidas en este momento, las galaxias, enormes conglomerados de miles de millones de estrellas. Verás, si retrocedes al señor Edwin Hubble, recordarás que descubrió que todas las galaxias se alejan unas de otras, y a una velocidad proporcionalmente mayor cuanto más lejos están entre sí. Hubble unió el teorema de Leavitt con los cálculos corregidos de Harlow Shapley y con sus propias observaciones para detectar ese movimiento de escape de las galaxias. Cuando se expuso la teoría del *Big Bang*, los astrofísicos explicaron el alejamiento como una ampliación del propio espacio a consecuencia del impulso primigenio de la Gran Explosión. Imagínate una bomba potentísima que al estallar arroja cascotes en todas direcciones. Esos cascotes serían la materia. La gravedad unió la materia en estrellas, planetas y galaxias, pero el empuje del *Big Bang* es tan potente que sigue notándose en el universo actual en forma de nacimiento de nuevo espacio.

Aquí hay un matiz que es necesario aclarar, porque

muchas personas se equivocan al interpretarlo, y yo quiero que tú lo entiendas bien: no es que la materia se expanda por un universo ya formado, sino que el impulso del *Big Bang* lo que sigue haciendo es ampliar el propio cosmos, por lo que el universo se hincha como una burbuja cuando soplamos jabón. ¿Suena extraño? Lo verás fácilmente si haces un experimento casero. Coge un trozo de goma y pinta sobre él puntitos. Mide las distancias que separan cada punto. Ahora estira la goma y vuelve a medir las distancias. Son mayores, lógicamente, porque el espacio de la goma ha crecido. Pues los puntos son las galaxias y el estiramiento de la goma la expansión del universo. La revelación de Hubble cambió rotundamente nuestra imagen del cosmos, que antes se veía quieto y siempre de la misma extensión, eterno en su tamaño. Pero no. De la nada surge espacio y tiempo sin cesar, así de sencillo, y ello aumenta la separación entre las galaxias. Gracias a las matemáticas y a las observaciones, el ritmo expansivo se fija en números concretos. Cualquier sector del cosmos de 3,26 millones de años-luz de extensión crea cada segundo entre cincuenta y cien kilómetros de espacio/tiempo nuevo. Son sitios que expanden la realidad: tan insólito y maravilloso es el mundo en que vivimos. Y aparece ahora una pregunta que quizás te hagas. Si el espacio crece continuamente y separa la materia, ¿por qué no separa también nuestros átomos? Como vivimos dentro de un espacio que aumenta las distancias entre todos sus puntos, parece lógico pensar que debería aumentar también la distancia entre un átomo y otro. De esta manera nuestros cuerpos se desmembrarían al alejarse entre sí los átomos que nos componen. Bueno, la duda es válida pero el fenómeno no ocurre por una razón sencilla: la fuerza de expansión cósmica es mucho menor que las fuerzas atómicas que mantienen la materia unida. No puede competir con ellas, y por tanto lo que aumenta con la expansión es el espacio vacío entre materia y materia. De ahí que las galaxias sigan siendo del mismo tamaño pero se alejen unas de otras.

En la época en que Vera recibe clases de la señora Martha Stahr Carpenter se considera que esa fuga es el único movimiento absoluto de las galaxias. Y le dan el nombre de Flujo-Hubble. Es una forma bonita de llamarlo, a mi parecer. El universo fluye como un río que crece con un movimiento continuo de expansión. La dinámica de las galaxias depende en exclusiva, pues, de ese arrastre por el río cósmico. Y se cree que tal movimiento resulta uniforme y rectilíneo en todo el universo. La fuerza del *Big Bang* expande las galaxias en todas las direcciones como una nube ubicua de balas que siguen su curso sin desviarse. Y como la expansión del universo afecta a cada punto del espacio, quiere decir que no hay un centro. Cualquier lugar del cosmos es igual a otro. No existe un cañón que dispara las balas. Si pensamos que el *Big Bang* contenía todo el espacio en un único punto, cualquier sitio del universo actual puede considerarse el centro ya que el *Big Bang* ocurrió en todos los lugares a la vez. La uniformidad resulta, pues, absoluta. Las galaxias deben distribuirse por todo el cosmos de manera homogénea, sin agruparse de manera alguna. Y si el universo no tiene centro, quiere decir que no existe un sitio en torno al que pueda rotar. Todas las galaxias siguen las líneas del Flujo-Hubble obedientes e incapaces de tener otro movimiento. Se trata de un dogma entonces indiscutible basado tanto en las fórmulas de la relatividad como en las venerables ecuaciones de Newton.[34] Es lo que Vera aprende de su profesora. Y también obtiene de sus clases con Martha Stahr Carpenter la certeza de que no dedicará su carrera a estudiar galaxias concretas o estrellas sueltas. Quiere hacerse especialista en estructuras cósmicas completas, en la Dinámica Galáctica, que la apasiona. Ello supone ascender al nivel superior de la naturaleza, a estudiar el cosmos como una unidad absoluta. Al contrario que Chien-Shiung Wu, que optó por lo más diminuto de la realidad, ella escoge lo más amplio, la globalidad total. Pronto descubriremos que los extremos del mundo, lo pequeñísimo y lo enorme, esconden la verdad de la naturaleza, las últimas fronteras del conocimiento humano, los territorios ignotos aún por descubrir.

El carácter rebelde, decidido, de la joven astrónoma surge entonces por primera vez. ¿Será verdad, se pregunta, que el universo no tiene más movimiento absoluto que el Flujo-Hubble? ¿Es posible que, al igual que la Tierra camina en torno al Sol y al mismo tiempo gira sobre sí misma, las galaxias se dejen llevar por el Flujo-Hubble pero también

---

34 Hay que hacer dos aclaraciones importantes. La primera es que el Flujo-Hubble describe el movimiento de cada galaxia en relación con el resto del cosmos, y no tiene nada que ver con los movimientos internos de las estrellas dentro de cada galaxia. Igual que los planetas giran alrededor de las estrellas, las estrellas rotan entre sí a causa de la fuerza de la gravedad. Pero todas las estrellas que componen una galaxia forman una unidad y en conjunto se ven arrastradas por el Flujo-Hubble constante. La otra aclaración es que en efecto las galaxias «huyen» unas de otras a nivel cósmico, pero dependiendo de su masa y su distancia la fuerza de la gravedad puede ser mayor que la fuerza de expansión. En consecuencia si las galaxias están cerca se atraen y pueden llegar incluso a chocar. Por ejemplo nuestra galaxia, la Vía Láctea, colisionará dentro de unos cuatro mil millones de años con la galaxia vecina de Andrómeda, que tiene una masa enorme y nos va acercando a ella.

se desplacen sobre un eje o ejes desconocidos? ¿El universo en conjunto rota sobre algo? ¿Tiene el cosmos preferencias por una zona del espacio sobre otras? ¿Existe algo parecido a un centro, o al menos centros, de todo lo que existe? Son cuestiones que suenan absurdas en esa época, tonterías contrarias al sentido común y a las opiniones de todos expertos. Vera no se atreve a ir más allá que a fantasearlo en sus clases de Dinámica Galáctica, y por supuesto se cuida mucho de contárselo a su maestra. Hasta que una tarde aparece su marido por casa con una revista. Robert, que no está dedicado a esos temas pero sabe del interés de ella, le enseña un artículo de George Gamow donde se plantea algo similar. ¿Pueden los movimientos de rotación aplicarse a los conjuntos de galaxias? Gamow es un físico de primer nivel, un tipo divertido y provocador que lo mismo se interesa por la síntesis de estrellas que por el código del ADN o por las desintegraciones alfa radioactivas. Brillante hasta la médula, fue la primera persona en decir que encontraríamos rastros del *Big Bang* en la radiación de baja frecuencia del universo, lo que resultó ser cierto y hoy se conoce como Fondo Cósmico de Microondas. Que una mente privilegiada y respetable haya sido capaz de plantearse la misma duda que ella la llena de confianza. Y, como está buscando un tema para el trabajo final de su máster, elige investigar cómo se mueven en realidad las galaxias en el universo.

Las semanas para Vera pasan volando. De lunes a viernes recoge y analiza sin descanso los datos de los telescopios. Busca desviaciones en los patrones de luz galáctica que insinúen una rotación. Examina las velocidades de nada menos que 108 galaxias diferentes y encuentra que, al restar el ritmo de expansión de Hubble, aún quedan unos movimientos residuales sin explicación aparente.

Dibuja esos movimientos extraños en una esfera que representa el universo al completo. ¡Un esquema de todo el cosmos! Su mente, date cuenta, empieza a abarcar la inmensidad, un abismo de datos y estructuras que pocas personas son capaces realmente de concebir. Y tras el viernes, después de este trabajo lento y prolijo, llegan el sábado y el domingo. Son los días para disfrutar con Robert y los amigos. Se queda embarazada. Lleva la gestación y el estudio a la vez, luchando porque su estado no altere su labor científica. Y así pasa el tiempo hasta que a mediados de 1950 cree encontrar la clave de su trabajo. Los movimientos residuales, considera, son la prueba de que al menos un tipo de galaxias llamadas espirales parecen desplazarse más rápidamente en una dirección del espacio que en otra. Si uno se mueve más rápido hacia el este que hacia el oeste, o al revés, eso supone un giro en torno a un centro. El cosmos sí rota, afirma Vera, o al menos algunas galaxias poseen un movimiento relativo al margen del Flujo-Hubble. Este deambular misterioso no previsto por la ciencia recibirá el nombre de Flujo-No-Hubble. Quienes lo bautizaron así no fueron esta vez muy originales.

Cuando Vera enseña su trabajo y sus conclusiones no recibe una acogida demasiado cálida. El jefe del Departamento de Astronomía, William Shaw, muestra una clara desaprobación. Cree que se trata de un trabajo absurdo y que la joven ha interpretado mal los datos. Aun así, y ante la insistencia de ella, consiente en que sea presentado públicamente. La ocasión idónea es la reunión anual de la Sociedad Americana de Astronomía, que se celebrará en diciembre en la ciudad de Haverford. Como estamos en junio, Shaw le recuerda que tiene tiempo para afinar los detalles y pulir el trabajo. Le advierte que puede hacer el ridículo. ¡Una graduada de 22 años que ni siquiera es doctora va a presentar un estudio contrario a todas las teorías delante de la flor y nata de la astronomía estadounidense! Y al enterarse de que está embarazada y de que el niño nacerá en noviembre, Shaw se ofrece a hacer él mismo la presentación para que ella no tenga que desplazarse tan lejos. Hay que ir en coche y el viaje es largo. Vera se lo agradece pero dice que no, quiere estar en persona y defender sus conclusiones ante todos aquellos colegas importantes. Emplea sus últimos meses de embarazo en repasar una y otra vez los datos y en escribir su presentación, el primer acto importante de su carrera profesional. «Llegué a aprenderme de memoria, palabra a palabra, aquella charla», recordará Vera más tarde. Su primer hijo nace el 28 de noviembre y le pone de nombre David. La reunión de la Sociedad Astronómica es a mediados de diciembre. Imagínate esas dos semanas de tensión, siendo madre primeriza y conferenciante primeriza. Hasta que llega el día. Robert se queda con el bebé y, como los padres de Vera no quieren que ella vaya sola, deciden llevarla. Haverford está a doscientos kilómetros de Nueva York y hace un tiempo infernal. Nieva a raudales, las carreteras están heladas. Un vendaval de invierno cruza la costa este. El trayecto es terrible. Cuando llegan Vera apenas tiene tiempo de repasar por última vez sus notas. Y al entrar en la sala se encuentra a muchas personas eminentes que solo conoce de nombre, físicos y astrónomos de primer nivel mundial que van a escucharla, además de varios periodistas. «Aquel día estaba impresionada pero no me tembló el pulso —confesará más tarde—. Me sentía muy segura de lo que iba a decir».

Fotografía de la galaxia Andrómeda tomada por el telescopio espacial Hubble. Situada a dos millones y medio de años-luz de la Tierra, está compuesta por aproximadamente un billón de estrellas. Andrómeda se acerca a la Vía Láctea a 300 kilómetros por segundo y colisionará con nosotros dentro de unos cuatro mil millones de años.

La conferencia resulta un desastre, no por lo que Vera cuenta, sino por la reacción de sus colegas. Ella, en un alarde de impulsividad juvenil, ha titulado su trabajo «¿Un universo rotatorio?» y así se llama también la charla que pronuncia. Un título tan grandilocuente y entre interrogantes no predispone a su favor a la audiencia de expertos. La escuchan y al acabar la exposición comienza el debate. La machacan a críticas. Le dicen, en resumen, que su idea es estrafalaria, su análisis pobre y sus conclusiones inconsistentes. Ni siquiera es doctora, le recuerdan. Antes de que ella pueda responder el moderador del coloquio dicta una pausa para el café. Vera, destrozada, decide no quedarse allí. Aprovecha el receso para largarse al hotel con sus padres. Al día siguiente regresa a Nueva York. Lo que Vera ignora es que incluso han estado a punto de no aceptar su conferencia. El consejo de la Sociedad de Astronomía consideraba el trabajo poco riguroso para ser presentado y debatió no incluirlo en el programa. Aunque al final se lo permitieron, ya iban predispuestos en su contra. Al mundo masculino de la cosmología le debió parecer entretenido escuchar los delirios de una muchacha con ínfulas de astrónoma. La criticaron más de la cuenta quizá para divertirse. Ninguna revista especializada quiso publicar el trabajo de Vera, que quedó inédito. Un periódico local sí se hizo eco de la conferencia con un titular espantoso que sonaba a guasa: «Joven madre encuentra el centro de la creación o algo parecido». El artículo hacía más hincapié en que había dejado solo a su bebé de dos semanas que en los argumentos científicos expuestos en la charla. Vera no hablaba en absoluto de un centro del universo, ni siquiera pronunció la palabra «creación», sino que analizaba con datos científicos unas variaciones inexplicadas en el movimiento global de las galaxias que podrían sugerir la existencia de ejes espaciales. Menuda diferencia.[35]

Y sin embargo el tiempo pondrá las cosas en su sitio. Casi treinta años después de que Vera protagonizase aquella desgraciada aparición, la hipótesis de que el universo sí tiene un movimiento rotatorio será recuperada por los físicos y considerada con seriedad. El debate sigue abierto en pleno siglo XXI. Algunos estudios indican que el cosmos es

---

35 En su excelente blog losmundosdebrana.com, la física y divulgadora Laura Morrón narra una divertida anécdota. Cincuenta años después de estos hechos, cuando Vera Rubin recibió la Medalla Nacional de Ciencias de EE. UU., una pareja de amigos le escribió un telegrama que decía: «Abuela mayor recibe la Medalla de la Ciencia». Fue una forma de reírse, medio siglo más tarde, de la estupidez de aquel periodista.

homogéneo y no gira, descartando la existencia de Flujos-No-Hubble, pero otros análisis indican ciertas posibilidades de que sí rote. Se basan por ejemplo en el fenómeno conocido como «efecto sacacorchos», una disposición en espiral que adopta la luz de las estrellas muy lejanas mientras viaja hacia nosotros. El efecto produce un giro hacia la izquierda (¿verdad que te recuerda los experimentos de Chien-Shiung?), es pequeñísimo y se mide en milésimas de grado. Pero puede implicar la presencia de un eje absoluto que atraviesa todo el cosmos marcando muy difusamente su movimiento con una rotación que distingue entre diestro y zurdo y entre arriba y abajo. Tal eje misterioso apunta, visto desde la Tierra, hacia la constelación de Sextans en un extremo y hacia las constelaciones de Águila y Equuleus en el otro. Quizá solo se trate de una ilusión óptica, o sea consecuencia del influjo de partículas gravitatorias no descubiertas, o tal vez, quién sabe, consista en una propiedad esencial del universo aún desconocida. La cosa no está aún nada clara, pero lo que debes tener presente es que aquella cuestión que los expertos despreciaron cuando Vera Rubin la planteó está hoy en el centro del debate cosmológico. Ella fue la primera en sopesarla y estudiarla, la primera en concebir su medición. Y esto nos lleva a una segunda postura: la modestia. La ciencia se ha equivocado muchas veces al tratar teorías como verdades absolutas. Ahora sabemos que la geometría plana de Euclides no es la de nuestro mundo, o que ni siquiera Newton tenía la razón del todo, y que hasta Einstein erró en bastantes ocasiones. Los dogmas en ciencia son enemigos del progreso. ¿Qué debemos considerar completamente probado? Pues nada de nada. Fenómenos que consideramos sin duda explicados pueden manifestar alguna vez rasgos insólitos que requerirán de nuevas teorías más afinadas y exactas para sustituir a las anteriores. En fin, que los académicos no debieron despreciar a Vera en aquel lejano 1950.

Todo esto, de cualquier manera, no le sirve a ella de consuelo. Se siente ridícula y tratada con injusticia. «Mis datos eran correctos y mi exposición fue adecuada —contará en su vejez—. Merecía más consideración». El golpe es tan duro que decide abandonar, al menos temporalmente, la astronomía. Se dedica a ser madre y ama de casa. Afronta una crisis de autoestima y se siente terriblemente desgraciada. Podemos usar nuestra indiscreción de historiadores para verla a través de los visillos de la casa familiar, una hermosa vivienda que Robert ha adquirido junto a un parque. Vera barre, friega, cambia pañales, pasa noches en vela cuando David tiene fiebre, se emociona cuando el niño empieza a balbucear. Parece tenerlo todo, un marido amable, un hijo sano, un hogar acogedor, lo que dicen entonces que las mujeres desean, y sin embargo a veces, sobre todo cuando lee revistas de astronomía, rompe a llorar desconsolada. Siente que está renunciando a su sueño, a ser algo que ha ansiado desde que veía el cielo nocturno por la ventana de su dormitorio infantil. Su marido la conoce y sabe que Vera no sirve para esperarle con la cena hecha cuando él llegue de trabajar. Intenta animarla para que vuelva a la universidad y afronte un doctorado. Pero ella dice que, aunque añora profundamente el trabajo científico y los telescopios, no se siente capaz. Todo se resume en una pregunta que rueda angustiosa por su cabeza: ¿alguna vez llegará a ser una astrónoma de verdad? «Entonces la respuesta que me daba a mí misma era no —recordará en una entrevista en el año 2016—. No me veía con la valía suficiente, me sentía desconcertada y fracasada. Fue sin duda la peor etapa de mi existencia».

Es necesario un hecho un tanto insólito para que salga del marasmo. Un día de otoño suena el teléfono y al responder se encuentra con un señor que se identifica como George Gamow. El famoso físico le pide al ama de casa los datos de su trabajo de fin de máster. Vera ni siquiera se imaginaba que aquel hombre conocía su estudio, y mucho menos que alguna vez podría necesitar su ayuda. Pellizcándose para saber si está despierta, Vera le dice que por supuesto le enviará la información. Gamow le explica que sigue confiando en la idea de un universo que rueda como una noria y que no ha podido encontrar la publicación del análisis de ella. Claro, porque nunca ha sido publicado. Como ahora está preparando una conferencia sobre el tema, le vendría estupendo contar con su ayuda. Y aquella llamada, que Vera apenas puede creer, supone el arranque de un frecuente, intenso, afectuoso y científico contacto telefónico entre los dos, el físico eminente y la anónima graduada en astronomía.

Aunque Vera está más animada sigue dudando de su capacidad para hacer una tesis. Pero ahora la vida llega en su ayuda. Robert encuentra un empleo mejor en Washington y la familia deja Nueva York para mudarse a la capital. Y, mira por dónde, George Gamow trabaja en la Universidad de Georgetown, que está precisamente en Washington. Así que el contacto telefónico se transforma en encuentros personales, una vez al mes, en la biblioteca de la universidad. Vera se lleva a su hijo a las charlas con Gamow y entre biberón y biberón él la anima a emprender el doctorado. Incluso se ofrece a ser su supervisor. Ambos dialogan sobre si los datos del trabajo del máster no implican al menos una agrupación de las galaxias entre ellas, en vez de estar dispersas de manera uniforme por el cosmos. Debes recordar lo que hemos dicho antes, que en esta época la cosmología cree que las galaxias son el último nivel de estructura de la naturaleza, y se distribuyen de manera aleatoria por el universo. Es lo que parece a simple vista: si miras el cielo nocturno no parece haber ningún orden en la disposición de las estrellas. Cuelgan dispersas sin patrones concretos, aquí y allí, tal como el *Big Bang* y la gravedad las han creado. Y como las distancias entre las galaxias son enormes, nadie cree que haya un orden superior que condicione la forma en que se reparten por el espacio. Pero tanto Vera como Gamow no están de acuerdo. Piensan que los patrones de luz que ella ha estudiado indican alguna manera de agrupación cósmica superior a la de galaxias esparcidas. Por fin, en febrero de 1952 Vera supera su crisis personal y se matricula en los programas de doctorado de la Georgetown. En adelante le importará muy poco la opinión de la comunidad científica. Queda vacunada contra las críticas sin análisis, contra los prejuicios heredados.

Las cosas no son sencillas, en realidad. Vera ya está embarazada de su segunda hija, que se llamará Judy, y el coste de la matrícula en Georgetown es muy alto, una parte importante del sueldo de Robert. Cuando solicita una beca se la deniegan… con el argumento insólito de que ella acabará su tesis le den la ayuda o no. ¡Vaya razón más absurda! Así que todo son problemas. La familia tiene que apretarse el cinturón para pagar los estudios y Vera recurre a su madre para que cuide de David tres horas al día, entre las seis de la tarde y las nueve de la noche, tiempo en que se imparten las clases. Como ella no tiene carnet de conducir, Robert la espera ese tiempo en el aparcamiento de la universidad, cenando bocadillos y leyendo. Al nacer Judy las cosas empeoran. Todas las madres trabajadoras son unas pequeñas heroínas. Conciliar la vida familiar y profesional nunca es fácil, pero Vera se enfrenta a una situación extrema. Estudia, analiza los complejos datos, escribe la tesis, incluso en horas de madrugada, cuando los niños duermen. Es una etapa estresante. «Me aterraba sobre todo ser una mala madre —dirá una vez—. Tenía un niño pequeño y un bebé, y yo pasaba varias tardes a la semana en un observatorio astronómico con mi marido esperando en el coche. Estaba frenética. Recuerdo que la mayor parte del trabajo la hice en la mesa de la cocina, después de fregar los platos o mientras se iba calentando la cena, con un ojo puesto en David y otro en la cuna de Judy». Además, debes tener en cuenta otra cosa importante: desde finales del siglo XX los datos de los telescopios serán procesados por potentes ordenadores que ahorrarán la dura tarea del cálculo de miles de variables. Pero en el tiempo en que Vera afronta su tesis no hay apenas ordenadores. Ella realiza todas las matemáticas necesarias usando solo su cabeza y su talento.

Por fin, en junio de 1954 cree tener pruebas concluyentes de que las galaxias no se distribuyen aleatoriamente por el universo. Las distancias entre galaxia y galaxia tienen patrones. Unas están mucho más cerca de otras mientras aparecen terriblemente distantes del resto, lo que muestra, afirma, que la gravedad ha formado grupos de galaxias unidas entre ellas que se mueven como una totalidad de monstruosas dimensiones. ¡Vera viene a decir que existen estructuras cósmicas mayores que las propias galaxias! Las bautizará como *clusters*, cúmulos en castellano, y sus proporciones son tan colosales que parece normal que nadie las pudiera haber percibido antes. De hecho, lo muy grande es tan difícil de ver como lo muy pequeño para nuestra escala de seres humanos. Hazte una idea. Una galaxia ya es de por sí enorme. Por ejemplo, para recorrer la Vía Láctea de extremo a extremo necesitarías, como ya sabes, cien mil años viajando a la velocidad de la luz, lo que equivale a un trillón y medio de kilómetros. Y la Vía Láctea es una galaxia relativamente pequeña. Andrómeda, sin ir más lejos, posee un diámetro de doscientos veinte mil años-luz. Pues todas estas gigantescas agrupaciones de estrellas, asegura Vera, pertenecen en realidad a estructuras mucho mayores enlazadas por la fuerza gravitatoria y separadas del resto por una enormidad de espacio casi absolutamente vacío. Siguiendo con nuestro ejemplo, tanto la Vía Láctea como la vecina Andrómeda pertenecen al llamado Grupo Local, compuesto por cincuenta y cuatro galaxias distribuidas por un espacio con forma de cubo que mide diez millones de años-luz. Pero a su vez el Grupo Local es parte del Supercúmulo de Virgo, donde habitan unos cien cúmulos como el Grupo Local a lo largo de ciento diez millones de años-luz. Y el Supercúmulo de Virgo es uno de los millones de supercúmulos que componen el universo observable. Son cantidades inmensas, inimaginables, que sin embargo se quedan cortas al valorar el espacio vacío que hay entre cúmulo y cúmulo. Te dejo otro ejemplo. Entre el Grupo Local y el cúmulo de Sculptor, el más cercano a nosotros, hay doce millones de años-luz de nada casi absoluta, de espacio hueco sin apenas materia. En los vacíos intergalácticos la densidad es tan baja que solo existen de media ¡cuatro átomos de hidrógeno por cada metro cúbico de espacio! Así que de distribución aleatoria de la materia, nada de nada, asegura Vera. El cosmos consiste básicamente en un vacío total salpicado aquí y allí por grumos de materia. En vez de parecer una sopa de fideos, el universo es más semejante a una habitación sin muebles en la que flotan algunas pelusas de polvo. Las pelusas de polvo son los cúmulos de galaxias. Y todo lo demás es casi pura ausencia.

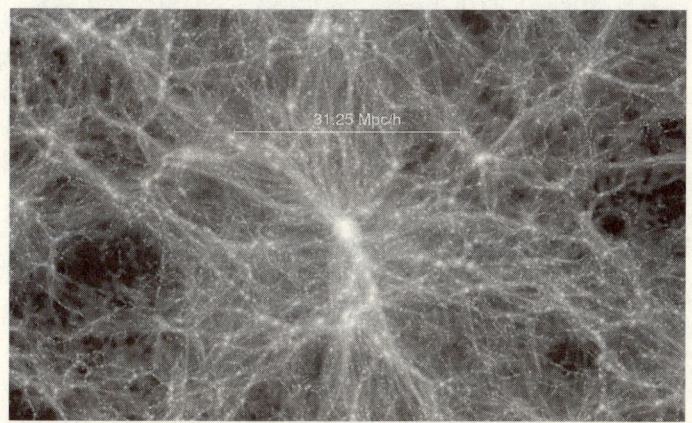

Imagen Millennium Run XXL, obtenida en 2010 tras doce años de cálculos de un superordenador situado en la ciudad alemana de Garching. Es una simulación que muestra cómo se distribuye la materia por el universo observable. Se han tenido en cuenta todos los parámetros físicos: fuerzas gravitatorias, Flujo-Hubble y tensión de partículas. En la imagen se observan los filamentos cumulares, las zonas de distinta densidad, los nodos de vacío que unen las estructuras, la disposición fractal y el aspecto similar a una esponja de baño que produce la materia en el cosmos.

En el futuro aprenderemos mucho de la estructura global del cosmos. Sabremos, por ejemplo, que los cúmulos de galaxias forman filamentos, espirales y otras formas geométricas enlazadas en torno a nodos de vacío al estilo de una esponja de baño descomunal. Sabremos también que el universo en conjunto presenta distribución fractal, o sea, que parece irregular a simple vista pero posee patrones de repetición a diferentes escalas que obedecen a leyes matemáticas relativamente simples. Del mismo modo, y dadas las fantásticas dimensiones de tales estructuras, nos daremos cuenta de que toda la existencia de los seres humanos estará ligada a un sector muy concreto y diminuto del universo, el Grupo Local, del que nunca podremos salir ni siquiera con la tecnología más avanzada del futuro, pues el espacio vacío se amplía más rápido que la velocidad físicamente alcanzable para la materia. Incluso averiguaremos que todo el cosmos observable se compone de seis megasupercúmulos compuestos por diez mil billones de estrellas cada uno. En el que estamos nosotros se ha bautizado como Laniakea. Incluso llegaremos a ver que las oscilaciones cuánticas del *Big Bang* provocaron diferencias sensibles en la distribución de la materia por el universo, hasta el punto de que hay zonas muy diferentes. Como casos extremos tenemos un área, el Gran Atractor, que tiene tanta masa que arrastra hacia sí a todo el Supercúmulo de Virgo, mientras que otra región llamada Supervacío de Eridanus consiste en una enorme extensión de quinientos millones de años-luz donde algunos científicos creen que no hay nada de nada, apenas unos átomos de hidrógeno de vez en cuando que dejan una densidad local casi nula. Todo esto lo entenderemos en el siglo XXI gracias a la tesis de Vera Rubin, quien abrió la puerta al estudio de las estructuras gigantescas del cosmos demostrando su existencia. Pero ahora viene lo malo: igual que en su trabajo sobre las rotaciones galácticas, tampoco la creyeron. Para que la ciencia valorase su idea de que existe un Flujo-No-Hubble tuvieron que pasar treinta años, y para que finalmente la astronomía oficial le diera la razón en la presencia de estructuras supragalácticas tuvieron que transcurrir dos décadas. Veinte años en los que todos los expertos rechazaban y despreciaban sus conclusiones. En parte, solo en parte, esa resistencia a aceptar los datos de Vera resulta comprensible. ¡Recuerda que apenas treinta años antes se pensaba que la Vía Láctea era el universo al completo! La ciencia iba avanzando demasiado rápido para las mentes humanas que debían interpretarla. Y Vera se estaba ganando a pulso la consideración de chica mala de la astronomía, de rebelde empeñada en llevarle la contraria a los físicos consagrados. De hecho, solo la presencia de George Gamow como director de tesis le permitió que aprobaran su trabajo. Obtuvo el título de doctora en septiembre de 1954.

Por fin Vera puede tomarse un respiro y, además, logra a los veintiséis años su primer empleo remunerado. La contratan para dar clases de Física y Matemáticas en un colegio de educación superior, y al año siguiente, en 1955, le ofrecen un puesto como profesora adjunta en la Universidad de Georgetown. Aprovecha esta temporada relativamente tranquila para tener su tercer bebé, un niño al que llamará Karl. La familia se muda a una casa mejor, ella aprende por fin a conducir y dedica mucho tiempo a cuidar de sus hijos. Le encanta ser madre, siempre lo dirá. Pero no descuida la astronomía, no se limita a preparar y dar las clases. Sigue profundizando en sus teorías sobre los movimientos cósmicos. Para ello analiza todos los datos disponibles. Y, por supuesto, los datos se le quedarán pronto cortos. Necesita más observaciones para afinar sus ideas revolucionarias. Se dedica a pedir horas de uso en los mejores telescopios norteamericanos de la época, algo que como investigadora universitaria le corresponde. Y según le van concediendo esas franjas de observación directa se convierte en una especie de trotamundos científica.

A lo largo de diez años pasa temporadas en el desierto

de Sonora, a más de dos mil metros de altitud, empleando las instalaciones del Observatorio Nacional de Kitt Peak en busca de las figuras de rotación galáctica, y otras épocas en Flagstaff, Arizona, utilizando los telescopios del Observatorio Lowell. Incluso consigue lo que ninguna mujer había logrado: obtener su propio tiempo de investigación en el Observatorio de Monte Palomar, ubicado en Pasadena, California. Allí está el telescopio Hale, con una lente monstruosa de más de cinco metros de diámetro, que en tiempos de Vera resultaba ser el mayor del mundo, y lo será hasta 1993. Por eso ella, que anda buscando datos muy precisos de galaxias tremendamente lejanas, lo necesita. El problema es que el Instituto de Tecnología de California, administrador del observatorio, nunca ha autorizado su uso a mujeres. Monte Palomar es un territorio marcadamente masculino, como los viejos clubes ingleses de fumadores. Ni siquiera hay dormitorios para señoras y todos los urinarios menos dos son de esos verticales para orinar de pie. De hecho, emplean ese absurdo argumento de los urinarios para negarle el acceso. Ofendida por la negativa, Vera se pone tan pesada, amenaza con poner tantas demandas, insiste tan fieramente en su derecho ante las instancias científicas más altas del país, que al final no tienen más remedio que cederle varios días de observaciones propias. Para que lo sepas, los astrónomos masculinos que lo solicitaban no sufrían trabas. Solo tenían que aguardar su turno en la lista de espera oficial. En 1965 Vera llega a Monte Palomar entre la estupefacción y el rechazo de muchos de los residentes y se instala en una habitación con su maleta, sus cuadernos de notas y su material científico. El primer día lo dedica a solucionar el asunto de los urinarios. De una cartulina recorta la silueta de una mujer con falda, la pega en la puerta de uno de los dos váteres de taza y deja una nota al lado que dice: «Ahora ya existe aquí un baño de señoras».

En todos estos años publica artículos, da clases, investiga y asiste a simposios. El tiempo ha respondido a la pregunta que la atormentaba unos años atrás: ahora es una astrónoma de verdad. Y madre (en 1959 nace Allan, su cuarto y último hijo), y ama de casa, y esposa de un hombre que por suerte la apoya sin fisuras. Vera nunca abandona sus teorías de la existencia de ejes de rotación en el universo, ni tampoco de que las galaxias se agrupan en estructuras mayores. De hecho, el goteo de sus publicaciones insiste una y otra vez en esos asuntos con nuevos datos, nuevas interpretaciones, nuevos indicios. Y poco a poco va viendo cómo le hacen caso cada vez más astrónomos. Uno de sus pequeños triunfos es la celebración en 1960 de un congreso en la ciudad de Santa Bárbara titulado «Agrupaciones Galácticas». Vera asiste, por supuesto, y muchos colegas hacen como que la idea se les ha ocurrido a ellos, que la existencia de cúmulos es una posibilidad evidente deducible de las observaciones. ¡Hace solo cinco años que tacharon su tesis de extravagante, cuando fue la primera persona en proponer la teoría! Por fortuna no todos los astrónomos son así. Fritz Zwicky, un físico de origen búlgaro, mantiene durante el congreso encuentros entusiastas con Vera y valora sus investigaciones sobre los cúmulos de galaxias, teoría de la que es un gran defensor y cuya autoría, reconoce con sinceridad, proviene de ella, a la que llama con respeto «doctora Rubin». También otro gran astrónomo, el holandés Jan Oort, pronuncia una charla apoyando las tesis de Vera y nombrándola expresamente. De esta manera, y pese a la soberbia de muchos colegas,

Vera sale feliz y reforzada de aquel simposio. La ciencia está empezando a creer en algunas de sus ideas, aunque sea de mala gana y reacia a atribuirle el mérito.

Cuando Zwicky acude a Santa Bárbara es ya un astrónomo de mucho prestigio. Tiene sin embargo un punto negro en su carrera: en 1933 observó, sin que nadie le hiciera el menor caso, que grupos de estrellas de ciertas galaxias del Cúmulo de Coma no giran a la velocidad esperada en relación con la suma de la materia que contienen. Una cantidad de materia en rotación siempre dará una velocidad concreta calculable por la forma que adopta. Pero las cuentas no cuadraban, decía Zwicky. Según la forma de las galaxias de Coma y la suma de toda la masa de sus estrellas, la velocidad de rotación global era mucho mayor que la prevista por las leyes gravitatorias. Vamos a poner un ejemplo muy bruto, pero que te servirá para comprender el concepto. Supongamos que un cocinero aplana una masa de *pizza* girándola en el aire. El tamaño de la masa de *pizza* es el volumen de materia estelar. Hazlo tú. Si coges un trozo de masa de *pizza* y la haces girar sobre la palma de la mano, la masa se va extendiendo hasta coger esa forma fina y redonda que nos comeremos después. Pero cuidado, porque si haces girar la masa muy rápido la romperás y pondrás la cocina perdida de trocitos pegajosos, y si la haces girar muy lento se arrugará en forma de campana. ¿Qué necesitas para obtener una *pizza* planita y entera? Que la velocidad a la que gires la masa sea la adecuada, algo que a falta de matemáticas cocineras solo lo da el pulso de la experiencia. Yo he visto pizzeros tan hábiles que consiguen hacer girar la masa no sobre la mano, sino con un único dedo como eje de rotación. Pues ese fenómeno se llama en física clásica conservación del momento angular, y en efecto podríamos aplicar unas ecuaciones cocineras para calcular la velocidad de giro y cada una de las formas de *pizza* que lograríamos. Y fíjate: esas ecuaciones son las mismas que nos permiten calcular la rotación de los astros.

Aplicando tales fórmulas archiconocidas y tras siete años de minucioso trabajo, Zwicky llegó a la conclusión de que las galaxias del Cúmulo de Coma giraban a una velocidad total muy superior a la esperada según la masa presente. Giraban tan rápido que, en realidad, deberían deshacerse, escupir estrellas al espacio en todas direcciones. Parecía por tanto que Newton dejaba de tener razón, al menos en las enormes distancias dentro de una galaxia. En los espacios cósmicos las leyes de la gravitación universal quizá no fuesen tan universales. Ni siquiera la teoría de la relatividad de Einstein conseguía explicar el fenómeno. Como decir que Newton y Einstein se equivocan parecía demasiado, Zwicky propuso una hipótesis en apariencia menos traumática: las galaxias contienen una gran cantidad de materia distribuida de manera uniforme que no emite radiación, y que por tanto no se puede ver. Solo se manifiesta a través de la fuerza gravitatoria que provoca. Y calculó que para que el Cúmulo de Coma se mueva como se mueve necesitaría cuatrocientas veces más masa de la observada, es decir, de la visible. Eran números asombrosamente grandes para ser ciertos. La reacción del mundo de la astronomía fue la típica cuando algo no se comprende en absoluto: ignorarlo. Al fin y al cabo se trataba del caso de un grupo particular de galaxias, decían los expertos, o quizás el cálculo de las masas estelares era erróneo. Zwicky se cansó de que no le hicieran caso. Decidió dedicarse a asuntos más convenientes y abarcables como buscar nuevas galaxias y diseñar motores a reacción. Ahí sí le fue bien su carrera.

En sus encuentros en el simposio de Santa Bárbara, Zwicky y Vera se ponen a hablar de aquel viejo trabajo. Ella lo conoce y lo valora, porque es una mujer que siempre confía en los datos rigurosos y nunca en las ideas preconcebidas. Su mente científica rebelde se ve atraída por el asunto de la masa faltante que explica la rotación interna de las galaxias. Al fin y al cabo, es su especialidad. Nada más volver de Monte Palomar, Vera recibe una oferta de trabajo: le ofrecen un puesto en el Departamento de Magnetismo Terrestre del Instituto Carnegie. No te dejes llevar por el nombre. Allí empezaron estudiando efectivamente el magnetismo terrestre, pero con el tiempo el ámbito de investigación abarca el universo entero. Ella acepta por el prestigio del centro y también por su ambiente desenfadado de trabajo. Dispone de libertad absoluta para escoger el tema que desee y disfruta de un atmósfera casi familiar. Cuando dice que quiere estudiar la rotación interna de las galaxias y comprobar si la velocidad es equivalente a la masa, le responden que sin problemas. Adelante. Sin presiones, sin condiciones. Pero Vera no busca repetir las observaciones de Zwicky. Se plantea ir más lejos. La tecnología astronómica ha avanzado mucho desde 1933. Ahora hay instrumentos que permiten detectar no solo la velocidad de rotación total de una galaxia, sino también la velocidad de cada una de las estrellas dentro de la propia galaxia. Eso, piensa Vera, dará unos resultados mucho más exactos.

El aparato clave que necesita se llama espectrómetro astronómico. En el Instituto Carnegie tienen uno. Y el técnico que sabe manejarlo es Kent Ford, un físico que a sus treinta y cuatro años se ha ganado fama de riguroso y hábil. ¿Quieres saber cómo funciona un espectrómetro? Verás, se trata de un instrumento óptico capaz de captar ondas electromagnéticas y analizar sus características. La luz visible es una onda que empieza en el infrarrojo y termina en el ultravioleta, dentro de una banda de frecuencias mucho más amplia. Ningún ser humano puede ver más acá del infrarrojo o más allá del ultravioleta (algunos animales sí pueden, por cierto), pero un espectrómetro no tiene ningún problema para identificar cada onda de la frecuencia que sea, separarla de las demás y deducir su origen. El espectrómetro de Kent Ford es estupendo para la época, y Vera diseña su experimento. Se trata de recoger el brillo de la galaxia de Andrómeda y distinguir no solo la contribución de cada estrella en particular, sino también las variaciones en el brillo de cada estrella. Analizar cada espectro en momentos diferentes no dirá cuándo una estrella está en una zona de la galaxia o en otra, y sumando las situaciones obtendremos su movimiento total, igual que en esos cuadernos infantiles en que aparecen figuras cuando unimos los puntos. Quizá te preguntes cómo sabemos si la luz llega de más cerca o de más lejos. La respuesta es que cuando la luz se aleja su onda se aplana, baja de frecuencia y se acerca más al infrarrojo. Y al contrario, cuando la luz se acerca a nosotros las ondas se aprietan y se aproximan al ultravioleta. Sabiendo la intensidad inicial es muy fácil calcularlo. Y ya no hay problemas para saber, al contrario que en la época de Henrietta Leawitt, la intensidad real de montones de estrellas. Pero analizar con un espectrómetro el movimiento de millones de estrellas es un trabajo titánico. Por suerte en 1965 ya hay algunos ordenadores primitivos que pueden hacer parte de los cálculos.[36]

---

36   Atención, porque el corrimiento al rojo o el corrimiento al violeta no indica que cambia la velocidad de la luz. Las ondas electromagnéticas siempre se desplazan por el espacio vacío a

Vera Rubin y el astronauta John Glenn. Fuente: Jeremy Keith.

Según las leyes del movimiento gravitatorio, todos los astrónomos daban por hecho que la velocidad orbital de una estrella descendería de forma inversamente proporcional a la raíz cuadrada de la distancia entre la estrella y el centro de su galaxia. Es una norma anclada en nuestra física desde Kepler y, sin que nadie la hubiese comprobado al nivel de las galaxias, todo el mundo la consideraba cierta. Ahora nosotros tenemos que ver este asunto con cierto detalle, porque estará en el corazón de uno de los descubrimientos científicos más apasionantes del siglo XX. Allá vamos. Sabemos que en el centro de cada galaxia la densidad de estrellas es más alta, están más juntas, mientras que el número de estrellas disminuye según nos alejamos del

---

300.000 kilómetros por segundo. Lo que cambia es la frecuencia de las ondas, es decir, la intensidad con que vibran. De hecho lo que vemos como colores no es más que la forma en que nuestros cerebros interpretan la luz a frecuencias diferentes.

centro. Puedes volver a mirar la fotografía de Andrómeda de páginas anteriores y verás que la intensidad de la luz lo deja muy claro: el centro es más brillante. Las leyes del movimiento hacen que las galaxias suelan tener forma de disco oblongo donde se crean órbitas elípticas y una serie de anillos que agrupan las estrellas, todo en equilibrio gravitatorio. Y para que exista cualquier tipo de equilibrio gravitatorio, es decir, para que por ejemplo la Luna no salga despedida de la Tierra ni caiga sobre ella, hace falta que se opongan dos fuerzas: la atracción de la gravedad, que acerca la Luna a la Tierra, y la velocidad con que orbita la Luna, que impide que se precipite sobre nosotros. La velocidad orbital provoca fuerza centrípeta, ¿te suena? Es como cuando coges un cubo con agua y lo pones horizontal mientras lo giras muy rápido. Antes de marearte podrás ver que el agua no se derrama, porque la fuerza centrípeta del giro empuja a la masa de agua hacia el punto más exterior, el fondo del cubo, e impide que se caiga. A veces hago este experimento delante de niños y les encanta, les parece un poco de magia. Pero no es magia, es pura gravedad y movimiento. Por eso no sirve una velocidad de giro cualquiera. Cuanta más agua tengamos dentro del cubo, más rápido habrá que girarlo. La Luna y todos los cuerpos orbitales se mantienen gracias a ese equilibrio entre velocidad de giro y atracción gravitatoria. Las estrellas dentro de las galaxias obedecen a las mismas leyes: cuanto más cerca estén del centro de la galaxia, donde hay más densidad y por tanto más fuerza gravitatoria, más deprisa deben girar, so pena de precipitarse unas sobre otras; al contrario, cuanto más lejos esté del centro una estrella y con menos gravedad sea atraída, más lenta debe ser su rotación para evitar salir disparada de la galaxia que la contiene. ¿Lógico, verdad?

Lógico sí, pero cierto no. ¡Hay tantas cosas en la ciencia que parecen ilógicas a nuestros ojos y sin embargo son verdaderas! Después de dos años de trabajo y mediciones, lo que Vera encuentra es que las estrellas que componen Andrómeda se mueven todas prácticamente a la misma velocidad, sin importar su cercanía o su lejanía al centro de la galaxia. ¿Qué hay de la proporción entre gravedad y velocidad de giro, la única explicación para las órbitas de los astros? Pues que estos datos niegan su validez. No tienen sentido alguno. Tienen incluso menos sentido que los resultados de Zwicky en 1933, ya que él solo comprobó el movimiento galáctico total, y por tanto la relación inversa entre distancia y velocidad podía mantenerse en el interior de la galaxia. Lo que acaba de descubrir Vera es algo inimaginable, inesperado, gigantesco, capaz de echar por tierra todas las teorías de la gravitación elaboradas por el ser humano a lo largo de la historia. Un hallazgo así no puede hacerse público sin comprobaciones rigurosas. Tanto ella como Kent piensan que Andrómeda puede sufrir algún tipo de perturbación que afecte a su movimiento interno, así que deciden apuntar su espectrómetro a otras zonas del cosmos. Como la tarea es enorme, Vera incluye en el proyecto a seis de sus mejores estudiantes para que la ayuden en la toma de datos. Gracias a este refuerzo logran examinar, durante los tres años siguientes, el movimiento interno de sesenta galaxias más. Y en todos los casos obtienen resultados similares: las estrellas giran a una misma velocidad, tanto las que están más cerca del centro como las que se sitúan en el exterior menos denso. Es de locos. Pero el problema no está en las observaciones, reflexiona Vera, segura de si misma, el problema está en nuestra interpretación del universo, cuya realidad profunda aún desconocemos. Y en 1970 decide publicar los resultados de su estudio. Solo los datos, tiene cuidado de no ofrecer una hipótesis que los explique. Que los demás también se arriesguen, parece decir.

Para la publicación del artículo, sin duda el más importante de toda su carrera, elige una revista muy prestigiosa, *Astrophysical Journal*. Entonces empiezan los problemas. El editor se niega a incluir el nombre de los seis estudiantes en la firma. Solo quieren que aparezcan el de ella y el de Kent. A Vera le parece una injusticia. Los estudiantes han trabajado duro y merecen salir como autores. Se crea un tira y afloja que termina cuando Vera se planta. «Entonces retiro la publicación», dice, y se pone a buscar otra revista. Solo pasan un par de días cuando el director de *Astrophysical Journal* la telefonea y acepta sus condiciones. El trabajo, uno de los más destacados de la cosmología del siglo XX, aparecerá firmado por ocho personas. Además de saber defender sus derechos, Vera siempre mostrará un amplio sentido de la justicia científica respecto al trabajo de los demás. Escrito de una manera rígida, muy especializado, lleno de tablas, datos y fórmulas, el artículo lleva por título «Estudio cinemático de estrellas tempranas», así de soso, y termina con una frase rotunda: «Para radios R > 8.5 kpc, la curva de rotación es plana y no decrece como se esperaría si las órbitas fueran keplerianas». Solo esta afirmación, apoyada en unas observaciones rigurosas, debería provocar una tormenta en el mundo de la astronomía.

Pero no ocurre nada. Por tercera vez, tampoco la creen. Los tres descubrimientos claves de Vera Rubin sufren el mismo destino: un escepticismo absoluto. Quizá porque eran revolucionarios y la ciencia no estaba preparada para ellos, y quizá también porque su autora es una mujer.

En todo caso, las reacciones son parecidas. Se habrá equivocado en la toma de datos, porque es imposible que Kepler, Newton y Einstein no tengan razón. ¡Sus ecuaciones funcionan tan bien! Así que durante más de diez años rechazan sus conclusiones. Vera es una astrónoma extravagante a ojos de sus colegas y no debe ser tomada en serio. Pero ella está tan segura de sus observaciones, ha sido tan estricta en el análisis de los datos, que arriesga la piel dando conferencias y aportando nuevas observaciones. Durante un largo tiempo defiende en congresos y seminarios su postura frente a la sonrisa irónica del mundo astronómico oficial. Por ejemplo, en un encuentro de la Sociedad Americana de Astronomía en 1975 proporciona un número: la materia que falta para explicar el movimiento interno de las galaxias es el 50 por ciento del total. Es decir, la masa de las galaxias debe ser el doble. Además, la materia que no vemos ha de situarse, sobre todo, en las zonas exteriores de las galaxias. Es una idea fácilmente deducible. Para que la velocidad de rotación sea la misma en toda la extensión de las galaxias, ha de existir una densidad de masa semejante en todos los puntos. Por tanto, dice Vera, la materia visible se acumula hacia el centro de las galaxias, y la invisible en el exterior. Eso ya es demasiado. No solo hay que pensar en una misteriosa materia fantasmal presente en enormes cantidades ahí fuera, sino que esa materia se aleja de la materia normal como si no pudiera mezclarse con ella. Eso no hay quien se lo trague.

Pero siempre, ya lo hemos visto a lo largo de nuestro viaje en este libro, la verdad sale a relucir tarde o temprano. Otros astrónomos, hombres y respetados por sus colegas, efectúan con discreción las mismas observaciones que Vera. Lo que hacen es repetir sus análisis para ver dónde se ha equivocado. Y los resultados, por supuesto, no hacen más que confirmar las conclusiones de ella. Las evidencias se van acumulando poco a poco. Hacia 1980 los datos impiden seguir negando un hecho claro: la velocidad de las curvas de rotación galácticas es estable a lo largo de todos esos mares de estrellas. El fenómeno destroza las teorías sacrosantas de la gravedad a gran escala. Y empiezan a llegar las explicaciones. Al final solo quedan dos posibilidades: o la gravedad de Newton necesita ser reformulada o en cambio existe efectivamente en el cosmos, en grandes cantidades, una materia extrañísima que no produce ni luz, ni radiación de calor, ni efectos magnéticos o eléctricos: solo crea gravedad. El mundo de la física se divide entre las dos teorías para intentar explicar el fenómeno. La primera opción, nacida en 1981, recibe el nombre de MOND, *modified newtonian dynamics*, en español dinámica newtoniana modificada. Propone que las leyes de la aceleración de Newton no son correctas en casos de aceleraciones leves sobre cuerpos muy masivos. Es decir, que a gran escala existe en el universo una constante, bautizada como α_0, que modifica la conocida fórmula de que la fuerza es igual a la masa por la aceleración. Para cumplir la velocidad plana de rotación galáctica, la fuerza deber ser igual a masa por aceleración… partido por la inversa de α_0. La verdad, suena muy artificioso, pero de alguna manera había que explicar el hallazgo insólito de la doctora Rubin. De hecho, al principio ella misma es partidaria de esta posibilidad. «Me parecía mucho más atractivo —explicará después— haber descubierto una modificación gravitatoria que pensar en una nueva partícula subatómica». La otra opción es precisamente la existencia de una partícula o familia de partículas distribuida por todo el universo, pero que al ser

invisible no se ha detectado jamás. O bien esa partícula
es muy pesada, o bien la hay a montones. Porque en una
cosa Vera se equivocó: la proporción de la materia invisible
dentro de las galaxias no es el 50 por ciento del total. Es el
84 por ciento, según datos del siglo XXI. Una barbaridad
que quiere decir que nosotros, los planetas, las estrellas, los
átomos y todo lo que vemos, estamos hechos con solo el 16
por ciento de la masa del cosmos. El resto, la mayor parte
de la materia, ha permanecido oculta a nuestros ojos.

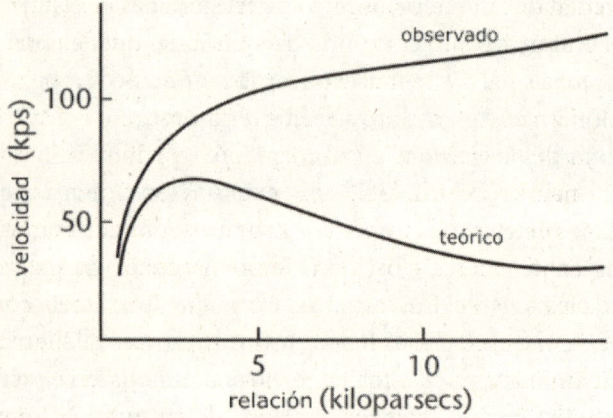

Esquema de rotaciones orbitales internas en una galaxia espiral.
El modelo teórico derivado de las ecuaciones de Kepler, Newton
y Einstein insiste en una ralentización de la velocidad al aumentar
la distancia al centro galáctico. Sin embargo, las observaciones
de Vera Rubin demostraron que las velocidades de giro no
varían, e incluso suben ligeramente en las zonas exteriores.

Con los años la primera opción, la hipótesis MOND,
quedará casi descartada. No solo porque la constante α_0
tiene un valor arbitrario calculado precisamente para

ajustar las velocidades, lo que supone hacer un poco de trampa, sino porque sus efectos no se han podido reproducir en ningún experimento. Todos los físicos y astrónomos, Vera entre ellos, se irán pasando poco a poco a la segunda opción, la de la masa invisible. Pronto recibirá el nombre con que la conocemos hoy: materia oscura. Y a nuestras alturas del siglo XXI nadie ha podido identificarla todavía. Pero hemos encontrado muchas pruebas de su existencia real. Por ejemplo, quedan rastros de ella en el fondo cósmico de microondas, ese vestigio del *Big Bang* del que hablábamos antes, y también se acumulan las pruebas de que la gravedad de la materia oscura es necesaria para explicar las estructuras del universo. Sabemos también que, en efecto, la materia oscura y la materia «normal» parecen rechazarse entre ellas: donde una se acumula, la otra escapa. Por eso los centros de las galaxias están formados por materia visible en forma de planetas, estrellas y nubes de gas, mientras que los halos exteriores sin apenas astros presentan una enorme cantidad de materia oscura. Hemos encontrado galaxias invisibles sin estrellas ni nada, formadas únicamente por materia oscura. Hemos hallado enormes redes de filamentos cósmicos compuestos en exclusiva por materia oscura que se extienden entre los cúmulos de galaxias. Y hemos visto que la luz se desvía en zonas donde parece no haber nada, así que deben ser extensiones inmensas ocupadas por materia oscura. O sea que ya sabemos bastante de la materia oscura… excepto de qué está hecha.

Como constituyente de la materia oscura se ha ido descartando progresivamente a neutrinos, estrellas de neutrones, objetos compactos o nubes densas de gases cósmicos. Todos esos objetos, además de efectos gravitatorios, emiten un poco de calor, o sea que son detectables por telescopios de infrarrojos. También sueltan rayos X, o reflejos luminosos, o algún tipo de electromagnetismo, o lo que sea. Pero la materia oscura no hace nada de eso, solo produce gravedad. Debe estar absolutamente fría para no poseer nada de calor, debe ser inmune a las emisiones electromagnéticas y también debe poseer propiedades que justifiquen su incapacidad de mezclarse con la materia ordinaria. Vamos, que no hay nada conocido a lo que podamos recurrir. Las últimas teorías apuestan por tres posibilidades, todas, te lo adelanto, con más o menos la misma cantidad de defensores. ¿Te apetece conocer cuáles son los tres candidatos a formar la materia oscura? Venga, veámoslos.

El primero se llama axión, una partícula fundamental propuesta en principio para ajustar algo que ya conocemos: la ruptura de la simetría CP. Los axiones serían fotones alterados temporalmente por la ruptura de la simetría y capaces de trasladarse por el cosmos a energías altísimas. Hay muchísimos fotones por el universo, miles de millones de veces más que átomos, así que en consecuencia podría haber muchos axiones, fotones transformados en masa, vagando por ahí. Su existencia explicaría por tanto la materia oscura. En 2014 se encontró una partícula muy pesada, es decir, con mucha energía, que podría ser el axión, pero siguen comprobándolo. Así que nadie por ahora ha identificado un axión con seguridad. Continuamos buscando. El segundo candidato es una partícula bautizada con el curioso nombre de camaleón. Primo hermano del axión, proviene asimismo de una transformación del fotón, pero con la diferencia de que el camaleón no tiene una masa fija: su masa varía en función del campo gravitatorio en que se encuentre. Es algo extravagante, puesto que todas las partículas que conocemos poseen una masa perfectamente definida y estable. Sin embargo, los físicos se toman la hipotética existencia de camaleones muy en serio. Un camaleón tendría una masa pequeña en el espacio intergaláctico, pero su masa aumentaría cuanto más cerca se halle de fuentes de gravedad o al agruparse entre ellos. Al menos estarás de acuerdo en que tienen el nombre muy bien puesto, porque las partículas-camaleones se mimetizan con su entorno como un animal-camaleón. Ya hay en marcha experimentos que intentan crearlos en laboratorios, sin éxito por el momento. La tercera opción es la supersimetría, que considera que cada partícula de fuerza tiene una gemela equivalente en partícula de materia, y viceversa. O sea que por ejemplo el fotón, que transmite la fuerza electromagnética, presenta una copia formada por materia en un nivel de la realidad hasta ahora desconocido, y al contrario, el protón, materia pura, se convierte en el espejo supersimétrico en una enorme partícula de energía. Si valoramos la equivalencia de Einstein entre masa y energía (recuerda, $e = mc^2$), muchas partículas supersimétricas tendrían masas grandes que quizás cuadrasen los números de la materia oscura. Aunque a finales del siglo XX la supermetría se daba casi por segura, la hipótesis de su existencia se ha ido desinflando poco a poco. El Colisionador de Hadrones de Ginebra la sigue buscando sin éxito y algunos experimentos descartan su realidad. Veremos qué pasa. ¿Quieres saber mi opinión? A mí me gustan los axiones.

De todas las maneras, y entre tanta oscuridad, una cosa está clara. La materia oscura es uno de los mayores misterios de la ciencia actual y posiblemente nos abra las puertas a una nueva física en el futuro, tanto a nivel atómico como astronómico. Después del hallazgo del bosón de Higgs, que explica el mecanismo de nacimiento de la materia, y de la detección de ondas gravitacionales, la última predicción de la relatividad que quedaba por confirmar, a mi juicio los dos grandes descubrimientos de los próximos años serán encontrar vida fuera de la Tierra e identificar la partícula o partículas que forman la materia oscura. No creo que pase mucho tiempo hasta que ambas cosas ocurran, y la ciencia humana habrá dado dos pasos gigantescos. Entonces quizás sea cierto un titular de prensa que anunciaba al gran público el descubrimiento de la materia oscura: «Encontrada la mayor parte del universo», escribió un periodista en 1982. Vera Rubin debió reírse mucho al leerlo. Por cierto, ¿qué le ocurrió a Vera después de que sus tres teorías, la posibilidad de Flujos-No-Hubble, las estructuras galácticas y la velocidad de rotación plana, fuesen confirmadas? Vamos a verlo con nuestro máquina de la historia. Saltamos a 1986 y contemplamos a la doctora Rubin convertida en una eminencia mundial. No solo es una astrónoma de verdad, es la mayor astrónoma de finales del siglo XX, tanto si hablamos de mujeres como si incluimos a los hombres. En esta época ha analizado ya más de doscientas galaxias y calcula que casi el 90 por ciento de la materia total del cosmos es materia oscura. Los premios se le acumulan. Como una cascada de reconocimientos recibe la Medalla Bruce, el Premio Dickson, la Medalla Nacional de la Ciencia y la Medalla de Oro de la Real Sociedad Astronómica. Se convierte en la eterna candidata al Premio Nobel de Física, ya que la proponen casi cada año. Ella prefiere tomárselo con calma. «La fama es efímera —dice—. Mis números significan más para mí que mi nombre». Frente al vendaval de reconocimientos y a la intensidad del trabajo, su vida privada resulta tranquila. Todos sus hijos, los cuatro, se han convertido en excelentes científicos. Ella y Robert han cumplido como padres y vuelven a estar solos. Disfrutan de su mutua compañía. Robert vivirá hasta 2008, y al morir Vera le rendirá homenaje cediendo una gran cantidad de dinero al instituto de física donde trabajaba su marido. Han estado casados con felicidad durante sesenta años. Me encantan los matrimonios así.

Dark Matter in Spiral Galaxies

It appears that much of the matter in spiral galaxies emits no light. Moreover, it is not concentrated near the center of the galaxies

by Vera C. Rubin

After evidence was obtained (in the 1920's) that the universe is expanding it became reasonable to ask: Will the universe continue to expand indefinitely or is there enough

by measuring the rotational velocity of selected galaxies at various distances from their center of rotation. It has been known for a long time that outside the bright nucleus of a typical spiral galaxy

Artículo aparecido en 1986 en la revista *Scientific American,* donde Vera Rubin explicó al gran público la naturaleza e importancia de la materia oscura y cómo logró su detección.

Uno de los artículos más populares de Vera, escrito para el *Scientific American* y dirigido al público en general, no a especialistas, intenta explicar con sencillez la materia oscura. Durante los años siguientes ella se preocupará por la divulgación de ciencia y escribirá libros accesibles, participará en programas de televisión y dará conferencias en centros sociales.[37] En el artículo para *Scientific American* Vera afirma: «Esta materia oscura es tan importante para

---

37 Uno de los libros más curiosos de Vera Rubin se llama *Mi abuela es astrónoma.* Lo escribió originalmente para sus nietos, y explica con un lenguaje atractivo a los niños los misterios de la cosmología.

nuestra comprensión del tamaño, forma y destino final del universo que su búsqueda probablemente dominará la astronomía en las próximas décadas». Y añade después: «Con más del 90 por ciento de la materia del universo para jugar con ella, ni siquiera el cielo será el límite». No exagera. La existencia de materia oscura, aparte de ser un apasionante misterio científico, marca el futuro del cosmos al completo. ¿Te imaginas por qué? Recuerda la expansión que siguió al *Big Bang*. Su impulso sigue creando espacio y tiempo nuevo. Las ecuaciones dicen que pueden pasar dos cosas: o bien que el impulso decaiga alguna vez y la gravedad lo frene, o bien que siga existiendo indefinidamente. En el primer caso el universo llegará a un punto de volumen máximo y después, al detenerse la expansión, la gravedad ya no tendrá oponente e irá acercando las galaxias entre ellas. Todo el cosmos retrocederá el camino andado y empezará a disminuir de tamaño. ¿Cuál será el final previsible de tal proceso? Un colapso cósmico gravitatorio donde toda la materia se funda en un único punto similar a un agujero negro, o a un *Big Bang* al revés. Esa posibilidad se llama *Big Cruch*, o Gran Crujido. Fin de todo, del tiempo, del espacio y de la existencia. Solo gravedad pura concentrada en la nada absoluta. La otra alternativa no resulta mucho más atractiva para los seres vivos: si el impulso del *Big Bang* no se detiene, la gravedad quedará superada por la expansión continua del espacio. Las galaxias seguirán alejándose eternamente entre ellas y al final se reducirán a polvo: cuando el espacio sea muy grande ni los propios átomos conseguirán continuar unidos. La materia se deshará en jirones y solo quedarán átomos solitarios vagando por un cosmos frío e inerte. Es el llamado *Big Rip*, o Gran Desgarro. Pues bien, que ocurra una posibilidad u otra depende de la cantidad de materia que haya en el universo: si supera un cierto nivel crítico, la gravedad de la materia se impondrá al impulso del *Big Bang* y el universo empezará a empequeñecer; si la materia no alcanza ese nivel crítico, la gravedad no logrará detener el Flujo-Hubble y ocurrirá el Gran Desgarro. ¿Cuál de las dos opciones es la más posible? No tenemos ni idea. Al desconocer la composición de la materia oscura no sabemos cómo cuantificar su comportamiento gravitatorio. Tenemos pues deberes: averiguar el futuro del universo. Cuando sepamos más de la materia oscura quizá podamos calcularlo.

Como en este libro vamos saltando de sorpresa en sorpresa, y eso en el fondo es lo apasionante de la ciencia, prepárate para otro asombro más. A finales del siglo XX los físicos luchaban por cuantificar el impulso del *Big Bang* como manera de entrever el porvenir del cosmos. Uno de los instrumentos claves fue también bautizado con el nombre de Edwin Hubble: se trata del telescopio espacial Hubble, un aparato del tamaño de un autobús dotado con cinco cámaras y situado en órbita de la Tierra. Este telescopio nos ha deparado muchos descubrimientos gracias a su alcance, su sensibilidad y al hecho de que sus observaciones no se ven interferidas por la atmósfera. Pues en 1998 el Hubble apuntó a galaxias muy lejanas y encontró que el impulso del *Big Bang* no está disminuyendo, como sería de esperar, sino que se ha incrementado en los últimos cinco mil millones de años más o menos. Eso sí que parece incompatible con nuestras leyes. A ver, con el tiempo es previsible que cualquier tipo de impulso se vea reducido si tiene que oponerse a la gravedad. Aún en ausencia de gravedad, y según la segunda ley de Newton, el movimiento debería mantenerse estable, ¡pero nunca aumentar! Y sin embargo lo que el Hubble indica es justamente un incremento de la velocidad de expansión del universo. Te puedes imaginar que para explicar este fenómeno insólito se han estudiado toda clases de teorías. En la actualidad, casi veinte años después, solo se mantiene una posibilidad en pie. Además de materia oscura, el cosmos está plagado de una extrañísima energía oscura que ocupa tres cuartas partes del espacio observable y que, al contrario que la gravedad, tiene efectos repulsivos, es decir, que empuja a la materia separándola entre sí y agrandando el espacio vacío.

Maldita sea, no ganamos para sustos. Estábamos embrollados en el misterio de la materia oscura y al intentar aclararlo nos tropezamos con un enigma aún mayor. Porque al echar mano de las matemáticas las proporciones de la energía oscura son asombrosas. Para que los números cuadren y expliquen el ritmo ascendente de la expansión del cosmos, la energía oscura debe suponer nada menos que ¡el 74 por ciento de todo lo que nos rodea! O sea que el universo consiste sobre todo en energía oscura, invisible e incomprensible para nosotros por el momento. Si sumamos a esa energía oscura el 22 por ciento de la propia materia oscura, resulta que el 96 por ciento de toda la realidad ha estado oculto a nuestros ojos hasta ahora. La materia y la energía normal apenas suponen un miserable 4 por ciento de la totalidad. Si estos datos, calculados con mucho esfuerzo a lo largo de los últimos años, no hacen que se te erice la piel, es que no los has pensado seriamente. Todos los esfuerzos científicos de la historia de la humanidad se han centrado en explicar solo el 4 por ciento del cosmos. El resto no lo hemos percibido hasta ayer mismo. Y sus propiedades y características siguen siendo una incógnita. Cuando la resolvamos nadie sabe con qué tipo de universo nos encontraremos. A mí me gusta hacer un símil cuando hablo de este tema. Imagínate a una tribu primitiva que vive aislada en un pequeño islote tropical. Jamás han podido salir de ahí y para ellos la Tierra es una minúscula masa de arena y selva rodeada por el océano. No tienen perspectiva ni posibilidades de imaginarse algo más allá, y por tanto piensan que la totalidad del mundo es eso. Y de pronto llegan unos aviones que trasladan a los miembros de la tribu en un viaje por nuestro planeta. Entonces podrán conocer boquiabiertos el desierto de Sahara, los polos helados, las praderas siberianas, las montañas del Himalaya. Averiguarán de repente que el mundo es mucho más que su islita verde, y como mínimo se sentirá anonadados. Pues nosotros, ahora mismo, somos los miembros de la tribu primitiva a punto de salir de nuestra pequeña isla de realidad cósmica. Es el resultado de que Vera Rubin nos abriera los ojos a la inmensidad con su ambicioso cálculo de los movimientos galácticos.

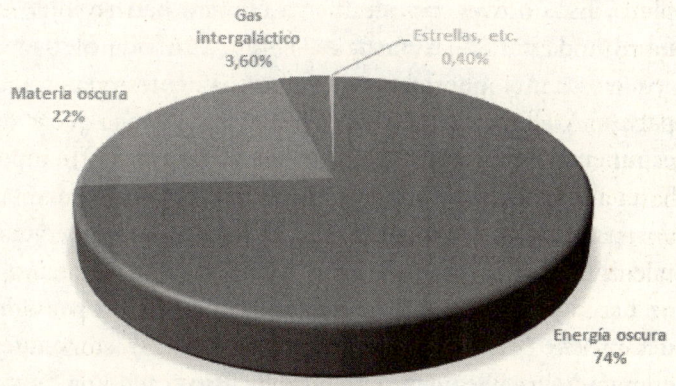

Proporciones totales de la composición del universo, según los cálculos físicos actuales. De toda la realidad, un 74 por ciento es energía oscura y un 22 por ciento, materia oscura. El gas intergaláctico de materia ordinaria supone el 3,6 por ciento, lo que deja para formar planetas, estrellas y seres vivos tan solo el 0,4 por ciento restante.

Te puedes imaginar que nadie sabe de qué se compone la omnipresente energía oscura. Pero al menos disponemos de una teoría que puede, tal vez, explicar su existencia. Verás, la física cuántica demostró que el espacio vacío no está ni mucho menos vacío. Como el universo es en sí mismo un campo de probabilidad, una especie de onda gigantesca que acoge toda la realidad, también se ve afectado por las fluctuaciones cuánticas que mencionamos páginas atrás. Y tales fluctuaciones se producen en cualquier punto del espacio y del tiempo. También, por supuesto, en el vacío. Hemos encontrado que a lo largo de todo el tejido del cosmos aparecen continuamente partículas que viven tiempos increíblemente pequeños y que enseguida son absorbidas de nuevo por el vacío. O sea, que de la nada surge energía breve y frenética. Sí, el universo puede crear algo de la nada siempre que el préstamo sea a muy corto plazo. Esos borbotones de fuerza efímera han recibido el nombre de partículas virtuales. Y pese a su vida cortísima ten en cuenta que aparecen continuamente y en todas partes. Al final el resultado consiste en una especie de espuma energética que sacude el fondo del espacio/tiempo. Y, como sucede sin cesar, aunque las partículas concretas desaparezcan muy rápido la espuma siempre está ahí, como una agitación permanente. Eso equivale a la existencia de una energía ubicua que empuja cada punto del cosmos, es decir, tiene presencia suficiente para formar la enigmática energía oscura. Se puede entender incluso como una fuerza constante intrínseca a la base del universo. Como teoría me parece hermosa, pero aún no sabemos si es cierta. Estamos mucho más cerca de entender la materia oscura que la energía oscura. Tiempo al tiempo. Aunque, como puedes imaginarte, la energía oscura también contribuirá al futuro del cosmos. Al incrementar su tasa de expansión hace más probable la opción del Gran Desgarro, del universo eternamente extendido, frío y muerto, frente a la opción del colapso, del Gran Crujido. Es lo que creemos por ahora.

Vera Rubin nunca conocerá la respuesta a estos misterios que ella contribuyó a lanzar. Fallece el 26 de diciembre de 2016 a la respetable edad de 88 años. Todos los periódicos del mundo dan la noticia y muchos de ellos recuerdan que muere sin recibir el Premio Nobel. La eterna candidata, postulada año tras año, se queda sin el gran reconocimiento. Es inexplicable, porque hay decenas de Nobel que se han dado por muchísimo menos de lo que ella alcanzó. Algún día quizá me dé por escribir una historia de los Premios Nobel más ridículos. Incluso una asociación de astrónomas norteamericanas pidió en 2005 a todos los físicos del mundo que rechazaran el Nobel hasta que no se lo dieran a Vera Rubin. No tuvieron éxito porque decir no a medio millón de dólares y a una montaña de prestigio resulta difícil. Pero al menos muestra, una vez más, la injusticia del comité que concede estos galardones. Y, fiel a su vocación inquebrantable, Vera trabajó hasta casi el final de su vida. Ya anciana seguía estudiando las galaxias. Su último trabajo, publicado en 2014, indicaba otra inesperada revelación. Algunas galaxias contienen estrellas que giran en direcciones opuestas. Unas lo hacen en el sentido de las agujas del reloj y otras al contrario. Como en ocasiones anteriores, se trata de un misterio por resolver. Vera ha resultado ser especialista en arrojarnos retos a la cara y en obligarnos a abrir los ojos. Y también fue hasta el final una defensora de los derechos de la mujeres científicas. Recuerdo un discurso suyo del año 2002 dedicado al machismo en la ciencia. Terminaba diciendo: «Asumo este asunto bajo tres premisas. Una, no hay ningún problema científico que pueda ser resuelto por el cerebro de un hombre pero no por el de una mujer. Dos, la mitad de los cerebros humanos están en mujeres. Y tres, los hombres han negado a las mujeres el permiso para dedicarse a la ciencia. Si enlazamos estas tres premisas, ¿no resulta completamente absurdo?». Es imposible mejorar este impecable razonamiento. Dejemos a Vera descansar en paz, agradeciéndole lo mucho que ha hecho por el conocimiento humano. Nos espera nuestra última protagonista. Y para conocerla no tendremos que emplear nuestros superpoderes de viajeros en el tiempo. Ella misma nos contará su historia.

UNA ENZIMA, UNA REVOLUCIÓN: MARGARITA SALAS

Se acerca por el corredor con pasitos cortos, casi danzarines. Yo espero junto al ascensor de la cuarta planta de Centro de Biología Molecular Severo Ochoa de Madrid con mi acreditación de visitante colgada de la solapa. Las medidas de seguridad son estrictas. En este edificio, la punta de lanza de la investigación biológica en España, hacen cosas muy raras: alteran los genomas de los seres vivos, crean enzimas artificiales, descomponen el ADN humano en sustancias químicas esenciales, almacenan virus, bacterias y otros bichos microscópicos para estudiar la disposición de cada uno de sus átomos. Y sobre todo, mientras espero, me sorprende el silencio. Todo el personal está volcado sobre instrumentos y probetas, trabajando sin apenas hablar. Los veo a través de los ventanales que dan al vestíbulo. Y miro cómo mi anfitriona viene a por mí. Parece una mujer frágil, liviana, de pelo corto, delgada, bajita. A sus 79 años recién cumplidos y envuelta en una bata blanca de laboratorio, un rostro plagado de arrugas, Margarita Salas me extiende la mano al llegar a mi altura. Hola, dice tan solo, venga por aquí. Ni bienvenido ni le ha costado encontrar el edificio ni nada de esas fórmulas manidas de cortesía. Solo vamos. Y echa a andar por ese pasillo lleno de ventanas que dan a laboratorios cargados de aparatos y tubos de ensayo. Es uno de los rasgos de esta mujer clave en la biología de finales del siglo XX. La rotundidad. Práctica, directa, va al grano de las cosas, como si perder el tiempo en algo fuese un delito imperdonable. Eso tal vez sea asunto de los años. Cuando uno se hace mayor el tiempo es más oro que nunca. Para qué perderlo. Quizá por eso solo usa su despacho pequeño.

—Tengo dos despachos —me explica mientras doblamos esquinas—: uno es más grande, pero está lejos del laboratorio donde trabajo; el otro es pequeño, pero está dentro del laboratorio.

¿Pequeño? Decir eso es ser optimista. El despacho que le gusta a Margarita Salas debe medir unos seis metros cuadrados, como mucho. Cabe una mesa alargada, otra mesa redonda, tres sillas y un par de estanterías. Casi sin sitio para moverse entre ese mobiliario. Y lo peor es la acumulación de libros y de papeles. Las dos mesas están hasta los topes de folios, carpetas y documentos. Las estanterías no pueden cargar más libros. Hasta las sillas soportan una montañita de carpetas cada una. Pero, efectivamente, está dentro del laboratorio. Solo hay que cruzar una puerta para acceder a ese mundo de la manipulación genética donde trabajan algunas personas muy jóvenes. La mayoría son estudiantes de doctorado, me explica. Al final logro hacerme un hueco en la mesa redonda donde poner la libreta y la grabadora. Consigo despejar una silla para sentarme. La doctora Salas, Margarita solo para familia y amigos, se sienta frente a mí y me mira con curiosidad. Impaciente y amable. Pese a la sensación de ir siempre al grano, de no perder el tiempo, de venga ya y pregunta algo interesante, no pierde la amabilidad en ningún momento. ¿Sabes? Tú no deberías estar aquí. No tienes acreditación en la solapa. Pero hemos usado nuestros poderes de invisibilidad para que me acompañes. Es la última etapa de nuestro viaje mágico por las vidas de mujeres científicas, y no ibas a perdértelo. Quédate ahí en silencio, solo escuchando y observando. De pie, porque no hay sitio en la tercera silla del despacho. Está hasta arriba de papeles. Lo siento.

—Siempre me gustaron las ciencias. Éramos tres hermanos, dos chicas y un chico, y mis padres tenían claro que debían darnos estudios a todos por igual. Ellos no discriminaban, no compartían eso tan normal en la España de entonces de que el sitio de las mujeres estaba en casa con los hijos. Así que su objetivo es que las chicas fuésemos a la universidad en las mismas condiciones que mi hermano. Pero yo tenía un problema. Ni siquiera al acabar el bachillerato sabía qué carrera estudiar. Me gustaba Medicina, ser médico como mi padre. Pero en Oviedo no había facultad de medicina. Así que, casi al límite, me matriculé en Química. Y además no en Oviedo, sino en Madrid. ¡Las vacilaciones de la juventud! Pero fue una buena decisión. Las raíces de la biología son química en estado puro. De eso me di cuenta más tarde.

Canero es una parroquia del concejo de Valdés, perteneciente al municipio de Luarca. Una pedanía de una pedanía de un pequeño pueblo asturiano. Canero apenas alcanzaba los mil habitantes cuando Margarita Salas nació allí en 1938. En plena Guerra Civil. La familia pronto se traslada a Gijón. Y Margarita, al cumplir dieciocho años, tal como nos ha dicho, marchará a Madrid. Ya que iba a estudiar Química, mejor hacerlo en la capital y no en Asturias. Busca los mejores profesores, la formación más estricta que se puede alcanzar en España. Esa formación está en la Universidad Complutense. Tan solo va a ver a su familia en vacaciones. Y un verano su padre le presenta a un científico emigrado a Estados Unidos llamado Severo Ochoa. Ambos han sido compañeros de clase allá en sus tiempos de estudiantes de Medicina. Y encima son medio parientes.

—Una tía de mi padre estaba casada con un tío de Severo Ochoa. El parentesco era lejano, pero se trataban como amigos.

Severo Ochoa ha nacido en Luarca y viene a Asturias a pasar sus vacaciones de agosto. A veces da conferencias en Gijón. Y el padre de Margarita la lleva a una charla de su amigo Severo. Ya que está estudiando Química, piensa, a lo mejor le interesa.

Severo Ochoa es un hombre con una particularidad: acaba de ganar un Premio Nobel. En 1959, en la especialidad de Medicina y Fisiología. Se ha convertido en un científico muy famoso tanto en España como en Estados Unidos. Le dieron el galardón por crear ADN en un laboratorio, uniendo las bases químicas que forman el código genético y catalizándolas mediante enzimas que él mismo descubrió. ADN *in vitro*, en un tubo de ensayo. Eso bien vale un Nobel, sin duda. La conferencia deja atónita a la joven Margarita. Le apasiona lo que oye. Para la estudiante resulta una sorpresa maravillosa ver que la vida se comporta como cualquier otro proceso químico. Enlaces entre moléculas, reacciones tan sencillas como mezclar hidrógeno con cloro para hacer salfumán. El ADN como una combinación de relaciones entre átomos, sustancias básicas que otorgan el milagro de la existencia biológica. Al salir de aquella charla Margarita tiene claro que ese será su futuro: desentrañar los procesos de química elemental que producen seres vivos en la naturaleza. Quiere asomarse a los límites que separan las cosas vivas, las entidades replicantes, de las cosas muertas. El abismo último de la biología.

¿Recuerdas a Rosalind Franklin? Ella nos proporcionó la estructura de la molécula de ADN, la hélice maravillosa que contiene los secretos de la herencia. La síntesis de investigaciones ajenas de Watson y Crick propuso un modelo que pronto se aceptó como válido. Una molécula de ADN, refresquemos los recuerdos, es una cadena de sustancias muy básicas llamadas adenina, citosina, guanina y timina, enlazadas entre sí de dos en dos y rodeadas por un armazón de azúcar y fosfatos. Para hacer ADN solo necesitamos unos cuantos átomos de carbono, hidrógeno, nitrógeno, oxígeno y fósforo. Nada más. Pero, eso sí, ordenados de una forma extremadamente concreta. ¿Has jugado alguna vez con un juego de construcción por bloques, el Lego por ejemplo? Cuando yo era niño hacía moléculas con piezas de Lego. Sí, no me mires así, reconozco que fui un crío un tanto extraño. La esencia de la replicación del ADN, de cómo logra transmitirse de una generación a otra, es que la adenina solo se une con timina y la citosina solo encaja con la guanina. Vamos a asignarles a cada una un color de las piezas del Lego. La adenina serán los bloques azules, la citosina los amarillos, la guanina los rojos y la timina los bloques verdes. Haz una cadena simple poniendo uno tras otro los bloques en fila, en el orden que quieras, como un gusano multicolor. Y ahora une al lado otra cadena, pero manteniendo las correspondencias biológicas, azul con verde y rojo con amarillo. Vale, ya tienes una serie de pares de bases. Ahora repliquemos esa cadena según las normas del ADN. Para hacer otra cadena más deberemos unir lateralmente de nuevo azul con verde y rojo con amarillo. ¿Qué has obtenido? ¡Una copia de la primera cadena! El número de bloques de cada color y, sobre todo, el orden en que se disponen, resulta exactamente el mismo que antes. Por lo tanto, si entendemos la hilera de piezas de Lego como un código genético, acabas de crear un ser vivo con las mismas características que el primero. La relación azul/verde y rojo/amarillo ha de mantenerse siempre, y ello provoca la aparición de copias exactas.

Así es como funciona en esencia el ADN. Un descubrimiento excepcional que desde 1953, año en que se desveló, pone patas arriba el mundo de la biología. Por primera vez los científicos tienen a su alcance el soporte físico de la herencia viva. Y no tardan en explorarlo, lo mismo que los exploradores del siglo XIX se lanzan a conocer el interior de África. Pero África es muy grande, y el ADN extremadamente pequeño. Los avances, por tanto, resultan muy lentos. Hay mucho por saber: cómo se producen las proteínas, qué procesos químicos marcan el arranque de la replicación, cómo actúa cada elemento, qué pasos y energías producen la expresión genética. Rosalind Franklin, al darnos la estructura del ADN, nos proporcionó el libro del código y su lógica interna. Pero el libro está escrito en un lenguaje extraño y desconocido que hay que ir traduciendo. En la década de los años cincuenta la biología revienta de científicos que se adentran en ese territorio virgen. Se descubre que el ADN se estructura en genes y codifica la construcción de proteínas. Recuerda: la disposición de adenina, citosina, guanina y timina sirve para colocar aminoácidos en un orden concreto, y ese orden edifica proteínas. Después, según el ADN va construyendo proteínas, las proteínas nos hacen a nosotros y a cualquier otro ser vivo. Somos distintos de una bacteria porque nuestros ADN codifican proteínas diferentes que se encargan de construirnos así.

El desvelamiento de la estructura del ADN abre por tanto una vorágine absoluta, una tormenta de investigaciones e ideas, en las ciencias biológicas. Se descubre que la reproducción de los seres vivos es un proceso por etapas y que cada etapa se basa en procesos químicos esenciales. Pero algunas de esas etapas parecen muy intrincadas. Severo Ochoa es uno de los expertos que más progresa. Identifica las funciones específicas de un buen número de proteínas, sobre todo de las que intervienen en la propia duplicación del ADN. Es decir, para producir proteínas el ADN debe ser controlado por otras proteínas. Estas proteínas precursoras de la reacciones biológicas reciben el nombre de enzimas. Hay enzimas encargadas de hacer de intermediarias entre el código mineral del ADN y su traducción en proteínas. Gracias a mezclar esas enzimas en un soporte formado por adenina, citosina, guanina, timina y otros compuestos, Ochoa consigue replicar un trozo de ADN. Por eso le dan el Nobel. Pero el avance es lento. Ten en cuenta que la biología carece de medios suficientes para observar esos mecanismos con detalle. Rosalind Franklin desveló la estructura del ADN gracias a radiarlo con rayos X. En la década de los años cincuenta los métodos siguen siendo indirectos. Y aun así, trabajando en el límite de lo observable, se avanza poco a poco.

Margarita Salas mira un momento por la ventana para tomar aire. Se observa la llanura madrileña y varias autopistas al fondo. Hace un día agradable de primavera. Y entonces, tras el instante de pausa, se vuelve hacia mí y recuerda la época en que decidió dedicarse a ese tipo de investigaciones: buscar la química esencial que hace que funcione la replicación de los seres vivos.

—No fue lo que se dice vocación. Yo creo que la vocación se hace con el trabajo. Como mucho considero que algunos asuntos te atraen profesionalmente más que otros. Y a mí aquella conferencia de Severo Ochoa me fascinó. Más aún cuando mi padre nos presentó al acabar la charla. Fue increíblemente amable. Quizás el hecho de conocer a una chica de su tierra que estudiaba Química, cuando apenas ninguna mujer en España se dedicaba a las ciencias, le agradó mucho. Notaba su simpatía. Al final se ofreció para mandarme libros desde Estados Unidos. En España, en esa época, sencillamente no había libros sobre bioquímica. Aquí la investigación en todos los terrenos era un erial. Sobre todo en las ciencias de la vida. Severo Ochoa cumplió su palabra conmigo. Cada dos o tres meses me llegaban libros nuevos, en inglés y muy técnicos, sobre los avances que poco a poco se iban haciendo en la química que gobierna los seres vivos. Gracias a esas lecturas progresé muchísimo en la universidad. Y en verano solíamos vernos de vez en cuando.

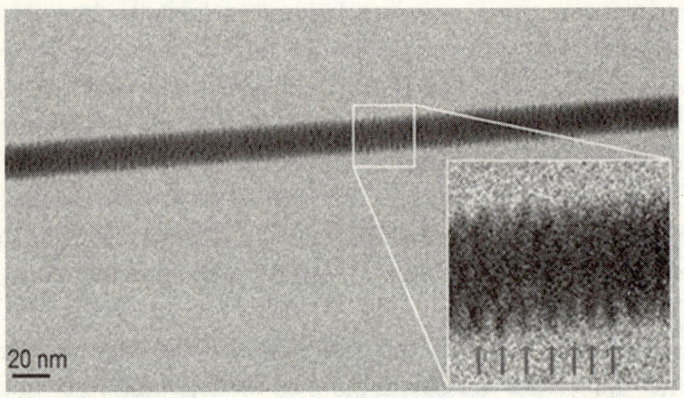

Fotografía de una molécula de ADN realizada con microscopio electrónico en el Instituto Italiano de Tecnología de Turín en 2012. Hoy día sigue siendo una de las mejores imágenes reales del ADN, y aun así su resolución no resulta suficiente para realizar estudios directos detallados. Crédito: Enzo Di Fabrizio.

Pasa el tiempo y Margarita acaba la carrera. No se conforma con la licenciatura, quiere un doctorado. Eso parece un obstáculo insalvable. Es rarísimo que algún profesor acepte dirigir la tesis de una mujer. El machismo intelectual está en auge en la España franquista. Pero de nuevo el Premio Nobel le echa un cable a su joven paisana. Habla con uno de los mejores investigadores de enzimas del país, un auténtico pionero de esa rama de la biología molecular. Es un médico llamado Alberto Sols, que ha trabajado en Estados Unidos y ha descubierto una de las enzimas encargadas de transportar energía al cerebro. Se llama hexoquinasa y funciona transfiriendo fosfatos de alta energía entre moléculas diferentes. El trasiego de esos fosfatos desprende la energía que hace que funcionen nuestros pensamientos. Fosfatos. El pensamiento depende del intercambio de fosfatos. Quién lo diría. Pero, atención, después se sabrá que el intercambio de grupos fosfatos es también el combustible para la replicación del ADN. Si los coches andan con gasolina, el código genético anda con algo tan simple como el fosfato. Mezclado con el aire que respiramos. Como los coches. Los seres vivos somos máquinas que utilizamos oxígeno para prender fuego a otras sustancias y empleamos esa energía obtenida en realizar nuestras actividades. Igualito, de nuevo, que los coches. Alguien definió una vez a las células como motores húmedos. O como hornos diminutos.

A inicios de los años sesenta la bioquímica apenas está empezando a desvelar esa realidad. Alberto Sols, por hacerle un favor a su amigo premio Nobel, acepta dirigir la tesis de Margarita Salas. Con la condición de elegir él el tema de estudio.

—Tiempo después, en una cena, entendí por qué puso esa condición. Estábamos con otros científicos y algunos periodistas en la mesa. Entonces Alberto Sols se levantó y comentó: «Cuando Margarita vino a pedirme hacer la tesis doctoral pensé, bah, una chica. Le voy a dar algo que no sea importante porque si no sale adelante no importa». Yo me quedé boquiabierta. No sabía que decir. Sonreí de manera forzada. Eso reflejaba la mentalidad no de él, sino de toda una época. Tengo muy fresca la marginación que sufrí en esos años. En las reuniones los hombres no se dirigían a mí, ni siquiera me miraban. Me consideraban una intrusa caprichosa que cuando me hartase de jugar con probetas me casaría, tendría hijos y dejaría la ciencia. Durante mis años de tesis fui invisible, me discriminaban. Nadie parecía tomarme en serio. Solo porque era mujer, así de simple.

Pero, pese a ese ambiente de rechazo y soledad, con Alberto Sols aprende Margarita a hacer investigación puntera. Asimila las técnicas que su maestro ha traído de Estados Unidos, se familiariza con máquinas extrañas y carísimas compradas gracias a la financiación de entidades norteamericanas que subvencionan al pequeño laboratorio de la Universidad Complutense. El encargo de Sols a su insignificante doctoranda es estudiar una enzima concreta presente en casi todos los seres vivos. Sirve para crear glucosa y, de paso, para mantener con vida a nuestras neuronas. El título de la tesis es «Especificidad anomérica de la glucosa-6-fosfato isomerasa». En 1962, con veinticuatro años, Margarita Salas se convierte en la única doctora en Bioquímica de España. Y al año siguiente se casa con Eladio Viñuela, un químico cacereño que también hacía su tesis con Alberto Sols. Las perspectivas laborales de los dos parecen inciertas. En las facultades españolas no hay asignaturas de Bioquímica Molecular, que es la especialidad de ambos. Lo dicho, un país sin apenas ciencia avanzada, un desierto intelectual, enormemente retrasado con respecto a Europa y no digamos ya si lo comparamos con Estados Unidos. Y es entonces cuando de nuevo, en agosto, aparece Severo Ochoa. Encantado con el potencial de sus tesis, invita al matrimonio a trabajar en su propio centro, en la Universidad de Nueva York. Allá irán los dos en octubre de 1963.

Esquema de unión de tres nucleótidos en una cadena de ADN. La estructura en forma de pentágono del centro es la desoxirribosa. Se aprecia que el único punto de unión entre los nucleótidos o eslabones es el enlace del grupo fosfato, identificado por la P de fósforo en el centro, con los extremos 5' y 3' de cada nucleótido sucesivo. Crédito: G3Pro / Wikipedia.

Nueva York. La Gran Manzana, viva y abierta, un hervidero de ideas, de negocios, de ciencia. Demos un salto imaginario con nuestros poderes mágicos y acompañemos a los dos jóvenes bioquímicos que llegan desde la atrasada España a la capital del mundo. El impacto es enorme. Rascacielos, restaurantes, libertad. Allí hay de todo, para todos los gustos, lo que cada cual quiera aprovechar. Margarita y Eladio se empapan de ciencia avanzada en uno de los mejores laboratorios bioquímicos del planeta. Y, como es lógico, se aplican al estudio de la replicación del ADN. Es como caer de lleno en un caldero ardiente: en esa etapa, la biología molecular hierve en Estados Unidos. Muchos científicos son conscientes del potencial que supondría desvelar los mecanismos que gobiernan el genoma de los seres vivos. Se podrían curar enfermedades genéticas. Se podrían alterar los propios genes para crear organismos nuevos. Se podrían diseñar medicamentos específicos para cada persona. Se podría identificar a alguien solo con una muestra de su piel, una lágrima o una gota de sudor. Se podrían rastrear los orígenes evolutivos de cada especie. Se podrían fabricar nuevos alimentos. Se podría...

Se podrían hacer tantas cosas que hoy son realidad, sí, pero en aquel momento, hace más de cincuenta años, todo eso parecía pura ficción. Para lograr esos objetivos maravillosos primero habrá que entender el genoma al completo, traducir esa extensión íntima pero tremendamente compleja de la vida. Y el ADN es tan diminuto y tan delicado que los avances son lentos. En Nueva York, Margarita y Eladio disfrutan de su nueva y emocionante vida. Ella escoge un tema de trabajo muy concreto, el sentido de replicación del código genético. Y descubre que cada vez que una célula se divide, cada vez que se produce el milagro de la reproducción, la copia del ADN se realiza en un orden concreto: del extremo 5' al extremo 3'.[38] Te lo explico de inmediato. Recordarás del capítulo dedicado a Rosalind Franklin que el ADN se abre como una horquilla cuando va a dar lugar a una copia. Cada extremo de esa horquilla, de cada hebra de ADN, posee propiedades químicas diferentes. Veámoslo con un poco de calma porque es importante para entender otras cosas después.

Las bases de adenina, citosina, guanina y timina que componen el código genético necesitan un soporte donde agarrarse para congregarse en moléculas. En el ADN ese soporte es una estructura de átomos de carbono, un tipo de azúcar llamada desoxirribosa (de ahí el nombre del ADN, ácido desoxirribonucleico). La desoxirribosa resulta sencillísima: solo tiene cinco átomos de carbono situados en forma de pentágono, cada uno de ellos con enlaces diferentes. Podemos numerar estos cinco átomos en el sentido de las agujas del reloj: el átomo número 1' se une a una base, ya sea adenina, citosina, guanina o timina; el número 2', a un hidrógeno; del número 3' cuelga un grupo fosfato, formado por fósforo y oxígeno, y que será el encargado de proporcionar la energía necesaria para la replicación genética; en el átomo número 4' aparece otro hidrógeno; y el átomo número 5' se liga al mismo grupo fosfato que está unido a la desoxirribosa que le precede. ¿Qué tenemos, por tanto? Que cada elemento, llamado nucleótido, de la larguísima molécula de ADN se une con los demás gracias a los enlaces de los átomos número 3' y 5' de la desoxirribosa. Es algo magnífico. Todo el andamiaje de la molécula de ADN, cada

---

38   Esa coma al final del 5 o del 3, 5' y 3', se lee como «prima». Los extremos libres del ADN son por tanto al hablar «5 prima» y «3 prima».

uno de sus componentes, se mantiene firme y junto gracias en exclusiva a la simple ligazón de un extremo 3' con el mismo grupo de fosfatos al que está conectado el extremo 5' de la desoxirribosa anterior. Podemos pensar en los eslabones de una cadena, que se unen en el punto específico donde se tocan cada dos eslabones. En el ADN ese punto de unión es el grupo fosfato, ligado por un lado al extremo 3' y por otro al extremo 5' del eslabón siguiente. La estabilidad química de nuestro código genético depende pues de las fuerzas atómicas de un puñado de electrones. Seguro que el siguiente esquema hace que lo entiendas mejor. A veces una imagen sigue valiendo más que mil palabras.

Si te fijas ahora, verás que, cuando la cadena se acaba, en ambos extremos de una hebra de ADN quedan dos enlaces sueltos. Por un lado será un 3' y por otro un 5', que no encuentran, los pobres, más grupos de fósforo para unirse. Y he aquí cuando llegamos al principio de esta explicación: que ambos extremos 5' y 3' poseen propiedades químicas diferentes. Cuando el enlace 3' se queda huérfano, cuelga de él un grupo hidroxilo -OH. En el otro extremo, el enlace 5' se agencia un carbono. Y esa simple diferencia hace que sus características resulten muy distintas. Cuando el ADN empieza a replicarse, siempre lo hace por el extremo 5'. Y siempre terminará por el extremo 3'. El extremo 3' no puede dar origen a la replicación porque carece de las propiedades químicas necesarias. Es lo que descubre Margarita Salas en Nueva York, y resulta una sorpresa. Como una molécula de ADN es una doble hélice antiparalela, quiere decir que una hebra va en sentido 5' a 3' y la otra en el orden opuesto, 3' a 5'. Se pensaba que la replicación del código genético sería por tanto en ambos sentidos, tanto 3' como 5'. Pues no, dice la joven doctora Salas. La síntesis de ADN siempre se produce en sentido 5' → 3'. Una de las hebras de la doble hélice está obligada a ir contracorriente durante el proceso de copia.

Este descubrimiento tendrá notables repercusiones en el futuro, y planteará algunos problemas que al final nos abrirán los ojos sobre las verdaderas complejidades de la activación del ADN.[39] Pero el hecho esencial de todo este lío es que los bioquímicos se van dando cuenta de que explorar el ADN será mucho más difícil de lo esperado. Desvelar la estructura de esta molécula que encierra nuestra esencia es solo el primer paso. El resto del camino constituye una incógnita plagada de enigmas llenos de misterios. O algo así. Aunque conforme pasa el tiempo se va identificando una enzima aquí y otra allá, un mecanismo sutil de copia o un código de activación, un gen determinado o un sector significativo, el mundo del ADN es muy pequeño y muy extenso a la vez, un país tremendo encerrado en un mapa diminuto. Existe, sobre todo, un problema: conseguir ADN en las cantidades suficientes como para ser estudiado no es fácil. Solo con una cantidad enorme de hebras, y además cuya replicación podamos ser capaces de controlar, se lograrían avances sustanciales en el desciframiento de su maquinaria atómica. Pero construir tanto ADN, sin embargo, está fuera de las capacidades de los laboratorios de la época. Solo replicar un poco *in vitro*, como hizo Severo Ochoa, requiere una vorágine de recursos y esfuerzos: su

---

39 Por ejemplo, como la replicación empieza en un punto y sigue una dirección, la síntesis de una cadena no puede ser simultánea a su complementaria. Una de las nuevas cadenas va más adelantada que la otra. La naturaleza arregla este problema haciendo que la cadena retrasada se duplique a trocitos, que después son unidos por una proteína específica. Esto lo descubrió el matrimonio de científicos japoneses Renji y Tsuneko Okazaki en 1969.

experimento supuso una inversión de millones de dólares para obtener, de hecho, cantidades diminutas.

—Eladio y yo estuvimos en Estados Unidos hasta 1967 —me dice Margarita Salas mientras cruza sus manos sobre la mesa; unas manos nudosas, ancianas, cuidadas, hermosas—. Fueron cuatro años apasionantes en lo personal y en lo profesional. De los mejores de mi vida, sin duda. Trabajamos codo con codo con Severo y con otros científicos de primer nivel, dentro de un ambiente de excitación científica. La biología estaba abriendo, a duras penas, caminos absolutamente nuevos. Nadie sabía con qué podríamos tropezarnos. Esperábamos llegar a controlar las reacciones químicas de la vida lo mismo que controlamos cualquier otro fenómeno sintético. De Severo Ochoa aprendí una cosa muy importante: la emoción del descubrimiento. Hallar algo nuevo, explicar procesos que nunca antes han visto ojos humanos. Y su método de trabajo era sobre todo la entrega y el rigor. La dedicación, el entusiasmo, la paciencia, elegir bien las preguntas antes de buscar las respuestas. De él también aprendí a escribir. Severo escribía muy bien, con mucho estilo, no en ese lenguaje científico al uso tan áspero. Escribir sobre ciencia no tiene que suponer escribir mal, sin cuidado por la expresión y la claridad.

Un cuatrimotor Lockheed Constellation de Iberia trae a Margarita y a Eladio de vuelta a Madrid en 1967. Han meditado mucho ese paso. Una opción era quedarse en Estados Unidos, en ese mundo de vanguardia científica. La otra posibilidad era volver a España. Eligen lo segundo. Echan de menos la tierra y la familia y, sobre todo, sienten que tienen un deber: introducir en nuestro país la bioquímica avanzada como disciplina académica. Llegan con una promesa. La Universidad Complutense de Madrid va a abrir estudios de Genética Molecular cuya plaza docente titular será para la doctora Salas. Y también existe un proyecto, construir un centro de biología molecular que llevará el nombre de Severo Ochoa. Es justo del edificio donde nos encontramos ahora, cincuenta años después.

—Fue una decisión muy difícil —recuerda ella—. De hecho no estábamos seguros de que fuese bien. Veníamos a España para quedarnos, sí, pero con la conciencia de que si no salían adelante aquellos proyectos volveríamos a Estados Unidos. Y al llegar a España me encontré de nuevo con la discriminación por ser mujer, algo que en Nueva York casi había olvidado. Allí todos éramos científicos por igual, hombres y mujeres. En Madrid no. Aquí era entonces la esposa de Eladio. Ni me llamaban por mi nombre. Solo «la esposa de Eladio». Todo el reconocimiento de nuestro trabajo era para él, por mucho que mi marido protestara. Por eso decidimos dar un paso: separar nuestras carreras profesionales. Así cada uno tendría el mérito de su propio trabajo. Eso sí, los dos elegimos trabajar con virus. Él optó por estudiar el virus de la peste porcina, que en aquella época provocaba muchas pérdidas a los ganaderos y era un problema grave en España. Yo preferí algo menos práctico en apariencia, un virus muy pequeñito llamado fago phi-29 que solo ataca a una especie de bacteria. Resulta inofensivo para el ser humano, pero vi en él unas características interesantes a nivel genético. Nunca me imaginé lo que llegaría a sacar de mi fago phi-29.

Un virus. La frontera entre lo vivo y lo inanimado. Un ente que no posee metabolismo, no come, ni crece, ni nada, pero que sin embargo encierra fragmentos de ADN que sí le otorgan una característica básica de la vida: la capacidad de reproducirse. A pesar de ser minúsculos y parecer granos de arena ultramicroscópicos, los virus se replican a una velocidad horripilante. Pero solo cuando entran en contacto con un ser verdaderamente vivo. Lo colonizan, emplean sus recursos para multiplicarse. Sin sentido, sin medida. Los virus son como trozos de ADN que solo obedecen a la química, máquinas naturales replicantes sin ton ni son.[40] Te traigo otra vez a la memoria a Rosalind Franklin. ¿Recuerdas lo que hizo después de descubrir el ADN? Exacto, estudiar virus. Al tener códigos genéticos muy cortos resultan ideales para investigar los mecanismos esenciales de la replicación y la síntesis de proteínas orgánicas. Con esa misma idea en su cabeza, la doctora Salas piensa justo al cumplir treinta años que un virus concreto es idóneo para analizar todo su ADN. El código hereditario del fago phi-29 es muy cortito, posee solo veinte genes, pero con ellos es capaz de crear las proteínas suficientes para formar una cápsula, identificar las bacterias que invade, penetrar sus defensas, secuestrar su metabolismo y copiarse montones de veces. Es como un aparato minúsculo de precisión que con poquísimos elementos hace todo lo necesario. Mejor, piensa Margarita Salas, sumergirnos en un ADN de veinte genes que en la inmensidad de 20.500 genes del ser humano. Al ser más pequeño resultará menos complicado descomponerlo en sus elementos básicos y ver cómo actúa cada uno de ellos. Al fin y al cabo, reflexiona, el ADN es uno para todos los organismos vivos. Servirá para

---

40 Hay dos tipos de virus según su código genético, unos están compuestos por ADN y otros por ARN, una molécula casi igual al ADN y que también sirve como sustrato de la herencia. Pero en adelante obviaremos estos últimos, ya que el trabajo de Margarita Salas se basó en virus de ADN.

entender muchas cosas, sobre todo y en principio para ver cómo es la maquinaria que crea proteínas a partir de las secuencias de adenina, citosina, guanina y timina.

Seguramente, si quieres enseñarle a alguien cómo funciona un motor de combustión no le mostrarás así de entrada el reactor de un Jumbo. Empezarás con algo muy simple, más accesible, como el motor de un SEAT 600 o de un Volkswagen Escarabajo. En esos tiempos de finales de los años sesenta, cuando secuenciar el genoma humano supone una entelequia inaccesible, la idea de Margarita Salas resulta adecuada y atractiva. De esta manera, al mismo tiempo que da clases para formar a la primera generación de biólogos moleculares de España, ella deshace ese virus en sus componentes básicos. Observa sus reacciones, ve los cambios en las bacterias infectadas por el ente. Encuentra que ese ADN tan corto produce proteínas de la misma forma que lo hacen los ADN extensos, de animales grandes. Empieza a entender los mecanismos ocultos por los que la información genética se transforma en seres vivos concretos.

Y se tropieza entonces con algo espectacular. Al infectar una bacteria, una de las primeras cosas que hace el fago phi-29 es sintetizar una proteína llamada ADN polimerasa. Esa proteína será la encargada de replicar el ADN, de dirigir el mecanismo de copia genética. La ADN polimerasa constituye por tanto una enzima clave, que además se encuentra en todos los seres vivos. Cada especie tiene su propia versión, pero esta enzima hace siempre lo mismo; empareja los grupos fosfatos con los extremos 5' y 3' de la hebra de ADN, generando el crecimiento de la cadena. De hecho, si queremos verlo funcionar hace falta poco más que añadir bases en un tubo de ensayo junto a un trozo de código genético. La ADN polimerasa se encarga por sí sola de ir pegando las bases adecuadas al molde del código: su enlace activo es capaz de unir un grupo de fosfato al extremo 3' ocupado antes por el hidroxilo -OH. ¿Y cómo sabe la secuencia correcta? El secreto está en la geometría. Cada base de adenina, citosina, guanina o timina posee una forma espacial concreta, y la ADN polimerasa cambia su morfología según el par de la hebra que copia. A cada instante se convierte en una cerradura distinta en la que solo entra una de las cuatro llaves. Y lo hace a una velocidad endiablada. La ADN polimerasa, en condiciones óptimas, es capaz de añadir mil nucleótidos ¡por segundo! Por eso la replicación del ADN ocurre tan rápido. En los seres humanos, la copia del ADN completo tarda entre diez y doce horas. En ese tiempo se lee la enorme cifra de 3.200 millones de pares de bases y se replican casi a la perfección. En esa exactitud de copia también tiene que ver la ADN polimerasa. Ya que actúa como cerradura para las llaves, es capaz de identificar cuándo se ha producido un error y ha conseguido colarse la llave incorrecta. Tras localizar al intruso puede anularlo sustituyendo el nucleótido erróneo por uno adecuado. Este mecanismo de corrección se llama exonucleasa y como te puedes imaginar resulta muy importante. Sin él estaríamos llenos de mutaciones que terminarían por matarnos.

El sol entra por la ventana del despacho de Margarita Salas. Tú sigues ahí, invisible, en silencio, de pie, como debe ser para quienes viajan por la historia. La doctora recuerda los días en que fue consciente de la importancia de su descubrimiento.

—En realidad —explica—, no hubo un momento *eureka*. No se trató de que un día mi equipo y yo nos diéramos cuenta de repente de lo que suponía la ADN polimerasa.

Más bien fue un proceso en el que íbamos viendo más y más avances, y también de confirmar sospechas, hipótesis. En una investigación tan compleja no suele haber momentos *eureka*, pero sí resultados maravillosos que se acumulan poco a poco. Desde luego, pronto comprendí el potencial científico de esa enzima. Si dirigía el proceso de replicación de ADN, y si podíamos aislarla y manejarla, seríamos capaces de generar enormes cantidades de ADN en un laboratorio. Entonces los biólogos podrían tener todo el ADN que precisaran. Incluso una muestra muy pequeña, situada con un entorno de bases y activada con ADN polimerasa, daría lugar a muchísimo ADN exactamente igual al de la muestra. Justo lo que la ciencia necesitaba para avanzar en los estudios bioquímicos.

Pero una cosa es pensarlo y otra lograr hacerlo. En contra de la investigación de Margarita Salas, como le pasa a los demás científicos que estudian el código genético, se encuentra la velocidad de replicación y la pequeñez del ADN. Es tan diminuto que manejarlo a placer se convierte en todo un reto tecnológico. Para que te hagas una idea, piensa en algo minúsculo, la punta de un alfiler por ejemplo. Pues en la punta de un alfiler viven de media unas dos mil bacterias, cada una de ellas con su propio ADN enrollado. O piensa en otra comparación. Coge un metro y divídelo por mil: tendrás un milímetro. Eso aún te parece accesible, ¿verdad? Pues ahora coge ese milímetro y divídelo también por mil. Tendrás la millonésima parte de un metro o, dicho correctamente, un micrómetro. Pues un micrómetro sigue siendo grande para el ámbito en que se mueve el ADN. El código genético de la vida posee una anchura que se mide en nanómetros o mil millonésimas parte de metro. Eso ya no parece a nuestro alcance. No lo está en absoluto. Y la molécula de ADN mide solo dos nanómetros de ancho. ¿Cómo podemos manipular algo tan ínfimo? Pero además existe otra dificultad: la longitud del código genético humano, al contrario que su anchura, es enorme. Como el ADN consiste en una cadena, la sucesión de nucleóticos enlazados para crear los 3.200 millones de pares de bases alcanza los dos metros de largo. Así es. En cada una de tus células existen dos metros lineales de ADN, y puedes suponer que para caber en un espacio tan pequeño como el núcleo celular tiene que estar insoportablemente enrollado. La compactación del ADN hace aún más complejas las observaciones sobre su dinámica.

Para colmo, ya lo sabemos, las reacciones químicas de la replicación tienen lugar a velocidades endiabladas. En realidad no solo la replicación del ADN, la mayoría de las reacciones químicas ocurren en la naturaleza con una rapidez asombrosa, casi inimaginable para nosotros. Vamos a repetir nuestro experimento ahora con el tiempo. Piensa en un segundo. Pasa muy rápido, un segundo no es casi nada. Pues ahora divide ese segundo en un millón de partes iguales y tendrás un microsegundo. Sorpresa: sigue siendo demasiado rápido para cuantificar muchas reacciones químicas. Tampoco nos sirve. Para medir la rapidez con que suceden esas síntesis ni siquiera nos vale el escalón siguiente, el nanosegundo, la mil millonésima parte del segundo, ni aún el picosegundo, la billonésima parte de un segundo. Deberemos descender un peldaño mil veces más pequeño, hasta el femtosegundo, para situarnos en la escala de velocidad real de la química. Un femtosegundo es la mil billonésima parte de un segundo. No creo que haya ninguna cabeza humana capaz de concebir un tiempo tan diminuto. En un segundo caben tantos femtosegundos como segundos caben en cien millones de años. Ese es el ámbito de tiempo en que se unen los átomos para formar compuestos. No todos tardan lo mismo, desde luego, pero en el mundo del ADN las reacciones internas se miden en decenas de femtosegundos. En el siglo XXI dispondremos de láseres que disparan rayos de luz de solo seis femtosegundos de duración. Con esos pulsos ultracortos podremos incluso fotografiar los tiempos vertiginosos de las reacciones químicas. Pero en la década de 1970 no existen tales láseres ni nada parecido. Solo métodos indirectos para calcular los cambios una vez que ya han ocurrido. Una tarea compleja y delicada.

—Trabajamos muchísimo en esa época —recuerda Margarita Salas con un gesto que se diría de añoranza—. Estábamos en el límite de las capacidades técnicas. Además, cuando cumplí los treinta y siete años pensé que era momento de ser madre. Ahora ya no tanto, pero entonces resultaba insólito tener un bebé tan tarde. Casi no estaba bien visto. Me quedé embarazada de la única hija que he tenido. Y en vez de convertirse en una dificultad más, mi hija Lucía me renovó la ilusión. Antes de que naciera trabajaba todos los días, incluidos los fines de semana. Después dediqué los sábados y domingos a estar con ella y con mi marido. La relajación me vino bien, potenció las ideas, me dio serenidad. Hay mujeres que se siente culpables por prestar poca atención a sus hijos. A mí no me sucedió nunca. La niña estuvo siempre bien cuidada.

La investigación sobre el fago phi-29 avanza poco a poco. Aunque el laboratorio de Biología Molecular de la Complutense es modesto, empiezan a llegar aparatos que favorecen la tarea. Algunos de ellos se adquieren gracias a la financiación oficial norteamericana, enviada a España como ayuda al desarrollo. Por fin, en 1984 Margarita Salas está segura de su descubrimiento y de las vías de manipulación. Publica un artículo esencial que anuncia al mundo el hallazgo. Es fruto de más de quince años de trabajo, pero la recompensa a tanto esfuerzo y paciencia resulta notable. Todo el ámbito de la biología se hace eco de la ADN polimerasa. Miles de especialistas comienzan a investigar a su vez las técnicas y las posibilidades de la enzima mágica. La doctora Salas, la chiquilla que quiso estudiar Química contra viento y marea, la mujer de Eladio, la discípula de Severo Ochoa, se convierte en una eminencia científica de la noche a la mañana. Y en Estados Unidos, con su poderío técnico, un equipo se adelanta con la primera aplicación práctica del descubrimiento español: en 1986 el biólogo molecular Kary Mullis, de la Universidad de Berkeley en California, patenta un sistema de replicación *in vitro* de ADN al que llama Reacción en Cadena de la Polimerasa, más conocido por PCR, sus siglas en inglés. Le dieron el Premio Nobel de Química por eso en 1993, obviando el hecho de que la mayor parte del mérito inicial era de Margarita Salas. La única reacción de ella es seguir trabajando. En 1989, por fin, logra controlar la actividad de la ADN polimerasa lo suficiente como para crear su propio sistema de replicación. Lo patenta a nombre del Consejo Superior de Investigaciones Científicas de España, con el registro europeo número 90.908.867. Y es una multinacional norteamericana llamada Amershan Biosciences quien compra los derechos. En breve tiempo está disponible en el mercado un kit sencillo que permite amplificar por poco dinero cualquier segmento de ADN. Y no solo es tremendamente útil para los científicos: los hospitales lo usan para hacer los primeros análisis genéticos de pacientes; los médicos forenses lo emplean para averiguar las causas de un fallecimiento; la policía lo compra para descubrir culpables con las famosas pruebas de ADN; hasta los arqueólogos tienen por fin una herramienta con la que datar restos orgánicos antiguos. Escucha solo un dato. De una única muestra de ADN, el kit de amplificación desarrollado por la doctora Salas consigue, en poco tiempo y por apenas centenares de euros, millones de cadenas exactas a la original.

—Nuestro sistema llegó más tarde que la PCR, es cierto — acepta Margarita Salas mientras se echa atrás en la silla—; sin embargo nosotros hemos tenido más éxito porque nuestra técnica es más amplia en sus resultados. Se basan en métodos distintos. En la PCR es necesario añadir a la muestra que se quiere amplificar una cadena de iniciadores igual a la ya existente en el ADN original. En el caso de nuestro sistema, tanto para ADN lineales como no-lineales, no hace falta una cadena concreta de inicio. Cualquier iniciador sirve para todos los fragmentos de ADN, y eso simplifica mucho las cosas.

El descubrimiento permite la creación de ADN en cantidades sin precedentes y a velocidad de vértigo. Y, ahora sí, con todo ese material disponible puede empezar la última gran revolución científica: la era de la biotecnología. En solo dos décadas frenéticas, apasionantes, los científicos arrancan los secretos más importantes del funcionamiento de la vida. Aprendemos a identificar genes, uno por uno, dentro del ADN, e incluso a mutarlos y manipularlos. Nace la ingeniería genética y nace también la tecnología de los alimentos, que introduce e intercambia genes entre especies de plantas o animales para variar sus características. Es la industria de los transgénicos, que comemos ya casi a diario queramos o no, con toda su polémica incluida. Nace también la medicina genómica, que permite hacer medicamentos a la medida de cada paciente. Arranca la manipulación de células madre, una vía con un futuro esplendoroso para atacar dolencias e incluso para curar enfermedades congénitas. Se inician la fecundación in vitro y las técnicas de clonación. En definitiva, el descubrimiento de la ADN polimerasa abre tantas expectativas como abrió el control de la electricidad en el siglo XIX, y cambiará nuestra sociedad tanto o más como lo hizo aquél. Dentro de cincuenta años la medicina actual nos parecerá tan primitiva como vemos ahora las sangrías o las trepanaciones. Habrá fármacos a la carta adaptados a nuestro genoma, produciremos proteínas artificiales para aliviar la vejez y prolongar la vida, crearemos células con las propiedades que queramos, alcanzaremos en conjunto un poder sobre la naturaleza que antes solo tenían los dioses. La revolución biotecnológica es una realidad en marcha y hace falta casi ser escritor de ciencia-ficción para anticipar sus resultados, tanto positivos como negativos, en el futuro. La secuenciación completa del genoma humano, culminada en 2003, se creía un hito impensable solo dos décadas antes. No hubiera sido realidad sin la ADN polimerasa. Hoy día tenemos ya una base de datos con el genoma, leído letra a letra, de unas cinco mil especies de seres vivos diferentes, y conocemos la barbaridad de 15.938.294 genes íntegros presentes en nuestro planeta, algunos de ellos de animales o plantas ya extinguidos. Son cifras que se quedan viejas según las voy escribiendo, porque la investigación en biotecnología avanza a un ritmo resueltamente exponencial.

A Margarita Salas le brillan los ojos cuando habla del futuro de la ingeniería genética. Es casi la hora de comer y llevamos mucho tiempo conversando, pero parece no tener prisa. Sigue siendo amable, con un punto de atenta lejanía. Se le nota que está muy acostumbrada a mantener entrevistas de este tipo.

La primera «copia» del genoma humano impresa como una serie de libros, que se exhibe en la sala Medicine Now de la Wellcome Collection de Londres. La secuencia completa de los 3.200 millones de pares de bases posee aproximadamente 20.500 genes y 280.000 elementos reguladores de la expresión, capaces de producir en conjunto más de cien mil proteínas distintas. Por tanto, y contra la idea generalizada, un gen no equivale a la fórmula genética de una proteína. Un único gen, trabajando en conjunto con otros, puede sintetizar varias proteínas diferentes. Crédito: Russ London / Wikipedia.

—Muchas de las aplicaciones de la biotecnología ya están entre nosotros. Pero no es más que la punta del iceberg de lo que llegará en los próximos años. Creo que el sector en que se avanza más lentamente, y sin embargo el que más cambiará nuestra sociedad, es la medicina genómica. La morfogénesis dirigida provocará una revolución sanitaria. Enfermedades claves como el cáncer o el Alzheimer serán combatidas por este sistema, con genes y proteínas concretas para cada paciente. Nos haremos viejos más tarde, viviremos más y sobre todo con mejor calidad de vida. Y al mismo tiempo habrá que ir estableciendo nuevas barreras éticas conforme nuestro poder de manipular el genoma sea mayor. Se pueden hacer tantas cosas que habrá que poner límites a los experimentos.

La patente de la ADN polimerasa ha resultado ser la más rentable de la historia de España y ha proporcionado unos seis millones y medio de euros al Consejo Superior de Investigaciones Científicas, dinero que se ha reinvertido en nuevos proyectos. La amplificación de ADN mediante polimerasa ha proporcionado la mitad de los ingresos de todas las patentes científicas españolas, hasta que los derechos caducaron en 2009. Pero Margarita Salas no deja de investigar. En 2013, con 75 años ya cumplidos, desarrolla y patenta un nuevo sistema de replicación llamado Quimera de la Polimerasa, Qualiphi en su nombre comercial, cuyos derechos han adquirido la empresa alemana Sygnis y la compañía biotecnológica española Genetrix. Utilizando ADN polimerasa modificada del fago phi-29, Qualiphi consigue en un tiempo de reacción de solo dos horas millones de copias de ADN a partir de concentraciones ínfimas de código genético, incluso con solo el que contiene una única célula. Es por tanto entre mil y diez mil veces más eficiente que los métodos usados hasta ahora y su potencial científico resulta enorme. También su potencial económico, claro. Las previsiones otorgan a Qualiphi un mercado estimado en 250 millones de euros al año.

Cuando yo sea mayor, quiero envejecer como Margarita Salas. A sus 81 años sigue acudiendo cada día a trabajar al laboratorio, y su cabeza se muestra tan creativa como hace décadas. Su principal preocupación ahora, me confiesa, es que le permitan seguir en activo. ¿Hasta cuándo?

—Hasta que me muera —responde con una sonrisa abierta—. A mi edad solo se puede continuar trabajando si el ministerio te concede un permiso especial, que se renueva anualmente, llamado vinculación *ad honorem*. Y tengo mucho miedo de que algún año de estos me lo quiten y me echen. ¡De joven me sentía discriminada por ser mujer, y ahora me siento discriminada por ser vieja! —La doctora Salas se ríe ahora de su propia idea—. En serio, me gustaría seguir trabajando hasta el final. Mi modelo es la médica italiana y Premio Nobel Rita Levi Montalcini, que falleció a los 103 años y días antes de morir aún iba a su laboratorio. Pero quién sabe. Debo pensar en el momento. Ahora trabajo en la alteración de los mecanismos de replicación para obtener ADN mutante. Me dolería mucho dejar esta investigación a medias. Espero que me dejen continuar.

En cualquier caso, Margarita Salas puede sentirse colmada por la vida. Ha dirigido más de treinta tesis doctorales y formado a toda una generación de bioquímicos españoles que continuarán su labor por muchos años. Pionera de la genética molecular en nuestro país, ha abierto camino para las mujeres en muchas otras cosas. Fue la primera mujer miembro de la Real Academia de Ciencias de España y una de las primeras académicas de la lengua; la primera mujer en dirigir el Instituto de España, que congrega a todas las Reales Academias; y la primera mujer también en ser nombrada doctora *honoris causa* por nada menos que diez universidades distintas. Por encima de una lista de reconocimientos y premios demasiado larga para ser escrita aquí, lo más importante es que su labor quedará para siempre en la memoria de la biología.

Nombramiento de Margarita Salas doctora *honoris causa* por la UNED en 2011. Crédito: UNED.

Es hora de terminar. Hay varias personas del equipo del laboratorio esperando para hablar con ella, con papeles en la mano, impacientes después de que la hayamos entretenido tanto tiempo. Nos acompaña de vuelta mientras conversamos sobre la valía de los jóvenes biólogos españoles y su falta de salidas laborales. Al final casi todos se van, me dice, al trabajar al extranjero: los formamos nosotros y otros países se aprovechan de sus conocimientos. España sigue estando ciega ante la importancia de la investigación básica. Cualquier país que no invierta en ciencia, reflexiona, se convertirá en el futuro en un simple consumidor de los avances que produzcan otros.

Nos despedimos en el mismo descansillo del ascensor donde nos encontramos. Ella me dice adiós, mete sus manos sabias en los bolsillos de la bata y se aleja por el corredor sin mirar atrás, con sus pasos cortos, casi danzarines.

NOTAS FINALES

Me he dejado a tantas por el camino. A Caroline Herschel, Laura Bassi, Inge Lehmann, Marie Goeppert-Mayer, Nettie Steven, Jane Goodall, Barbara McClintock, Cecilia Payne, Martha Gautier, y muchas otras mujeres que desarrollaron insignes carreras científicas pese a los obstáculos y las dificultades. Como Jocelyn Bell, que halló los púlsares y explicó su mecanismo solo para que el Premio Nobel se lo diesen a su director de tesis. O como Lise Meitner, descubridora de la fisión nuclear y víctima de una conspiración deliberada por parte de su colega Otto Hahn hasta que fue él quien recibió el Nobel tras beneficiarse del trabajo de ella. Y están Dorothy Crowford-Hodgkin, Grace Hopper, Mariana Weissman... Cuantos más nombres escribo, más me vienen a la cabeza, y más injustas me parecen las omisiones de sus vidas en este libro. Pero había que establecer un criterio so pena de transformar esta obra en una especie de enciclopedia poco interesante de leer. He preferido dibujar varias vidas con cierta profundidad que rozar por encima a muchas de ellas. Las diez mujeres con las que hemos viajado sirven de ejemplo para las demás. El homenaje en conjunto ha sido mi intención.

¿Quieren saber algunos datos curiosos? Aunque no alcanzan la magnitud de los hallazgos que hemos ido conociendo en las páginas anteriores, hay muchos inventos que usamos día tras día que son también obra de mujeres. El primer frigorífico de energía eléctrica, la nevera de nuestras casas, fue diseñada por Florencia Papart en 1944. Josephine

Cochrane inventó el lavavajillas en 1887 y abrió su propia fábrica: se hizo rica vendiéndolo a hoteles. La calefacción para coches debe su origen a Margaret Wilcok, que en 1893 estaba harta de pasar frío en el automóvil Magnus Manske que compró. En 1887 Anna Connelly inventó la escalera de incendios, y en 1882 Maria Beasely la balsa salvavidas hinchable. La física Maria Telkes construyó la primera central solar en 1947. En 1899 una enfermera, Letitia Geer, inventó la jeringuilla médica. Comemos helados gracias a Nancy Johnson, que en 1842 ideó los congeladores con un diseño que se parece mucho al actual. La bolsa de papel tuvo su origen en 1871, cuando Margaret Night patentó una máquina que las fabricaba con el fondo plano. La calefacción central de los edificios, que tanto agradecemos, fue obra de Alice Parker en 1919. El precursor de los actuales libros electrónicos fue la enciclopedia mecánica creada en 1949 por Ángela Ruiz Robles. El kevlar, un material liviano aunque cinco veces más fuerte que el acero, se lo debemos a la química Stephanie Kwolek, quien encontró su fórmula en 1965. Los circuitos cerrados de televisión existen gracias a la ingeniera Marie Van Brittan Brown: construyó el primero en 1969. Y la transmisión de datos inalámbrica, nuestro actual y querido wifi, se la debemos a Hedy Lammar, que además de ser una actriz mundialmente famosa estudió ingeniería y descubrió, durante la Segunda Guerra Mundial, los saltos de frecuencia por radio. Hay muchos ejemplos más de la contribución, casi siempre desconocida, de las mujeres al progreso técnico de la humanidad. Les reto a que los busquen.

Les confieso que he perseguido tres objetivos con este libro. El primero, denunciar la discriminación femenina en la ciencia, simplemente porque me parece intolerable cualquier marginación e injusto el desconocimiento sobre la tarea de las mujeres científicas. El segundo, establecer unas biografías mínimas sobre personas de las que, en algunos casos, hay muy poco escrito en castellano. Y mi tercera y última pretensión era que aprendiesen ciencia. Después de nuestro viaje ya saben cosas cruciales del mundo en que vivimos. En compañía de estas diez mujeres hemos averiguado cómo es un átomo, cómo se midió el universo, en qué consiste el código genético de los seres vivos, cómo se estructura a grandes rasgos el cosmos y la naturaleza, cuáles son los principales desafíos de la ciencia para el siglo XXI... En realidad, nuestro paseo por mentes femeninas ha configurado una historia básica del conocimiento humano.

Para la siguiente bibliografía adopto el criterio de citar textos preferentemente en español, de manera que los lectores interesados en ampliar conocimientos puedan acceder a ellos de forma sencilla. Además de libros, incluyo algún documento en vídeo. En cualquier caso, se trata de las fuentes que pueden resultar más accesibles según mi valoración personal.

BIBLIOGRAFÍA GENERAL

— Alic, Margaret: *El legado de Hipatia. Historia de las mujeres en la ciencia desde la Antigüedad hasta el siglo XX*. Ed. Siglo XXI, 2005.

— Casado, María José: *Las damas del laboratorio*. Ed. Debate, 2006.

— Muñoz, Adela: *Sabias: la cara oculta de la ciencia*. Ed. Debate, 2017.

— Nomdedeu Moreno, Xaro: *Mujeres, manzanas y matemáticas*. Ed. Nivola, 2000. Este libro se ciñe solo a mujeres que trabajaron en el campo de las matemáticas y no se recoge a quienes dedicaron su vida a otras ciencias. Aun así recomiendo su lectura, encontrarán valiosos capítulos sobre Hipatia de Alejandría, Sophie Germain, Ada Lovelace y Emmy Noether.

— Solsona, Nùria: *Mujeres científicas de todos los tiempos*. Ed. Talasa, 1997.

BIBLIOGRAFÍA POR CAPÍTULOS

1. NOS OLVIDAMOS DEL CIELO: HIPATIA DE ALE-JANDRÍA

— Dzielska, María: *Hipatia de Alejandría*. Ed. Siruela, 2009.

— Gorostiza Murcia, María Eugenia: *Vida de Hipatia de Alejandría*. Ed. Eila, 2012.

— Martínez Maza, Clelia: *Hipatia*. Ed. La esfera de los libros, 2009.

2. UN TAL *MOUNSIEUR* LE BLANC: SOPHIE GERMAIN

— Sánchez Fernández, Laura: *Sophie Germain, las matemáticas como pasión.* Ed. Nivola, 2013.

3. TEJIENDO NÚMEROS: ADA LOVELACE

— Essinger, James: *El algoritmo de Ada.* Ed. Alba, 2015.

4. FAROS PARA MEDIR EL UNIVERSO: HENRIETTA SWAN LEAVITT

— Delgado, Miguel Ángel: *Las calculadoras de estrellas.* Ed. Destino, 2016. Aclarar que no se trata de un libro de divulgación, sino de una novela que mezcla elementos reales con ficción. Con todo, recomendable para aprender más sobre Henrietta y sus compañeras de Harvard.

— Johnson, George: *Antes de Hubble,* miss *Leavitt.* Ed. Antoni Bosch, 2009.

— Sobel, Dava: *El Universo de cristal.* Ed. Capitan Swing, 2017. Este libro no trata específicamente sobre Henrietta Leavitt, sino sobre todas las mujeres astrónomas del grupo de Harvard. Aun así, resulta entretenido y bien escrito, aconsejable para quienes quieran profundizar en aquella historia.

5. EL ORDEN SECRETO DEL MUNDO: EMMY NOETHER

— Blanco Laserna, David: *Emmy Noether, una matemática ideal.* Ed. Nivola, 2011.

6. CON LA FUERZA DEL RAYO: MARIE CURIE

— Curie, Marie, Irene y Eva: *Cartas de Marie Curie y sus hijas.* Ed. Clave intelectual, 2015. Si quieren leer de primera mano la vida, las sensaciones y las experiencias de la familia Curie, nada mejor que este libro. Centenares de cartas seleccionadas que madre e hijas se enviaron durante más de dos décadas.

— Montero, Rosa: *La ridícula idea de no volver a verte*. Ed. Seix Barral, 2013. He aquí un ejemplo de cómo de la ciencia puede nacer la buena literatura. Rosa Montero mezcla una rigurosa biografía de Marie Curie con recuerdos personales, reflexiones propias y evocaciones de la pérdida de seres queridos, todo ello partiendo de la muerte de Pierre Curie. Un libro hermoso y diferente.

— Sánchez Ron, José Manuel: *Marie Curie y su tiempo*. Ed. Crítica, 2009.

7. LA HÉLICE DE LA VIDA: ROSALIND FRANKLIN

— Sayre, Anne: *Rosalind Franklin y el ADN*. Ed. Horas y horas, 1997. Este libro es en realidad bastante antiguo, fue publicado en inglés en 1975. No está mal pese a los años, y además no existe ninguna otra monografía editada en castellano sobre la figura de Rosalind Franklin.

— Reportaje biográfico de Rosalind Franklin de la cadena NOVA, buenísimo y subtitulado en castellano: *https://www.youtube.com/watch?v=8rAfOsS2uDQ*

8. UN ENIGMA EN EL ESPEJO: CHIEN-SHIUNG WU

No existe ningún libro en lenguas españolas sobre Chien-Shiung Wu. Lo mejor que hay en castellano es un artículo escrito en dos partes por Laura Morrón en su blog *losmundosdebrana.com* bajo el título *La gran física experimental*. Es muy interesante, se lo recomiendo.

Y a falta de literatura en nuestro idioma, les dejo dos libros fundamentales, uno escrito en inglés y otro en chino (pero calma, traducido al inglés):

— Hammon, Richard: *Chien-Shiung Wu, pioneering nuclear physicist*. Ed. Chelsea House, 2010.

— Tsai-Chien, Chiang: *The fist lady of physic: Chien-Shiung Wu*. Ed. World Scientific, 2014.

9. AHÍ HAY ALGO EXTRAÑO Y DESCONOCIDO: VERA RUBIN

Como en el caso anterior tampoco existe en español bibliografía específica sobre Vera Rubin. El mejor libro publicado sobre su carrera está escrito por ella misma y en inglés, por supuesto:

— Rubin, Vera: *Bright galaxies, dark matter*. Ed. Springer-Verlag, 1996.

10. UNA ENZIMA, UNA REVOLUCIÓN: MARGARITA SALAS

— Álvarez, Jesusa, y Maillard, María Luisa: *Vida de Margarita Salas*. Ed. Eila, 2011.

Y, ya rozando el final, aprovecho para decirles que, aunque en España se publican pocos libros de divulgación científica, Internet está lleno de magníficos blogs españoles escritos por especialistas. Les dejo algunos de mis favoritos: *losmundosdebrana.com*, *francis.naukas.com* en particular y *naukas.com* en general, *cuentos-cuánticos.com*, *mujeresconciencia.com* o *eltamiz.com*. Son tantos y tan buenos que no puedo ponerlos todos, así que me perdonen los que no cito. Perderse en las páginas de todos ellos proporciona horas y horas de conocimiento y diversión.

Vélez de Benaudalla,
Granada, 24 de junio de 2017